河北省暴雨洪涝灾害综合风险防控研究

王　瑛　俞海洋　张馨仁　李雨欣　赵梦霞　著

应急管理出版社

·北　京·

图书在版编目（CIP）数据

河北省暴雨洪涝灾害综合风险防控研究 / 王瑛等著.
-- 北京：应急管理出版社，2024

ISBN 978-7-5020-8513-1

Ⅰ.①河… Ⅱ.①王… Ⅲ.①暴雨—水灾—灾害防治—研究—河北 Ⅳ.①P426.616

中国国家版本馆 CIP 数据核字（2023）第 170032 号

河北省暴雨洪涝灾害综合风险防控研究

著　　者　王　瑛　俞海洋　张馨仁　李雨欣　赵梦霞
责任编辑　孔　晶
责任校对　张艳蕾
封面设计　罗针盘

出版发行　应急管理出版社（北京市朝阳区芍药居 35 号　100029）
电　　话　010-84657898（总编室）　010-84657880（读者服务部）
网　　址　www.cciph.com.cn
印　　刷　北京盛通印刷股份有限公司
经　　销　全国新华书店

开　　本　787mm×1092mm 1/16　**印张**　11 3/4　**字数**　256 千字
版　　次　2024 年 8 月第 1 版　2024 年 8 月第 1 次印刷
社内编号　20211427　**定价**　86.00 元

前　言

世界气象组织发布的《天气、气候和极端水事件造成的死亡人数和经济损失图集（1970—2019）》报告显示，1970—2019年间亚洲因暴雨和洪水引发的灾害占地区自然灾害总数的58%，造成的死亡占91%，经济损失达到83%。中国是暴雨洪涝灾害最为频发的地区之一，每年汛期暴雨及其引发的洪涝及次生灾害给社会经济发展和人民生命财产安全造成了严重的损失和威胁。

在全球气候变化背景下，暴雨洪涝灾害有愈演愈烈趋势。河北省地处我国东部季风区，海河流域横跨中部，历史上曾发生过多次暴雨洪涝巨灾。1963年8月，邢台市内丘县獐么站测得的一日雨量865 mm，三日雨量1458 mm，七日雨量2051 mm，为我国大陆地区的最高降雨纪录。“2016. 7. 19”特大暴雨洪涝灾害造成的直接经济损失高达574. 57亿元，占河北省当年GDP的2. 02%，严重影响了河北省的社会民生。“2023. 7. 30”特大暴雨再次重创海河流域，因此对河北省暴雨洪涝灾害开展风险评估，识别洪涝灾害的高风险区和未来发展趋势，开展洪涝灾害风险精准评估，可为河北省洪涝灾害防控提供科学依据。

联合国国际减灾战略将自然灾害风险定义为“自然致灾因子或人为致灾因子与脆弱性条件相互作用导致的有害结果或期望损失（人员伤亡、财产损失、生计受阻、经济活动中断、环境破坏）发生的可能性”。从风险结果的角度来说，风险是损失的概率分布或期望值。从风险产生的条件来看，风险是致灾因子、承灾体暴露和脆弱性三者共同作用的结果。暴雨洪涝灾害，是地球表层多个圈层之间相互作用导致的高度复杂的变异现象，其形成变化受到天气系统、陆地表面系统和人类社会经济系统的共同影响。本书梳理了中华人民共和国成立以来河北省暴雨洪涝历史灾情，分析河北省最主要、风险最高的山区洪水、城市内涝两类暴雨洪涝特征，从致灾因子危险性、承灾体脆弱性，山洪灾害风险评估、城市内涝风险评估全方位解析河北省暴雨洪涝灾害，提出河北省暴雨洪涝灾害风险防控措施建议。

本书的总体设计由王瑛完成，各章编写分工如下：第一章由张馨仁、陈宇、王瑛、李璨编写；第二章由李雨欣、俞海洋、李璨、王瑛、刘天雪编写；

第三章由刘天雪、陈宇、张馨仁、祁京、俞海洋、吴若芊、王芳编写；第四章由赵梦霞、李新美、吴晨雅、王瑛、林齐根编写；第五章由赵梦霞、张馨仁、李璨、祁京、陈星宇、常昊、王瑛编写；第六章由王瑛、俞海洋、刘天雪、祁京、张馨仁、李兴宇编写。本书的最终审订、组织撰写和出版工作由王瑛、俞海洋、张馨仁、李雨欣完成。

本书的部分成果已在国内外刊物上先行发表，本书在引用时对其进行了系统的整理和总结，并增加了大量未发表的研究成果，补充了原始材料。

本书的编写得到了河北省气象灾害防御中心项目、河北省减灾中心项目、雄安新区气象局项目，以及国家重点研发计划项目 2017YFC1502505 的支持。同时还得到史培军教授、王静爱教授、陈小雷教授、刘连友教授、张平仓教授、谌芸教授、丁文峰教授、任洪玉教授、王协康教授、张艳军教授、陈笑娟副研究员的指导与帮助，谨此郑重致谢。

著　者

2023 年 6 月

目 次

第 1 章　河北省暴雨洪涝灾害概况

河北省东临渤海湾，地形、地貌和气候类型复杂多样，属于我国自然灾害多发省份。中华人民共和国成立至 2023 年 6 月，河北省共发生 7 次重大暴雨洪涝灾害事件，每次事件均有 3 个以上地市受灾，大约每十年发生一次重大暴雨洪涝灾害事件。暴雨洪涝重灾区多位于太行山和燕山山地丘陵地带，以及滨海平原区域。本章分别从雨情、水情、影响范围、灾情等多方面梳理河北省历史重大暴雨洪涝灾害事件，分析河北省暴雨洪涝灾害基本情况。

1.1　河北省历史重大暴雨洪涝灾害事件

1.1.1　“1956.8”暴雨洪涝灾害

1956 年夏海河流域发生一次大强度暴雨，即“1956.8”暴雨洪涝灾害。降雨从 7 月 29 日开始至 8 月 4 日结束，历时 7 天。太行山、燕山山区都被大雨所笼罩，7 天雨量在 100 mm 以上的范围达 1.7×10^5 km²，200 mm 以上的范围达 9.1×10^4 km²。大暴雨区主要分布在太行山迎风山区，过程雨量 600 mm 以上的暴雨中心多达 5 处，最大暴雨中心为石家庄平山县狮子坪，最大日降雨量 385 mm（8 月 3 日），3 日雨量 747 mm（8 月 2—4 日）。

据海河水文手册和文献资料（任宪韶等，2008；河北省水利厅，1993），“1956.8”暴雨洪涝灾害主要受 5612 号台风影响，降雨范围广、暴雨中心分散，海河流域大范围都有灾情，其中以大清河、子牙河最为严重。位于京广线以西的大清河、子牙河、漳卫河均于 8 月 3—6 日期间出现最大流量，漳卫河、子牙河多发生在 3—4 日，大清河发生在 5—6 日。漳河观台最大洪峰流量 9200 m³/s，约 100 年一遇；滹沱河黄壁庄最大洪峰流量 13100 m³/s，为 40 年一遇；滏阳河各支流洪水也很大。当时河道行洪能力低，各水系都有漫溢和决口现象发生。

“1956.8”暴雨洪涝灾害影响范围如图 1-1 所示［根据中国气象灾害大典（河北卷）数据编制而成］，河北全省受灾总面积达 3.387×10^6 hm²，成灾面积 1.957×10^6 hm²，经济损失达 27 亿元，受灾人口 1500 万。其中沧州献县河堤决口造成严重洪水灾害，有 226 万人受灾，倒塌房屋 30 万间，因灾死亡 60 人。

1.1.2　“1963.8”暴雨洪涝灾害

“1963.8”暴雨洪涝灾害是中华人民共和国成立以来大清河流域最大一次洪涝灾害。造成这次洪涝的暴雨强度大、范围广、历时长。1963 年 8 月 1—10 日，旬雨量超过 1000 mm的面积达 5390 km²，超过 500 mm 的面积达 4.26×10^4 km²，最大暴雨中心为内丘

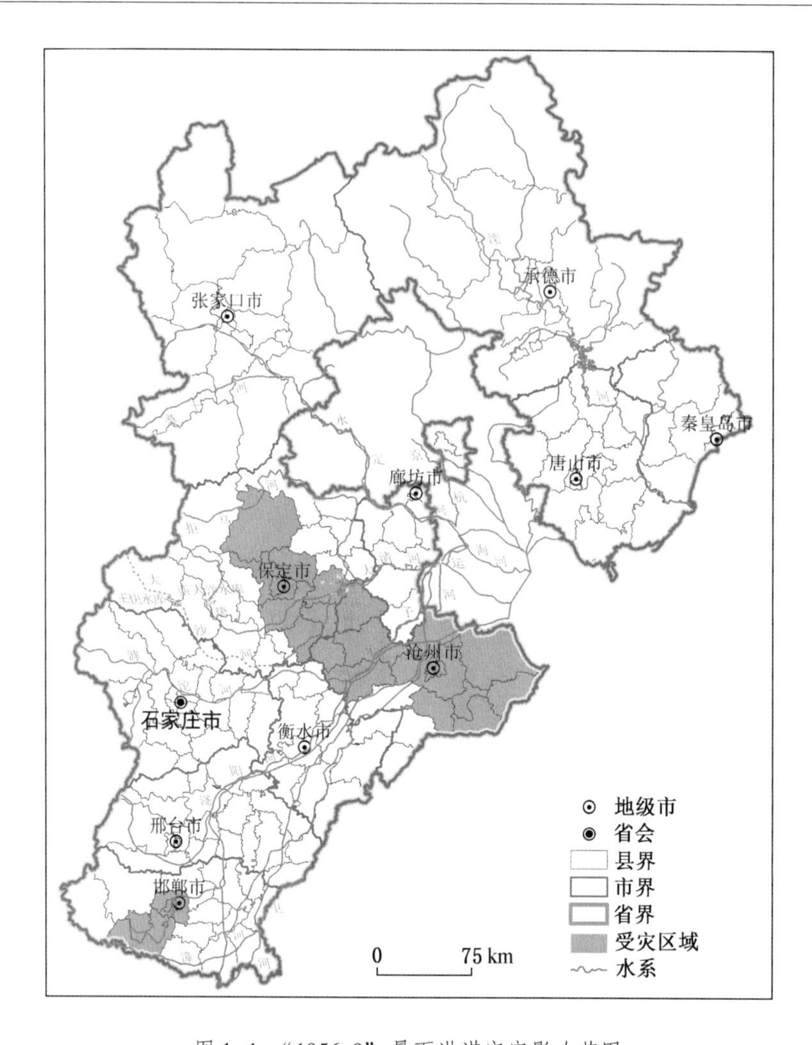

图 1-1 “1956.8”暴雨洪涝灾害影响范围

县獐么站，一日雨量 865 mm，三日雨量 1458 mm，七日雨量 2051 mm，为海河流域有记录以来的历史极值，也是我国大陆地区长历时暴雨的最高纪录。

大清河流域白洋淀以上（包括北支，面积 30940 km^2）8 月上旬暴雨总量为 1.653×10^{10} m^3，折合水深 534.2 mm，相当于 50 年一遇（“63.8 暴雨在近期重演后果研究”课题组，1995）。此次暴雨地表总产水量为 7.534×10^9 m^3，洪涝冲毁桥梁、堤坝，京广路两侧平原地区连成一片泽国，保定市部分地区水深 1～3 m。洪涝所到之处给人民的生命财产造成了巨大损失，后果惨重。

海河流域大暴雨的形成常受台风影响，但“1963.8”暴雨洪涝灾害情况不同。此次暴雨主要受连续北上的西南涡天气系统影响，这场暴雨除强度大、持续时间长以外，暴雨时空分布还有以下特点：

（1）大暴雨落区与流域分水岭配合紧密，暴雨 200 mm 以上的笼罩面积 1.028×10^5 km^2，相应降水量为 5.25×10^{10} m^3，其中 90% 以上的雨区在南系三条河流 1.27×10^5 km^2

的流域之内，因此，流域产流异常集中。

（2）暴雨区沿太行山呈南北向带状分布，暴雨高值带分布在地面高程为 200～500 m 的太行山东侧迎风坡，位置均在山区水库坝址之下，因此水库对洪涝拦蓄调节作用有限。

（3）暴雨期间，雨区位置自南逐渐向北移动，滏阳河和大清河两个暴雨中心出现的时间错开，大清河水系越过京广铁路线（断面）最大洪峰流量出现的时间比滏阳河洪峰出现的时间滞后 33 h，而滏阳河洪涝流程比大清河长，暴雨中心出现的时间差增加了两河洪涝遭遇机会。

1963 年 8 月，大清河水系入流 8.074×10^9 m^3，8 月 4—5 日，新盖房洪峰高达 5210 m^3/s。特大暴雨过后，漳卫河、子牙河、大清河各条河流的洪水猛涨。漳河观台洪峰流量 4510 m^3/s，卫运河临清洪峰流量 2530 m^3/s，滹沱河黄壁庄推算洪峰流量 13000 m^3/s，大清河白沟洪峰流量 78000 m^3/s。西部山区漫过京广铁路线的洪峰流量达 78000 m^3/s。滏阳河流域水势尤为凶猛，洪水所到：多处溃决、平地行洪、宽达百里，再加平原沥水，致使

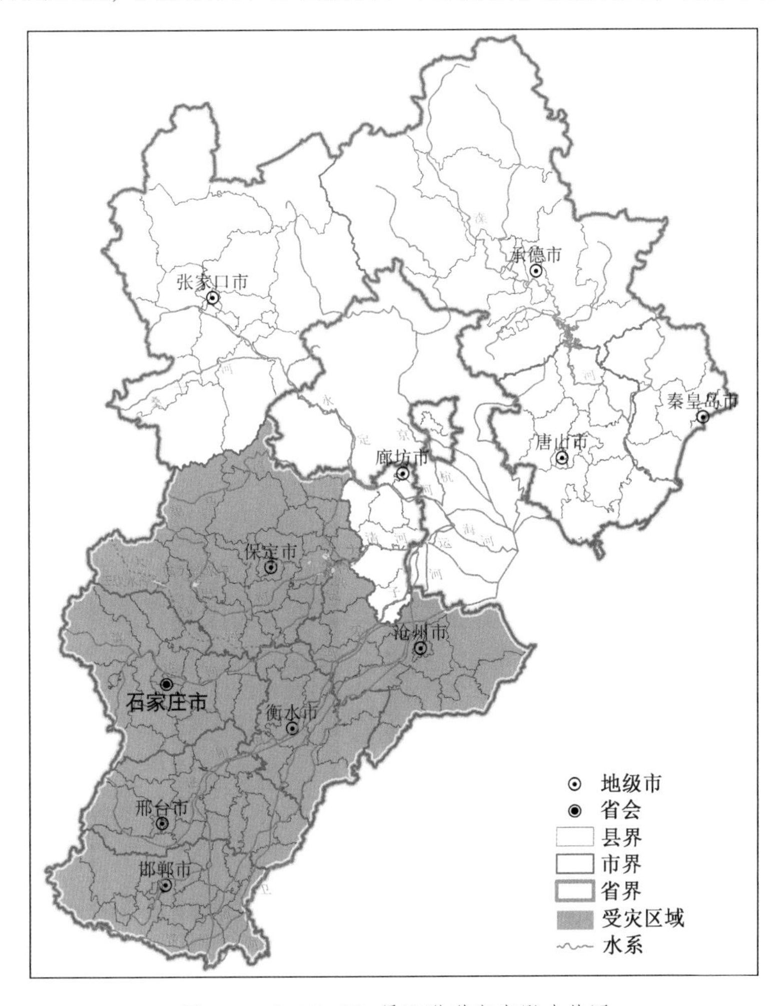

图 1-2 “1963.8”暴雨洪涝灾害影响范围

冀南、冀中、天津市南郊广大地区一片汪洋，漳卫河、子牙河、大清河三大河系主要堤防决口2396处，支流河道决口4439处。

此次暴雨造成巨大损失，灾害影响范围如图1-2所示。据统计，邯郸、石家庄、邢台、保定、衡水、沧州、天津7个专区104个县（市）受灾，33个县城被水包围，水淹村庄13142个。保定、邯郸、邢台等市内水深2~3 m，衡水城内全被水浸。全省受灾人口2246万人，因灾死亡5300多人，受伤46700人，直接经济损失达59.3亿元。农作物受灾面积3.17×10^6 hm^2，倒塌房屋1265.19万间，其中2545个村庄房屋全部毁荡，1000万人失去住所。邯郸、邢台、石家庄、保定4市88%的工业一度停产，有些矿井被淹。任村、刘家台、东川口、马河、乱木5座中小型水库溃坝，小型水库失事330座，灌溉工程62%被冲毁，平原排水工程约90%被冲毁或淹没［中国气象灾害大典（河北卷），2008］。

在此次暴雨洪涝灾害中，由于保定城西50 km处的刘家台水库溃坝，洪水一泻而下，导致满城县岭西、高土庄损失严重，满城县损坏房屋80717间，死亡245人，受伤1867人。保定市内除大悲阁周围少数地段未上水外，全城被淹，裕华路大旗杆下水深0.96 m，小西门外护城河决口，市内行船。市区死亡31人，重伤118人；倒塌房屋543万间，损坏房屋24223间，损失物资折款841.6万元，受灾面积966 hm^2。

1.1.3 “1977.7”暴雨洪涝灾害

1977年，河北省雨季较常年提前1个多月，夏秋期间部分地区遭受严重洪涝灾害。全年全省有70多个县市发生洪涝灾害，其中30多个县市灾情较重，受灾面积2.074×10^6 hm^2，成灾面积1.701×10^6 hm^2［中国气象灾害大典（河北卷），2008］，特别在7月下旬至八月上旬，连续降雨造成了大范围的暴雨洪涝灾害。

7月20日至8月14日，河北省各地连降暴雨，山区雨量多为100~200 mm，平原雨量为200~300 mm，有27个县市雨量超过300 mm，11个县市雨量超过400 mm。深县司格庄最大1日雨量465.2 mm，7日雨量608.6 mm；大城县南赵扶最大1日雨量106.5 mm，3日雨量194.3 mm，7日雨量336.5 mm。

此次暴雨洪涝导致邯郸、衡水、廊坊及唐山等地受灾，灾害影响范围如图1-3所示。四市洪涝灾情具体如下：

邯郸市魏县、广平、曲周、肥乡等15县遭受暴雨灾害。181个公社、2023个大队受灾，积水面积2.01×10^5 hm^2，成灾面积1.13×10^5 hm^2，倒塌房屋18536间，死亡13人，受伤111人。

衡水市景县、阜城、武强、武邑、深县、安平、饶阳、衡水、冀县、枣强、故城等县连降暴雨，沥涝成灾。受灾面积2.86×10^5 hm^2，成灾面积2.18×10^5 hm^2。

廊坊市受灾面积2.49×10^5 hm^2，成灾面积2.19×10^5 hm^2，绝收面积1.19×10^5 hm^2，水围村339个，倒塌房屋75500间，其中文安、大城、霸县受灾严重。

唐山市成灾减产面积2.35×10^5 hm^2，涉及9县381公社449大队，共计倒塌房屋39505间，死亡18人，受伤20人。其中柏各庄、滦县、滦南等地雨量较大，庄稼被水淹

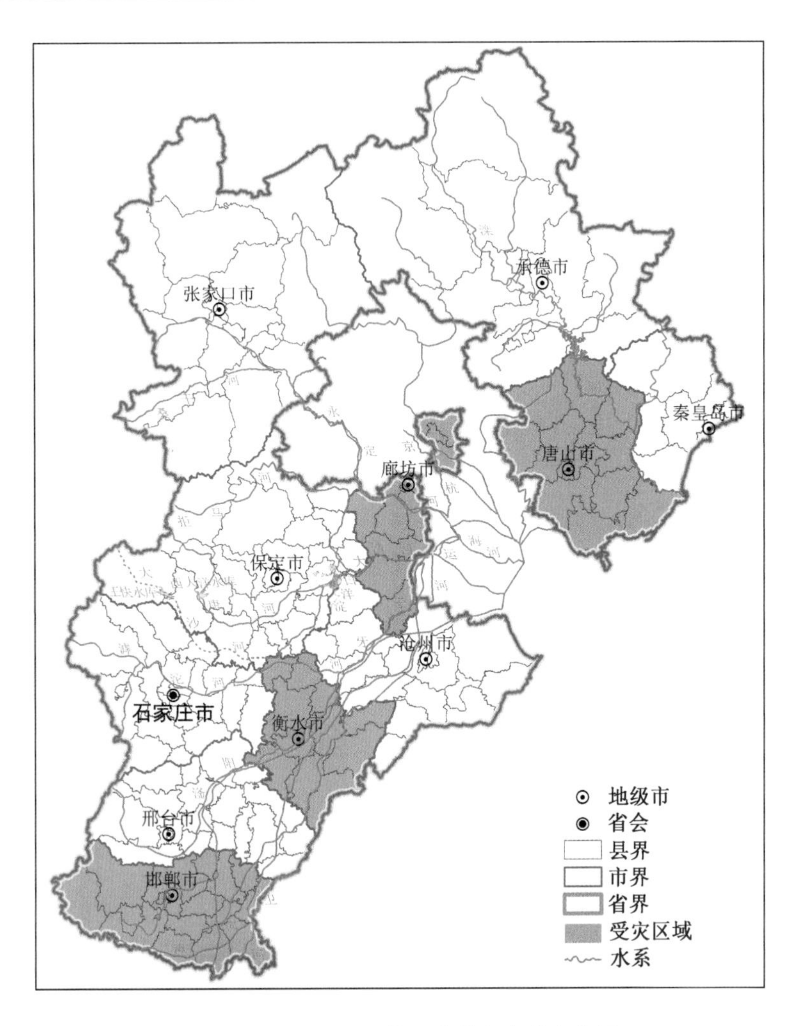

图 1-3 “1977.7”暴雨洪涝灾害影响范围

没，加之大风袭击，倒伏、水浸导致农作物损失严重。

1.1.4 “1988.8”暴雨洪涝灾害

1988 年 8 月，在大清河南支沙河流域发生了一次较大的暴雨。本次暴雨总量大、持续时间长，雨量主要集中在沙河新乐站以上。暴雨造成沙河各支流猛涨，王快水库相继泄洪、溢洪，超汛限水位运行。水库以下干涸了多年的沙河又出现了较大洪涝，是 20 世纪 80 年代最大的一次暴雨洪涝过程（赵玉芬，1996）。

7 月 29 日至 8 月 15 日，流域内降雨此起彼伏，连绵不断。流域平均日降雨量超过 10 mm的有 10 天，超过 20 mm 的有 7 天。其中，8 月 2 日、4 日、5 日和 9 日流域平均降雨量均超过 40 mm。在连续 18 天降雨中，共出现 3 次高潮：7 月 29 日至 8 月 2 日，8 月 4—6 日，8 月 8—9 日。其中，8 月 4—6 日为主雨峰，各雨量站 3 日雨量一般在 100 mm 左右。王快水库上游的平阳站，3 日实测点雨量为 205 mm。本次暴雨的面分布比较均匀，总体看为两头小，中间大。流域中游王快水库到沙窝一带的降雨量在 400~500 mm 之间，在流域左右两侧的上连庄和段庄附近雨量超过 500 mm。王快水库以下和沙窝以上降雨量一般在 300~400 mm 之间，流域的最上游和最下游雨量均小于 300 mm。

本次暴雨过程的前期雨量较大，在当年的 7 月上中旬，流域内多数地区降雨量就超过 200 mm，因此流域土壤含水量大。加之本次暴雨总量大，面分布均匀，所以造成了较大的洪涝。王快水库至新乐站相距 50 km，由于河道多年干涸，两岸地下水位大幅度下降，并且河床起伏、高低不平，所以严重阻水，使洪涝传播时间加长。从王快水库 7 月 21 日开始放水，到新乐站 8 月 3 日见水，其间用时 13 天。本次洪涝洪峰期洪涝传播时间为 17~24 h，退水期为 6~12 h。

8 月份，石家庄、邢台、邯郸、保定 4 个地区降雨量达 150~350 mm，局部超过 400 mm。西部山区各河洪水猛涨，全省 10 座大型水库超过汛期限制水位。为保证水库及下游安全，先后提闸泄洪，连续的暴雨、大暴雨也使部分河道接连出现洪水。而连年干旱造成河道淤积严重，阻水障碍较多，排淤能力较原计划降低很多，局部河道出现漫溢、部

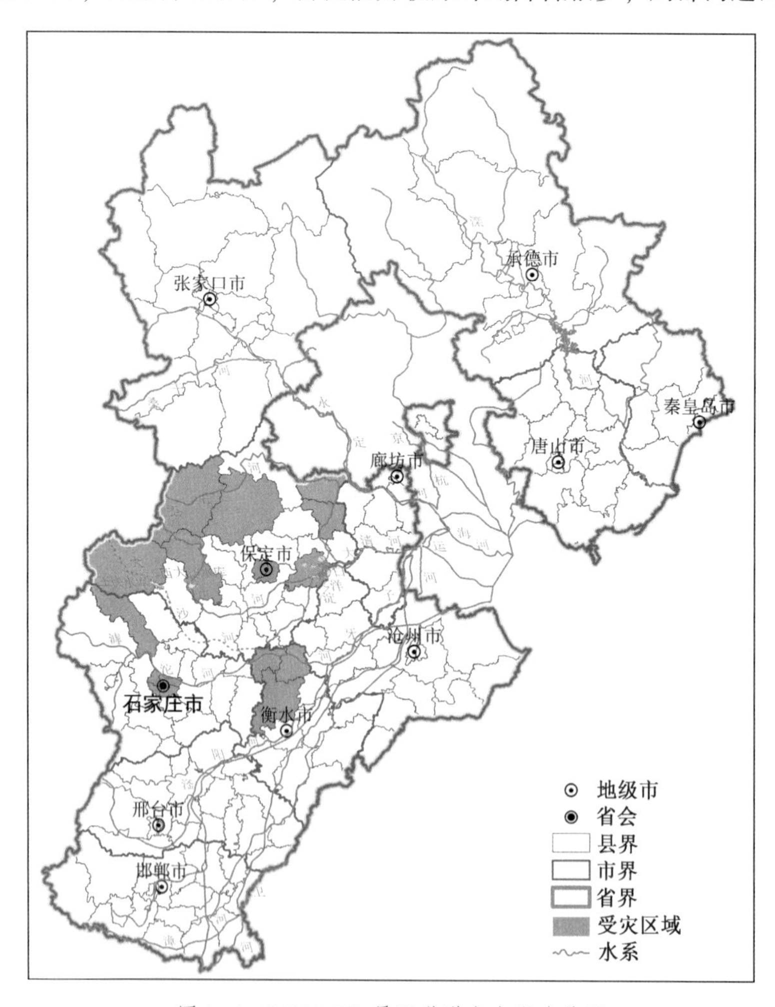

图 1-4 “1988.8”暴雨洪涝灾害影响范围

分滩地农田被淹的现象。在上述因素的共同作用下，保定、石家庄、衡水等地受到暴雨洪涝灾害影响（图 1-4），各地灾情状况如下：

保定地区受灾面积 33417 hm^2，损坏房屋、倒塌房屋共计 1312 间，死亡 1 人，受伤 5 人。连续的暴雨使白洋淀内最高水位达 10.5 m，超过了警戒水位，水面达 265.7 km^2，致使农作物受灾面积 12340 hm^2，倒塌房屋 943 间。

石家庄西部山区突降暴雨，雨量 160 mm，引起山洪暴发，水库告急，洪水冲毁省级干线正（定）南（营）公路灵寿段。位于横山岭水库淹没区的一道涵洞，因水已浸沟底 1 m 多深，无法修复，致使交通中断；灵寿县 9 个乡，河北第一机械厂、河北第二机械厂受淹被困。

衡水市安平县、饶阳县、深县遭到暴风雨袭击，农田、房屋被淹，造成较大经济损失。

1.1.5 "1996.8" 暴雨洪涝灾害

1996 年 8 月上旬，受 9608 号台风倒槽和冷空气的共同影响，8 月 2—6 日，海河流域普降暴雨到大暴雨。受其影响，海河流域的南运河、子牙河、大清河等水系相继出现不同程度的大洪涝，子牙河上游的滹沱河、滏阳河部分河段出现了特大洪涝。其中，大清河系汛期降雨量达到自 1964 年以来的最大值。8 月 4—5 日，大清河流域普降特大暴雨，平均雨量达到 154.8 mm。由于大清河北支上游山区降雨强度大、雨面广，加之支流繁多，源短流急，又无控制工程，因此洪涝奔腾而下，直抵新盖房枢纽。

降雨从 8 月 2 日开始，到 6 日移出河北省（北京市水文总站，1996）。河北省西部地区降雨过程主要集中在 8 月 3 日午夜至 5 日早晨，持续时间不足两天。这次大暴雨过程的总雨量分布情况为：张家口大部、承德北部不足 50 mm；黑龙港流域及运东平原 50～10 mm；秦皇岛、廊坊、保定、石家庄的全部，邯郸、邢台、沧州的滏阳河以西及唐山中北部 100 mm 以上；其中石家庄、邢台的西部山区普遍超过 300 mm，山区中心雨量超过 500 mm，邢台县野沟门水库 616 mm，平山县城 522 mm。这次暴雨过程在河北省境内雨量 100 mm 以上的笼罩面积达 80000 km^2，雨量大于 20 mm 的笼罩面积达 15000 km^2，雨量超过 300 mm 和 400 mm 的笼罩面积分别为 8400 km^2和 3630 km^2。这次暴雨与北京有关的大清河北支各站降雨情况为：拒马河张坊以上平均雨量 152 mm，安各庄平均雨量 309 mm，张坊、安各庄至新盖房平均雨量 251 mm。

"1996.8" 暴雨洪涝灾害与 "1988.8" 暴雨洪涝灾害类似，也是在前期雨量大、土壤已基本饱和的情况下发生的，且降雨强度大，时间集中，造成中南部太行山区山洪暴发，河水猛涨，部分河道控制站及大型水库的入库流量出现历史最大值，10 余座大型水库溢洪，30 余座中小水库库满溢流。滹沱河水一度与南大堤持平，饶阳县故城段决口 160 m，滏阳河上游十几条河流漫溢。大清河流域洪峰流量相对子牙河系及漳河水系来势略小，但后劲足。王快水库最大入库流量 3150 m^3/s，最大泄量 582 m^3/s；西大洋水库最大入库流量 1030 m^3/s，最大出库流量 303 m^3/s。大清河北支南拒马河洪峰流量 1230 m^3/s；大清河新盖房洪峰流量 1576 m^3/s。新盖房分洪道 5 日 18 时开始分洪，6 日 20 时最大分洪流量 1100 m^3/s。8 月 1—5 日白洋淀水位升至 8.49 m，13 日 11 时白洋淀十方院水位达到 9 m。

此次暴雨洪涝灾害是 1963 年以来的最大洪涝，全省有三分之二的县，将近一半的城镇都不同程度受灾，给河北省工农业生产和群众生活造成重大损失，灾害影响范围如图 1-5 所示。全省总计受灾人口 1618.89 万，死亡 671 人，倒塌房屋 1265.19 万间，农作物受灾面积 1.2886×10^6 hm^2，直接经济损失 456.3 亿元。据统计，共有 113 个县（市），总计 15000 个村庄受灾，受灾区域主要在农村，灾情最严重的是农业，农、林、牧、渔业直接经济损失 160 亿元。一些山区县还遭受山体滑坡、泥石流的严重冲击，房屋、农田、厂矿及通信、电力、交通等基础设施被冲毁。洪涝到达平原后，在行洪区和滞洪区内造成大量农田及村镇被淹，工业系统县及县以上工业企业受灾 1336 家，乡镇企业受灾 94000 个。农田水利设施也遭到严重破坏，全省有 74 处大中型灌区受损，直接影响灌溉面积 2.664×

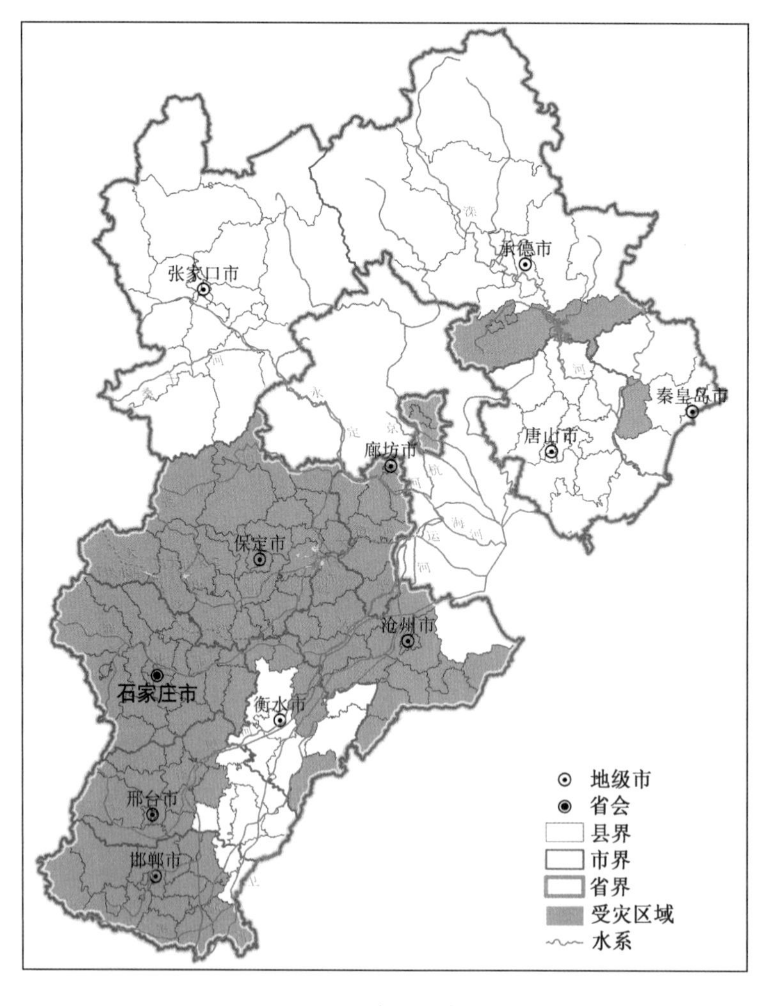

图 1-5 “1996.8”暴雨洪涝灾害影响范围

10^5 hm^2；11 座大型水库，21 座中型水库，200 座小水库和 78000 眼机井遭受到不同程度破坏；冲毁耕地面积 86000 hm^2，用材防护林受灾面积 42000 hm^2，经济林受灾面积 238300 hm^2。农村共有 7670 所中小学校受灾，冲毁 391 所学校。

1.1.6 “2012. 7. 21”暴雨洪涝灾害

受冷空气和副高外围暖湿气流共同影响，2012 年 7 月 21—22 日，大清河系北支发生“1996. 8”以来最大一次暴雨洪涝。最大降雨点为北京市房山区河北镇 460 mm，相当于 500 年一遇；河北省境内涞源县王安镇最大 6 小时降雨量 274. 6 mm，相当于 200 年一遇，最大 24 小时降水量 349 mm，相当于 100 年一遇。本次暴雨拒马河紫荆关、张坊和南拒马河落宝滩 3 个水文站洪峰流量都超过“1996. 8”暴雨洪涝灾害期间出现的最大洪峰，但洪涝总量并不大。其间拒马河张坊以上流域产水量 1.15×10^8 m^3，呈现峰高量小的态势（胡春岐等，2012）。

7 月 21 日 0 时，雨区始于大清河西南部，随后扩大至西部。8 时，雨区继续扩大到石家庄西北部、保定西部、唐山和承德局部，暴雨中心位于保定西南部；而后雨区移向东北部，暴雨中心在安格庄水库附近。10 时以后，雨区继续扩大至张家口一带，中心向东北移至涞水县与北京市交界处，暴雨中心为涞水县落宝滩。16 时，雨区扩大至保定、廊坊及以北地区，暴雨中心又返回到保定西北部的涞源县、易县、涞水县一带，涞源县王安镇最大 4 小时降雨量达 158 mm。16—20 时，暴雨强度继续加大，中心移到北京市，北京市房山区漫水河最大 4 小时降雨量 248 mm。20—24 时，强雨区东移，形成两个暴雨中心，西部中心位于北京、保定及廊坊 3 市交界处，固安县城最大 4 小时降雨量 226 mm；东部中心位于承德市兴隆县一带。22 日 0 时以后，雨区移出大清河流域（刘惠霞等，2014）。从空间上看，大清河北支东北部降雨量在 300 mm 以上，中部和东部降雨量在 200～300 mm，其他雨区降雨量在 100～200 mm，最北部（涿鹿县南部）降雨量在 100 mm 左右。暴雨中心有两个：一是涞源县王安镇降雨量 378 mm；二是北京市房山区漫水河降雨量 407. 9 mm。

“2012. 7. 21”暴雨洪涝灾害过程只有 2 天，洪涝总量不大（吴新玲，2012）。暴雨洪涝期间，拒马河张坊以上流域产水量 1.15×10^8 m^3；通过南拒马河落宝滩、北河店两个水文站的水量分别为 0.79×10^8 m^3 和 0.13×10^8 m^3；通过白沟河东茨村水文站的水量为 0.65×10^8 m^3。北拒马河河长 54 km，地形远比南拒马河复杂，10 多年没有过水，虽然水量不多，但由于 21 日北拒马河流域突降暴雨，涿州市平均降雨达 276. 9 mm，大量洪涝的流入使北拒马河水量增加，但行洪期间没有形成大的洪峰，最后平稳流入白沟河。

这场暴雨洪涝致使保定、廊坊等地县（区）遭受严重损失，灾害影响范围如图 1-6 所示（耿俊华等，2013；丁峥臻等，2013）。此次灾害共造成 259. 1 万人受灾，34 人死亡，18 人失踪，倒塌房屋 1. 89 万间，农作物受灾面积 1.617×10^6 hm^2，直接经济损失达 122. 87 亿元。其中，廊坊市 10 个县（市、区）累计 51 个乡镇遭受灾害，受灾人口 83. 75 万人，房屋倒塌 2327 间，农作物受灾面积 17100 hm^2，直接经济总损失 21. 79 亿元

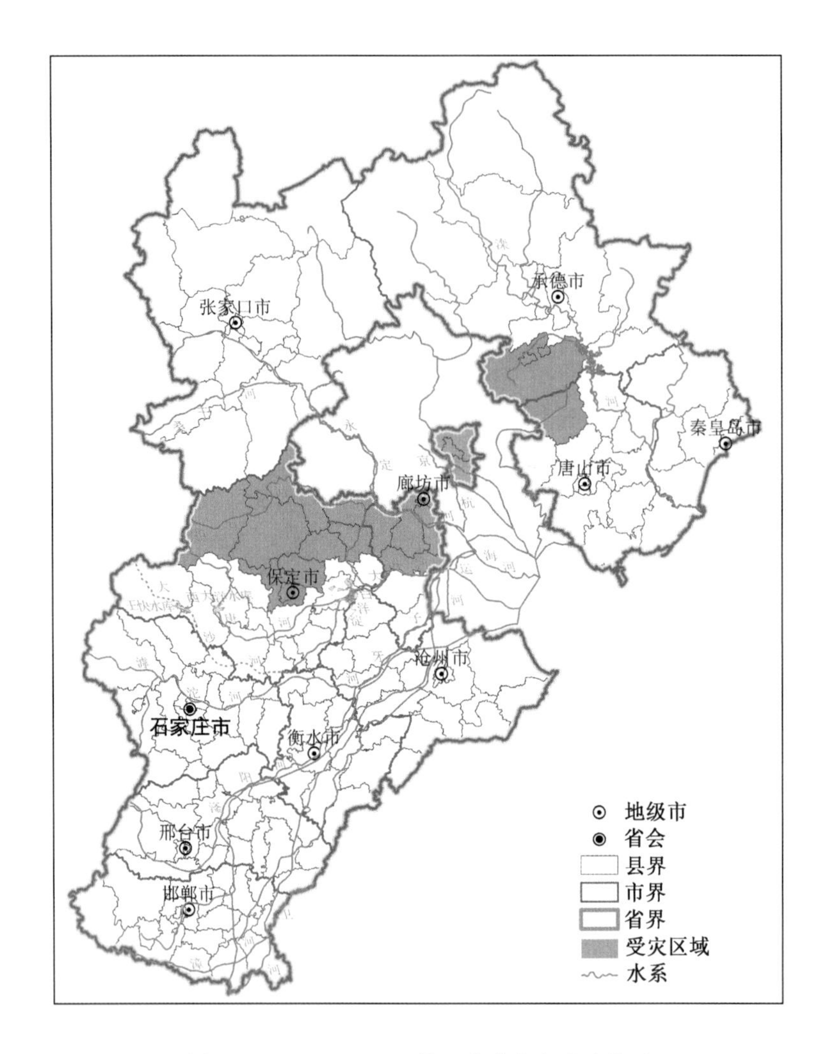

图 1-6 “2012. 7. 21”暴雨洪涝灾害影响范围

(农业损失 10. 17 亿元，工业损失 5. 78 亿元，水利设施直接经济损失 2. 56 亿元，家庭财产损失 1. 5 亿元，其他损失 1. 78 亿元)。

“2012. 7. 21”暴雨洪涝对北京市也造成了严重影响，洪涝受灾人口约 160. 2 万人，79 人死亡，经济损失达 116. 4 亿元。受灾最严重的房山区，共死亡 38 人。暴雨导致北京市内城区发生内涝灾害，公路、铁路、民航等交通方式均受到不同程度影响。暴雨还导致京港澳高速公路多处严重积水、车辆被淹，最深处积水深达 6 m，且至少造成 3 人遇难，道路桥梁多处受损，交通几近瘫痪。

1. 1. 7 “2016. 7. 19”暴雨洪涝灾害

由于受副热带高压外围暖湿气流和高空槽、高空低涡等气候因素的综合影响，2016 年 7 月 19 日 0 时至 21 日 8 时，河北省发生自 1996 年以来的最强暴雨。河北地区的累计降水量在 100~250 mm，其中石家庄局部降雨达 400 mm 以上，部分山区河道及大型水库

入库洪峰达到 20~50 年一遇甚至百年一遇。受此次强降水天气的影响，河北山区出现了山洪灾害，部分城市出现了内涝，导致严重的人员伤亡和巨大的经济损失。

7 月 19 日 0—24 时，邯郸、邢台、石家庄 3 市西部及保定市西南部普降大暴雨，降雨量超过 100 mm。7 月 20 日 0—20 时，雨区东移，承德西南部，唐山、秦皇岛两市大部，廊坊全部，保定东北部，以及石家庄、衡水、沧州、邢台 4 市局部降雨量超过 100 mm；暴雨中心北京市房山区南窑站降雨量 335 mm，涿州市区降雨量 243 mm，高碑店市樊庄站降雨量 241 mm。7 月 20 日 20 时至 21 日 8 时，河北省东北部降雨持续，秦皇岛市大部及承德、唐山两市局部降雨量超过 50 mm。7 月 20 日 8 时至 21 日 8 时，秦皇岛市普降暴雨，局部降雨量超过 300 mm；暴雨中心海港区城子峪站降雨量 311. 2 mm、平房峪站降雨量371 mm、刘家房站降雨量 334. 2 mm，青龙满族自治县山神庙站降雨量 358. 2 mm、马岭根站降雨量 366. 2 mm、牛心山站降雨量 318. 8mm、下湾子站降雨量 333. 6 mm。7 月 21 日

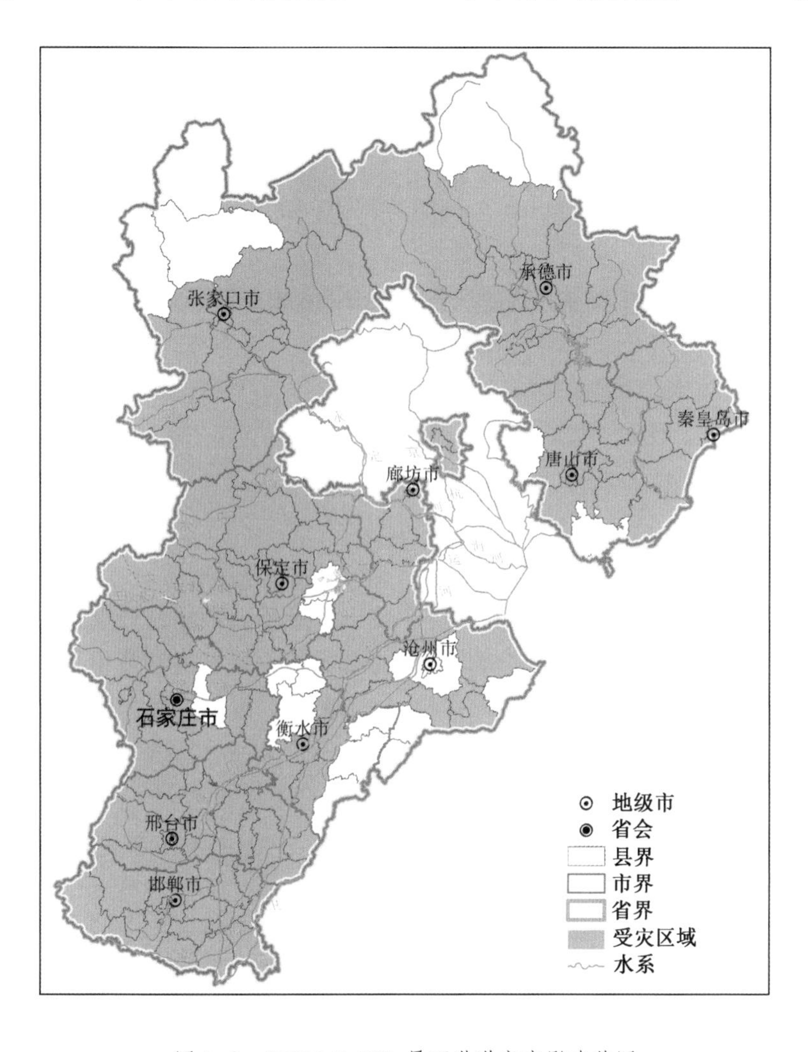

图 1-7 “2016. 7. 19” 暴雨洪涝灾害影响范围

8时，全省降雨基本结束。就降雨范围看，本次暴雨沿太行山丘陵区分布，主要降雨中心有3处，分别为邯郸市磁县、峰峰矿区一带，邢台市临城一带，石家庄市赞皇、井陉一带。暴雨中心雨量巨大，其中磁县陶泉乡降雨量783 mm、峰峰矿区北响堂站降雨量681 mm、临城县上围寺站降雨量677mm、赞皇县嶂石岩降雨量721 mm、井陉县苍岩山降雨量651 mm（张鹏，2017）。

此次洪水流量大、总量小、来势猛。漳卫河水系、子牙河水系、大清河水系等河系洪峰流量普遍较大。漳卫河水系情况：漳河支流清漳河刘家庄站20日14时出现最大洪峰流量666 m^3/s，为建站以来第4位。沙河支流路罗川坡底站19日19时10分出现最大洪峰流量1650 m^3/s，为有资料以来（1973年）第1位，洪水汇入下游朱庄水库。下游临城水库20日1时出现最大入库流量3120 m^3/s，接近50年一遇，最大出库流量223 m^3/s。大清河水系情况：沙河支流胭脂河新房站19日23时出现最大洪峰流量379 m^3/s，沙河阜平站20日4时出现最大洪峰流量581 m^3/s。受24日暴雨影响，沙河阜平站最大洪峰流量25日0时52分达1940 m^3/s。

此次暴雨洪涝灾害受灾人口多 、影响范围广（图1-7），造成河北省共152个县（市、区）1043.56万人受灾，紧急转移安置人口41.80万人，农作物受灾面积 8.903×10^5 hm^2，农作物绝收面积115700 hm^2，倒塌房屋10.50万间，严重损坏房屋12.5万间，一般损坏房屋33.26万间；据河北省民政部门不完全统计，全省直接经济损失约574.57亿元（孙玉龙等，2018；中国水旱灾害公报，2016）。此次强降水雨带稳定少动，最强降水主要集中在石家庄、邢台、邯郸3市的西部山区，由于山区汇水速度快，短时间内山洪暴发、河水猛涨，导致石家庄、邢台、邯郸3市受灾最为严重，紧急转移安置人口占河北全省总安置人口的96.72%，需紧急生活救助人口占总救助人口的94.26%；直接经济损失占全省损失的91.99%。

1.2 典型暴雨洪涝灾害事件比较分析

河北省地形、地貌和气候类型复杂多样，是全国受暴雨影响最严重的北方省份之一。中华人民共和国成立以来，河北省先后出现上述7场重大暴雨洪涝灾害事件。总体来看，“1963.8”暴雨过程雨量最大，出现多个河北省降水历史极值。最近的“2016.7.19”暴雨过程，影响范围最广，造成的直接经济损失最大，全省共124个县出现暴雨，84个县出现大暴雨，造成152个县（市、区）受灾，降水历时短于“1977.7”和“1988.8”暴雨过程，但累计降水量仅次于“1963.8”暴雨过程，总体影响范围均超过了“1996.8”“2012.7.21”两次暴雨过程。

1.2.1 雨情

河北省7次典型暴雨洪涝天气的降水情况见表1-1。从暴雨洪涝降水极值看，“1963.8”平均过程雨量321.4 mm，特别是邢台市内丘县獐么站过程降雨量达到2051 mm，是我国内陆过程降水量最高纪录。此外，獐么站记录的最大日降雨量865 mm

也是河北省历史最大 24 小时降水数据，非官方记录甚至达到 950 mm[①]。强度仅次于它的是“2016. 7. 19”暴雨过程，最大 24 小时降雨量达 783. 4 mm（磁县陶泉乡）。居于第三位的是“1996. 8”暴雨过程，最大 24 小时降雨量达 589 mm。

“1963. 8”暴雨过程不仅历时较长，降雨强度也大，其 6 小时最大降雨量居首位；“1977. 7”和“1988. 8”暴雨过程历时最长。“2012. 7. 21”和“2016. 7. 19”是短历时强降水过程，“2012. 7. 21”暴雨中心极值位于北京市内，河北省最大日降雨量则出现在廊坊市固安县 366. 7 mm。“1956. 8”最大日降雨量 385 mm（石家庄平山县狮子坪），与“2012. 7. 21”接近，但其历时更长。

表 1-1　河北省 7 次典型暴雨洪涝降水情形对比分析

案例	历时/d	最大时段降雨量/mm				最大日降雨量/mm
		1 h	3 h	6 h	24 h	
“1956. 8”事件	7	/	/	/	/	385
“1963. 8”事件	10	/	218	426	950	865
“1977. 7”事件	26	/	/	/	/	465. 2
“1988. 8”事件	18	/	/	/	/	191. 1
“1996. 8”事件	5	99	246	336	589	670
“2012. 7. 21”事件	1	87	168	275	379	366. 7
“2016. 7. 19”事件	3	177	264	363	783. 4	273. 3

1. 2. 2　影响范围和灾害损失

从影响范围来看，“2016. 7. 19”暴雨覆盖范围最广，全省 117 个县（市、区）降雨量超过 100 mm，覆盖范围达 115000 km^2，超过“1963. 8”暴雨洪涝灾害，其中仅 20 日一天就有 119 个县（市、区）降雨量达到暴雨量级，为有气象记录以来暴雨范围之最。“1963. 8”暴雨过程使河北省大范围地区成一片泽国，西部太行山区降水量大部分超过了 500 mm，面积达 42570 km^2。“1996. 8”暴雨发生在除张家口、承德以外的地区，降水量超过 500 mm 的地区主要集中在石家庄西部的太行山区，井陉县吴家窑水文站观测到过程雨量为 670 mm。过程雨量、强度虽然低于“1963. 8”暴雨，但也达到了 80 mm/h，且连续降雨时间长、面积广。整体上，“2012. 7. 21”和“1956. 8”暴雨洪涝灾害覆盖范围比较小，“1988. 8”暴雨洪涝灾害覆盖范围最小（张安凝知等，2017）。

7 次典型暴雨洪涝天气给河北省都造成了严重损失（表 1-2）。“2016. 7. 19”暴雨洪涝灾害全省有 152 个县（市、区）受灾，直接经济损失 574. 57 亿元，受灾范围、直接经济损失居 7 次过程之首。但从灾害损失占全省 GDP 的比例来看，“1963. 8”暴雨洪涝过程受灾极其严重，其损失是当年全省 GDP 的 1. 3 倍之多，其次是“1956. 8”暴雨洪涝过程，

① 河北省子牙河河务管理处。

灾害损失是当年全省 GDP 的一半以上。随着年代的推进，灾害损失绝对量在增加，但占经济总量的比重在不断下降，这与全球的趋势一致。

表 1-2　河北省 7 次典型暴雨洪涝灾情对比分析

案例	受灾人口/万人	倒塌房屋/万间	农作物受灾面积/10^4 hm^2	直接经济损失/亿元	损失占 GDP 比例/%	受伤人口/人	死亡人口/人	失踪人口/人
"1956. 8" 事件	1500. 00	30	/	27. 00	54. 18	/	60	/
"1963. 8" 事件	2246. 00	1265. 19	317. 00	59. 30	132. 20	46700	5300	/
"1977. 7" 事件	/	13. 54	97. 10	/	/	131	31	/
"1988. 8" 事件	/	0. 13	3. 34	/	/	/	/	/
"1996. 8" 事件	1618. 89	135. 81	128. 86	456. 30	13. 20	/	671	231
"2012. 7. 21" 事件	259. 10	1. 89	161. 70	122. 87	0. 50	/	34	18
"2016. 7. 19" 事件	1043. 56	10. 05	89. 03	574. 57	1. 80	/	114	111

倒塌房屋方面，"1963. 8" 最多，"1996. 8" 次之，"1977. 7" 位居第三，"2016. 7. 19" 位列第四，"2012. 7. 12" 最少。农作物受灾面积方面，"1963. 8" 影响最大。伤亡及失踪人口与暴雨洪涝灾害的范围有一定的相关性，"1963. 8" 暴雨过程影响范围大于 "1996. 8" 暴雨过程，其人口损失也更大；而 "2016. 7. 19" 暴雨的影响范围最广，但人员损失均小于 "1963. 8" 和 "1996. 8" 过程，这是经济发展和防灾减灾能力显著提升的结果。

水利方面，"2016. 7. 19" 造成 34 座小型水库受损，七里河、北沙河等决口 13 处，水利工程直接经济损失 107. 2 亿元。相较而言，"1963. 8" 损坏水库最多，其中中型水库 5 座，小型水库 330 座，主要堤防决口 2396 处，支流河道决口 4439 处；"1996. 8" 次之，大型水库 1 座，中型水库 5 座，小型水库 114 座，损坏堤防 1607 km、护岸 1500 处。

交通、通信、电力系统方面，"2016. 7. 19" 共造成河北省 7343 km 公路、940 座桥梁、2761 道涵洞受损；赞皇县嶂石岩风景区一度与外界失联，其中受损通信基站 7418 个、通信传输线杆 3457 个，通信传输断点 199 处。洪灾造成河北省 2604. 4 km 线路、0. 5 万套电表及配套表箱、0. 56 万台采集终端受损，直接经济损失约 62. 58 亿元，影响程度远超其他暴雨过程。

工矿企业方面，"2016. 7. 19" 造成全省 1100 多家企业受灾，直接经济损失 132. 05 亿元。"1996. 8" 造成县级以上 1336 家工业企业受灾，直接经济损失 16 亿元，位列第二。

通过对河北省 7 次暴雨洪涝灾害过程降水强度、影响范围以及灾情损失的对比分析可知："1963. 8" 降水强度最大；"2016. 7. 19" 影响范围最广，受灾人口、倒塌房屋和农作物受灾面积减少，但造成的直接经济损失最大。总结起来，河北省暴雨洪涝灾害的变化有以下特征：

一是山区暴雨洪涝造成的人员伤亡占比增加。我国水利工程设施日益完善，江河防洪

能力有了极大提升，从“1963. 8”到“2016. 7. 19”，河北省洪涝灾害导致的死亡/失踪人数从 5300 余人下降到 114 人，但“2016. 7. 19”的死亡失踪人员几乎都分布在河北省太行山区。

二是暴雨洪涝造成的主要经济损失由农村向城市变化。20 世纪 80 年代以后的“1988. 8”“1996. 8”“2012. 7. 21”和“2016. 7. 19”四场暴雨洪涝灾害中，经济损失绝对值从 83. 6 亿元增加到 1153. 76 亿元，从传统的农作物受淹减产造成的损失占比最多，逐渐变为基础设施受损、服务业受损占比最多；而在财富最为密集的城市，由于热岛效应等原因，极端降雨事件增多，内涝灾害问题日益突出。

1. 3　山洪灾害风险形势严峻

近年来，在气候变化、城镇化发展及人类活动的影响下，中国的中小河流上游山区极易暴发山洪灾害，且山区多以脆弱性较强的农村环境为主，使得山洪灾害造成的损失十分严重。据中国水旱灾害公报统计，2000—2019 年，山洪灾害造成的死亡人口占洪涝灾害死亡人口的比例呈增长趋势，占比高达 60%~95%，年均死亡人口高达 819 人，已成为造成我国人员伤亡最主要的灾种之一（中国水利部，2021）。

河北省山洪灾害风险形势严峻，主要来自两方面原因：一是河北省重大洪涝灾害事件的暴雨中心有自东向西、自平原区向太行山区转移的趋势；二是山区在面对山洪时的暴露度和脆弱性也在不断上升。河北省所属太行东部山区由于多次构造运动和褶皱断裂作用的影响，形成了陡峭复杂的地形特征，即坡度、坡长、河床比降增加，东陡西缓和沟谷切割；加之发育丰富的从太行山向华北平原运动的水系，这都为山洪的发生提供了有利的孕灾环境。太行山属暖温带半湿润大陆性季风气候，降雨多集中于 7—8 月，且常发生短历时大暴雨，同时太行山东部夏季处于东南季风的迎风坡，易形成突发的地形雨，进一步加剧了该区域山洪灾害发生的可能性。以河北省井陉县为例，历史山洪灾害灾情情况见表 1-3。

表 1-3　河北省井陉县历史山洪灾害灾情表

发生时间	灾　情　概　况
1995-08-05	井陉县人民渠被淤填高出渠沿 1 m 多，干渠沿线多处塌方；近 6000 亩大秋作物绝收；经济损失上千万元
1996-08-03	井陉县受灾最为严重，全县约 1600 人受伤，49 人死亡，13 人失踪；约 2000 头牲畜死亡；直接经济损失约高达 52 亿元
2004-08-11	井陉县农作物受灾面积 1 万亩，受灾人口达 1. 5 万人；直接经济损失 600 万元，其中农业经济损失 300 万元
2016-07-18	井陉县小作河流域内 3 个乡镇（贾庄镇、小作镇、辛庄乡）均遭受严重灾害，约 3. 59 万人受灾；约 2617 hm^2 农作物受灾，约 1383 hm^2 农作物绝收；3975 间房屋倒塌，5991 间房屋严重损坏，22454 间房屋一般损坏；直接经济损失约 34 亿元。其中，农业损失约 4 亿元，工矿业损失约 12 亿元，基础设施损失约 11 亿元，公益设施损失约 4 亿元，家庭财产损失约 2 亿元

山洪暴涨暴落的特征，使得山洪灾害的监测和预警尤为困难，而且改革开放后的20年间，山区人口急剧增长。以河北省太行山区32个县为例（图1-8），参考相关研究（王明远，1987；孙敬之，1987）：1982—2000年，32个县的人口总数从1057.81万人增加至2000年的1285.57万人；人口密度从304.36人/km^2增加至369.89人/km^2。其中，石家庄新乐市、鹿泉市，邯郸永年县、邯郸县和邢台沙河市的人口增长较为迅速，年均人口增长率达到了1.5%以上，超过我国同期人口增长率1.246%。山区平地较少，河道及河道两边的地势相对平坦，因此新增加的人口开始占用河道建房，从而增加了面对山洪时的人口暴露，加剧了山洪灾害人员伤亡风险。

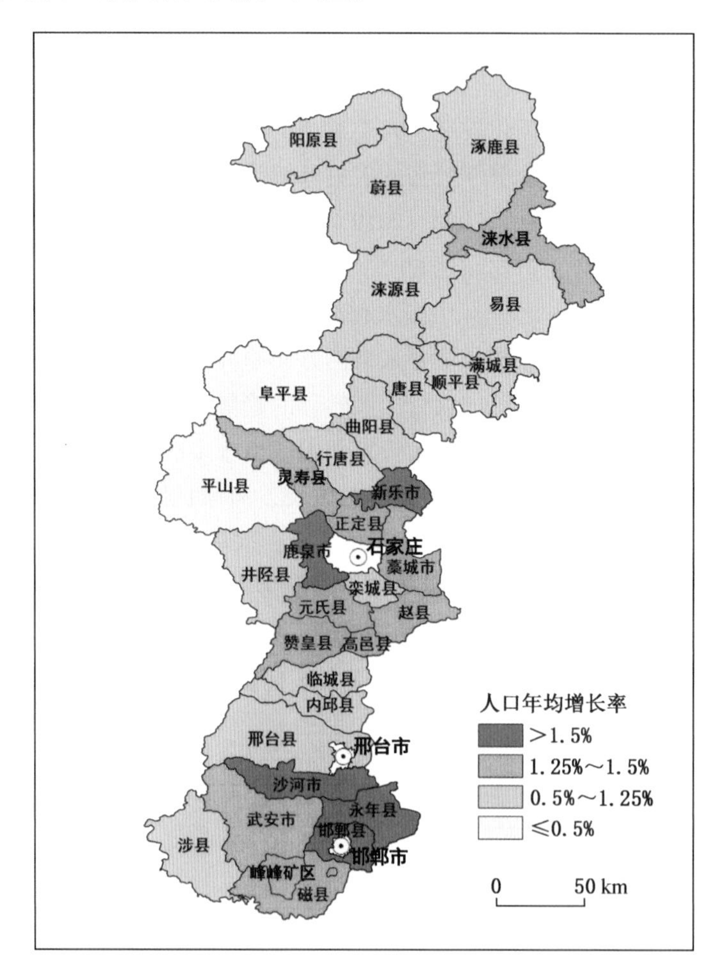

图1-8　河北省山区县人口变化（1982—2000年）

20世纪末和21世纪初快速发展起来的沟域经济也从侧面加剧了山洪灾害风险。沟域经济是指以山区自然沟域为单元，充分发掘沟域内的自然景观、历史文化遗迹和产业资源基础，对山、水、林、田、路、村和产业发展进行整体科学规划，集成生态涵养、旅游观光、民俗欣赏、高新技术、文化创意、科普教育等产业，形成绿色生态、产业融合、高端

高效、特色鲜明的沟域产业经济带。沟域经济的雏形最初由北京山区农民尤其是矿山关闭地区农民摸索发展的，一些适合山区特点的产业，如怀柔虹鳟鱼一条沟、房山十渡景区等。2010 年前后，沟域经济成为北京、河北山区经济转型发展的特点。但是由于前期发展缺乏整体规划，导致一些沟域农业旅游景点无序开发，旅游开发建设规模不断扩大，旅游景点和乡村生活污水及垃圾排放量增加，河道因此遭受污染。与城乡统筹和新农村建设标准要求相比，沟域村镇的规划和建设标准不高，所以一些旅游景区往往忽视山洪灾害风险，在洪泛区内开发旅游娱乐项目，建设酒店、餐厅等旅游服务设施，既增加了山洪灾害会威胁到的人口，也增加了山洪发生时带来的经济损失。

2000—2020 年，河北省接待的游客量从 4898.6 万人增长到 3.8 亿人次，特别是依托于区位优势，河北省接待了大量来自北京市、天津市的游客。例如，河北省保定市涞水县野三坡景区作为北京周边重要的 5A 级旅游区，依托当地的拒马河山谷环境，以优美的涉水景观而闻名；景区内 90% 以上家庭都从事旅游业，居民和旅游设施大多集中居住及建设在狭长的河道两岸。2012 年 7 月 21 日 6 点，拒马河上游山区突降暴雨，洪流在 22 号凌晨沿河道进入野三坡的山谷地区，形成山洪。虽然景区及时疏散了大量游客和居民，但此次山洪仍冲毁了景区内大量建筑物和基础设施，造成流域内 30 多人因灾死亡。野三坡景区受损严重，直至次年 4 月才重新恢复对外营业。

面对河北省日益严峻的山洪灾害风险，需要建立统一的流域山洪预警系统和防控机制，并提高预警精确性，加强对山区居民区和景区的洪泛区管理，减少山区山洪暴露度和脆弱性。

1.4　城市化放大暴雨洪涝影响

全世界 52% 的人口居住在城市区域，城市人口数量还将持续增长，预计 2050 年近 67% 的世界人口将会居住在城市区域，我国的城市化率也将达到 71.2%（Heilig G et al.，2012）。截至改革开放 40 年（2018 年），我国城市化从 18% 提高到 59.58%。自京津冀协同发展战略实施以来，京津冀地区的夜间被越来越多灯光所点亮，释放着强劲的经济增长动力。夜间卫星灯光指数显示，2013—2018 年期间，北京、天津与河北三地的灯光指数分别增长了 15.41%、7.50% 和 18.30%，其中河北省的增长最为显著。以 10 年为跨度来看（夜间灯光亮度数据来源：美国国家海洋大气管理局 NOAA 下属的国家环境信息中心），河北省夜间灯光指数发生了明显变化（图 1-9）。2012—2021 年，廊坊市广阳区、大厂回族自治县、香河县、怀来县夜间灯光指数增长率分别达 85.3%、42.2%、30.4%、16.0%。城市化带来的社会经济活动和土地扩张已成为影响洪涝灾害风险的关键因素，对区域暴雨洪涝灾害灾情有显著放大效应。

在水文特征和洪涝强度方面，城市化会导致土地覆被/利用变化、不透水表面的增加，影响水文特征，短期低强度的降雨会导致更高的洪峰和体积等（Suriya S et al.，2012）。即同样的暴雨条件下，区域下渗量的减少和人工不透水地表糙率的下降，会导致地表径流

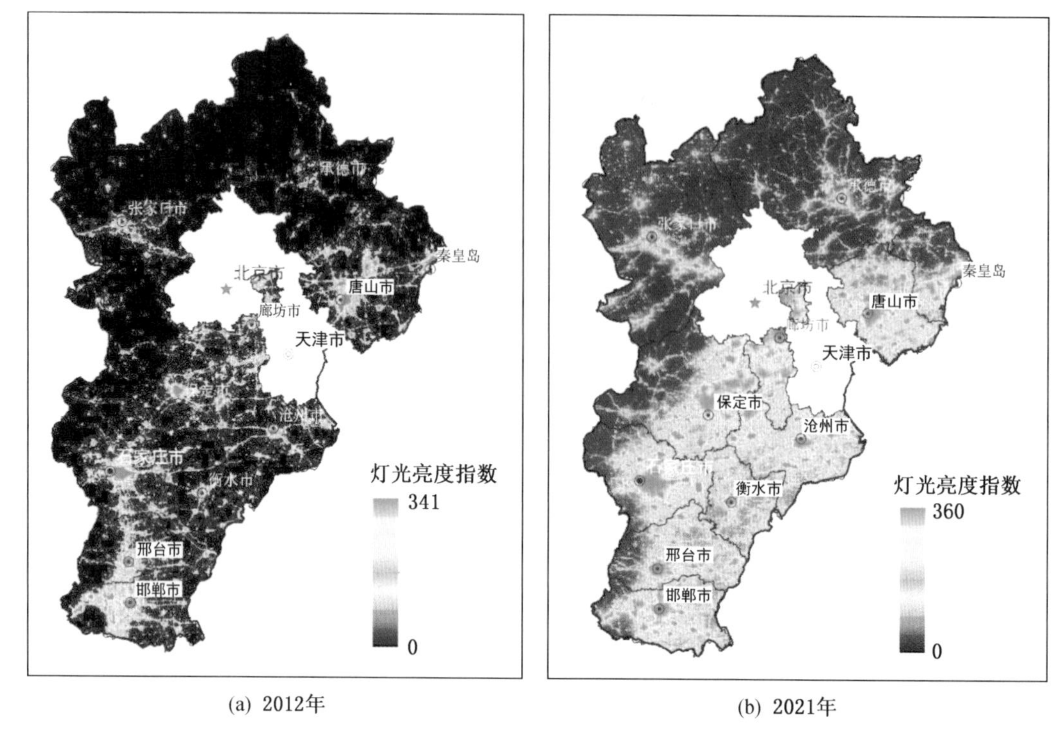

图 1-9　河北省夜间灯光指数分布变化（2012 年和 2021 年）

量的增加和汇流时间的加快，使得水速快、淹没水深高，且排水时间延长。例如在“2012. 7. 21”中，房山区的城市道路积水可达 6 m；而在 50 年前降雨强度更大的“1963. 8”中，被淹市区的积水多为 1～3 m。

在承灾体暴露度与脆弱性方面，城市化使暴露在灾害风险中的人口和财产增加（吴先华等，2017），高密度经济建设活动在洪涝易发区进行，加大社区遭受洪涝灾害的风险（Stevens M R et al. , 2010）。通过河北省历史暴雨洪涝灾害事件的损失情况对比可以看到，直接经济损失在显著增加。例如灾害影响范围相当的“1963. 8”和“2016. 7. 19”，经济损失从 59. 30 亿元增加为 574. 57 亿元。

由于城市建设的飞速发展，导致城市区域水循环路径发生巨大的改变，而排水管网和天然河湖往往不能够合理衔接，会加剧城市排水承灾体的脆弱性，一旦某个节点因抗灾能力薄弱，遭受洪涝灾害威胁后，会导致整个系统的瘫痪乃至崩溃。例如 2021 年 7 月 20 日河南郑州特大暴雨灾害中，在地铁、隧道等发生的重大人员伤亡事件。

综合上述，河北省是我国暴雨洪涝灾害的重灾省份，是孕灾环境与致灾因子共同作用的原因：第一，河北省降雨在时空分布上高度不均。时间上，河北省夏季降水量占全年降水量的 60%～75%（宋善允，2016），尤其是每年的 7 月下旬至 8 月上旬，从 7 次重大灾害的名称上也反映出此规律。空间上，河北省地处中纬度地带，天气影响系统多以西风带系统为主，地处太行山脚下正好为西风带系统的背风坡，所以日降雨量在 50 mm 以上的

暴雨主要分布在燕山山区、太行山区。第二，夏季局部地区强烈发展的中小尺度天气系统引发了强降水。河北省南部地区夏季的雨强极大值可达到 80~90 mm/h，甚至与夏季沿海地区出现的雨强极大值持平（姚莉等，2009）。

由于河北省重大暴雨洪涝事件的周期大致为 10 年一次，导致人们风险意识较低、警惕性不强，容易形成麻痹大意思想。《河南郑州“7·20”特大暴雨调查报告》中总结的主要教训“主观上认为北方的雨不会大，对郑州遭遇特大暴雨造成严重内涝和山洪没想到”。这种麻痹思想和经验主义在河北省也同样存在。一些领导干部在常年干旱的环境下失去了对重大洪涝灾害的警惕性，对全球气候变暖背景下极端气象灾害的多发性、危害性认识不足，严重缺乏风险意识和底线思维；没有把历史和他人的教训当作自己的教训，对北方城市暴雨导致严重伤亡的事件没有深刻认识；对城镇化发展进程中的安全风险缺乏调查研究，不知道风险在哪里、底线是什么，应急准备严重不足，以致灾难来临时江心补漏、为时已晚（国务院灾害调查组，2022）。

在全球气候变化背景下，越来越频繁地出现极端天气灾害事件，曾经的百年一遇、千年一遇暴雨洪涝灾害近年来在全球各个国家屡屡发生。丁一汇等（2018）预估，未来华北地区将进入多雨期，并可能持续更长时间。“前车之鉴，后事之师”，充分吸取河北省自身的经验教训，开展河北省暴雨洪涝灾害风险防控研究，提升暴雨洪涝灾害的防治能力极其重要。

第2章　河北省暴雨特征及雨型区划研究

河北省降雨具有时空分布不均，降雨强度大、历时短等特征，使得极端降雨和天气事件频发，暴雨山洪时有发生。区域内降雨雨型的确定对防洪减灾有着重要作用，通常根据降雨过程中降雨峰值时刻出现的前后，分为单峰型雨型——Ⅰ、Ⅱ、Ⅲ类，峰值分别位于前部、后部和中部；均匀型雨型——Ⅳ类，降雨过程分布差异不大；双峰型雨型——Ⅴ、Ⅵ、Ⅶ类；峰值分别位于前后两部、前中两部和中后两部。本章采用 DTW（Dynamic Time Warping，动态时间规整）数据挖掘技术，对河北省降水进行大数据分析，总结河北省雨型规律，将河北省各地雨型划分成3类区域：Ⅲ、Ⅰ型雨居多区；Ⅲ、Ⅰ、Ⅵ、Ⅶ型雨并重区；Ⅲ型雨为主区。

2.1　河北省降雨数据

河北省降雨数据包括142个国家地面气象观测站点（基准站）和3047个河北省地面气象自动监测站点（区域站）(图2-1）的日降雨量数据（1984—2020年），以及6—8月逐时降水数据（2005—2017年）。其中，142个国家地面气象观测站点的时间范围为

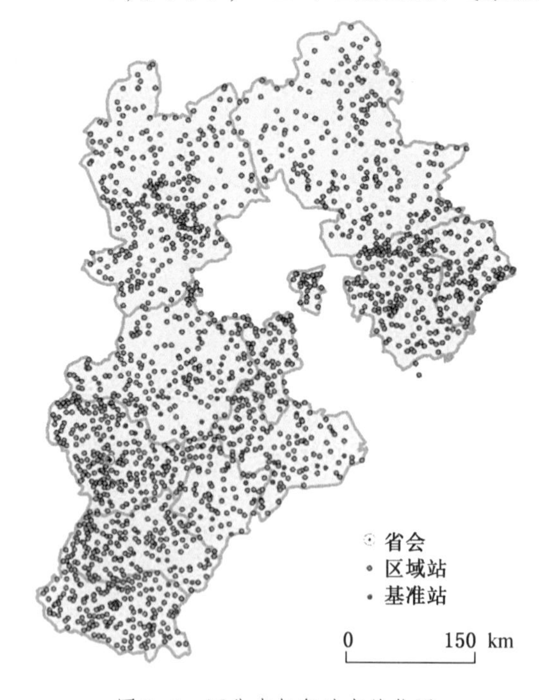

图2-1　河北省气象站点的位置

1984—2020 年，而 3047 个河北省地面气象自动监测站点的时间范围为 2005—2017 年。在数据提取前，对原始数据（即 142 个国家地面气象观测站点和 3047 个河北省地面气象自动监测站点的逐日逐时降水数据）进行质量检测，以确保数据的科学性和准确性。

质量检测共分为两个方面。一是高低异常值检测，即通过对各个站点进行标准差标准化处理，以大于或小于 3 倍标准差为高低异常值的检验标准，筛选出存在异常值的站点；通过查阅历史资料，再次对异常值站点进行校对，与历史资料相吻合者保留，否则舍弃。二是空间异常值的检测，即选取目标站点周边最近距离的 5 个站点进行比较，以大于 50 mm 为空间异常值的检验标准，筛选出存在异常值的站点；通过查阅历史资料，再次对异常值站点进行校对，与历史资料相吻合者保留，否则舍弃。通过上述质量检测后，河北省地面气象自动监测站的有效站点为 1142 个，合计有效气象站点共 1284 个。

2.2　河北省暴雨特征

2.2.1　不同时期最大日降雨量时空变化

图 2-2 为河北省不同时期最大日降雨量，由图可知河北省最大日降雨量高值区主要分布在河北省唐山市北部、秦皇岛市北部，廊坊市以及保定市、石家庄市和衡水市等地区，大部分地区最大日降雨量达 100~190 mm。

1984—1990 年，河北省暴雨中心区域为秦皇岛市北部、唐山市北部、保定市中部、廊坊市以及衡水市，极值区位于保定市中部的顺平县，最大日降雨量达 291.7 mm。1991—2000 年，暴雨中心区域为石家庄市西部以及沧州市西南部，极值区位于石家庄市的井陉县，最大日降雨量达 670 mm，石家庄市、邢台市、邯郸市西部山区的降雨量大于 200 mm。2001—2010 年，暴雨中心区域为保定市南部、邢台市西部以及唐山市南部，极值区为保定市定州市，最大日降雨量达 311.3 mm。2011—2020 年，暴雨中心区域为廊坊市北部、保定市东北部以及西部山区，极值区位于廊坊市固安县，最大日降雨量为 366.7 mm。

1984—1990 年，河北省最大日降雨量高值区（>190 mm）零散分布在唐山市、秦皇岛市以及衡水市。1991—2000 年，高值区明显增加，南部最大日降雨量整体增高，大于 125 mm 的地区增多，但是唐山市和秦皇岛市最大日降雨量则有所降低，最大日降雨量为 100~250 mm。2001—2010 年，河北省最大日降雨量明显降低，保定市、沧州市以及西部山区的最大日降雨量从大于 150 mm 变为小于 125 mm。2011—2020 年，最大日降雨量整体呈现增加，其中南部山区变化最为明显，如石家庄市、邢台市和邯郸市的山区县由原来最大日降雨量 100~125 mm 变为 160~300 mm，甚至更多。

上述 4 个不同时期最大日降雨量高值区的范围变化呈现出小-大-小-大的波动，同时与第一章的历史暴雨洪涝受灾区有着较好的相关性。“1988.8”暴雨洪涝的受灾范围相对较小，集中在保定、衡水等地区，也是 1984—1990 年的降雨量高值中心（图 2-2a）。“1996.8”暴雨洪涝的受灾范围较大，涵盖整个河北省南部，包括南运河、子牙河、大清

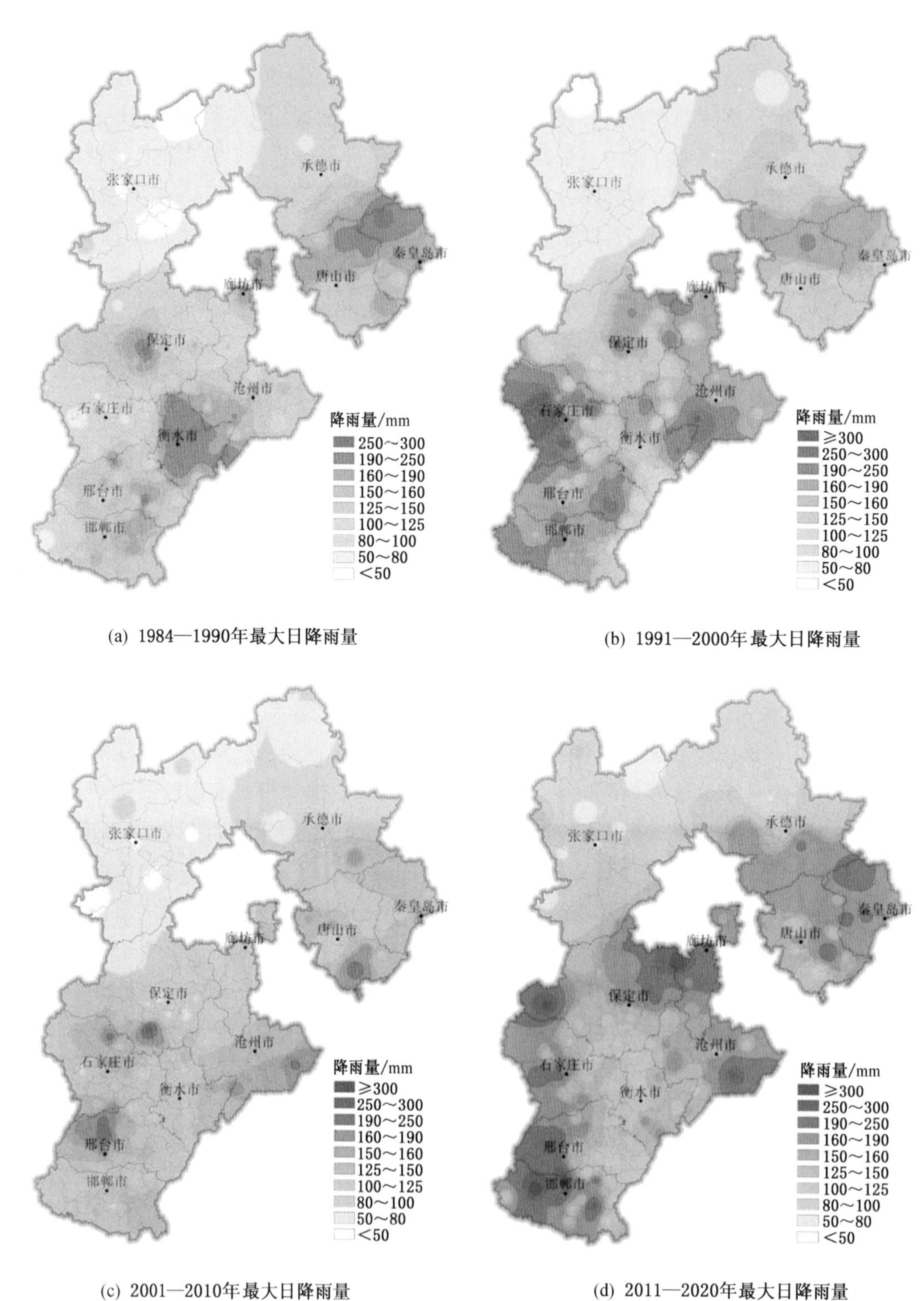

(a) 1984—1990年最大日降雨量

(b) 1991—2000年最大日降雨量

(c) 2001—2010年最大日降雨量

(d) 2011—2020年最大日降雨量

图2-2 河北省不同时期最大日降雨量

河流域，尤其是滹沱河、滏阳河，该范围与1991—2000年降雨量高值中心范围（图2-2b）一致。2001—2010年没有特大洪涝灾害发生，图2-2c也显示该时段内日降雨量的高值中心范围较小。2011—2020年降雨量（图2-2d）显示，此时段的高值中心范围是4个时期中最大的，且西部山区的日最大降雨量增加最多。这些致灾原因造成“2016.7.19”暴雨的受灾范围涵盖全省86%以上县市，“2012.7.21”暴雨洪涝造成保定山区县受灾严重。

2.2.2 不同时期暴雨雨强的时空特征

由河北省不同时期暴雨雨强即每次暴雨平均降雨量（图2-3）可知，河北省暴雨强度较强地区主要是唐山、秦皇岛以及保定、衡水和石家庄等地区；大部分地区次均降水量为65~100 mm。

1984—1990年，河北省暴雨强度较强区域为保定市、沧州市、衡水市以及秦皇岛市，其中极值区位于衡水市冀县，次均降水量为127.6 mm。1991—2000年，秦皇岛市、沧州市以及石家庄市、邢台市、邯郸市和衡水市暴雨强度较强，极值区位于邢台市柏乡县，次均降水量为103.1 mm。2001—2010年，河北省暴雨较强区域为唐山市、沧州市以及邢台市和邯郸市，次均降水量大于80 mm，极值区位于邯郸市肥乡县，次均降水量为110 mm。2011—2020年，河北省暴雨强度较强区域为唐山市、秦皇岛市、保定市西部、廊坊市、沧州市以及邢台市和邯郸市，极值区位于沧州市孟村回族自治县，次均降水量为112.2 mm。

1984—1990年，河北省暴雨强度高值区（>100 mm）零星分布在保定中部、衡水的北部和南部。1991—2000年，张家口市和承德市西北部暴雨强度明显增强，暴雨强度高值区范围变大，向西南方向移动。2001—2010年，河北省暴雨强度整体减弱，石家庄市、衡水市和廊坊市大部地区次均降水量小于80 mm，张家口市大部分区域次均降水量小于50 mm，部分地区小于20 mm。2011—2020年，河北省暴雨强度增强，全省次均降水量均大于50 mm。

4个不同时期暴雨雨强的空间分布格局与相应时期的最大日降雨量分布格局基本一致，高值区的范围变化同样呈现小-大-小-大的波动，各个时期的暴雨雨强高值区与相应时期洪涝重灾区的重合度较高，如2011—2020年石家庄、邢台、邯郸的西部山区重灾县，这说明雨强也是暴雨致灾的重要因子。

2.2.3 不同时期暴雨日数的时空特征

河北省不同时期年均暴雨日数（图2-4）表明，暴雨日数的高值区主要分布在唐山市、秦皇岛市和保定市，年暴雨日数最高达3.3天。

1984—1990年，河北省暴雨日数高值区主要分布在唐山市，其中迁西县年平均暴雨日数达3.3天。1991—2000年，河北省暴雨日数较长的地区为唐山市、秦皇岛市、保定北部、沧州西北部及廊坊北部。2000—2010年，河北省暴雨日数整体下降，暴雨日数较长的地区为唐山市中部以及秦皇岛市，其中秦皇岛市抚宁区平均暴雨日数最长为2.4天。

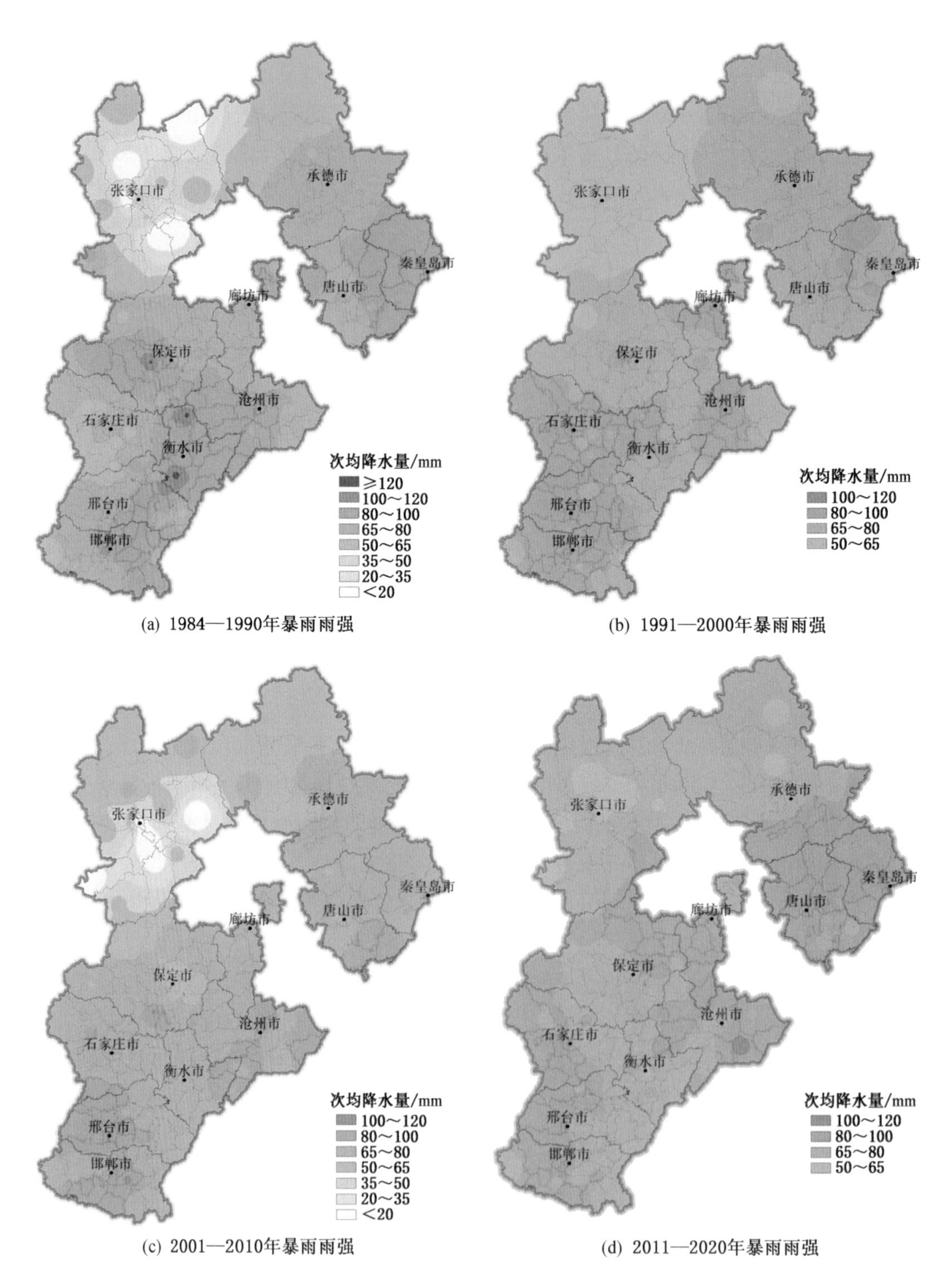

(a) 1984—1990年暴雨雨强

(b) 1991—2000年暴雨雨强

(c) 2001—2010年暴雨雨强

(d) 2011—2020年暴雨雨强

图 2-3　河北省不同时期暴雨雨强

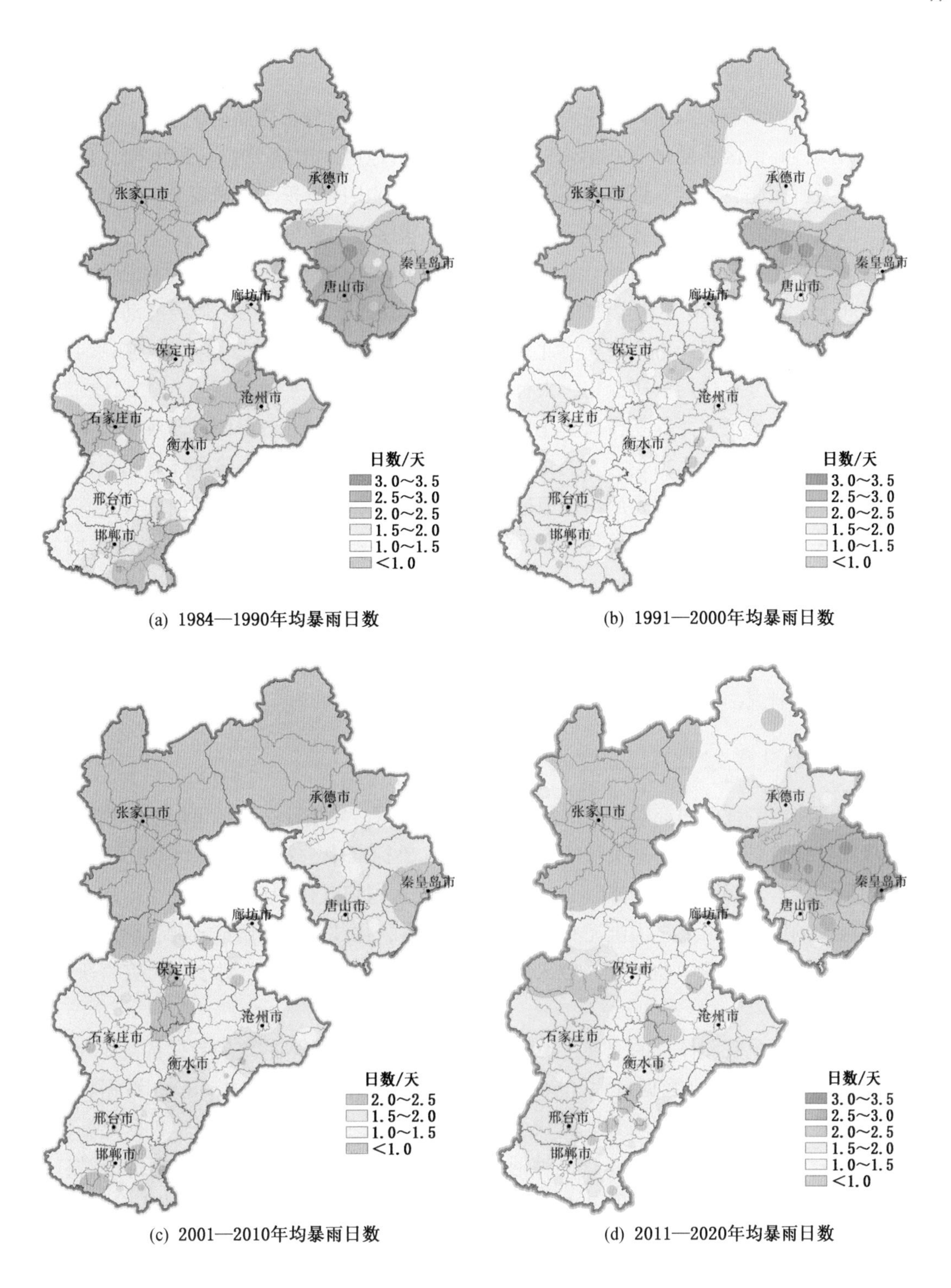

(a) 1984—1990年均暴雨日数

(b) 1991—2000年均暴雨日数

(c) 2001—2010年均暴雨日数

(d) 2011—2020年均暴雨日数

图 2-4　河北省不同时期年均暴雨日数

2011—2020年，河北省暴雨日数较长的地区为唐山市北部以及秦皇岛市南部，其中秦皇岛市北戴河区平均暴雨日数最长达3.3天。

暴雨日数的空间分布格局与最大日降雨量、暴雨雨强的分布格局相差较大，其主要受台风的影响，高值区主要分布在沿海的秦皇岛、唐山地区。但在2011—2020年，保定市西部，以及石家庄、邢台、邯郸西部，即河北省的太行山区出现了暴雨日数的高值和次高值区。因此，河北省山区县在该时段内暴雨洪涝灾害多发、强发。

综上，河北省最大日降雨量、暴雨雨强的空间分布总体相似，呈东南向西北递减的格局；时间上，20世纪80年代至21世纪20年代，二者都呈弱-强-弱-强的波动变化。河北省暴雨日数的高值区一直集中在河北省东北部的沿海区。21世纪20年代以来，河北省南部的暴雨日数分布格局有所变化，太行山区暴雨日数增加，平原区减少。

气候变化背景下，尤其是台风变化导致的降雨变化，对河北省暴雨洪涝灾害产生巨大影响。2023年7月28日20时至8月2日08时，受台风“杜苏芮”残余环流和地形等多因素影响，河北省自南向北先后出现极端强降雨过程，累计雨量大、持续时间长、降雨极端性强，涞水、涞源、唐县、易县、顺平等西部山区县发生山洪洪水。洪水造峰历时短，洪峰流量大、水位高，洪水流速大，冲击下游河道防洪工程和跨河建筑物；河北省启用了8个蓄滞洪区。此次洪涝灾害共造成保定、廊坊、邢台、衡水、张家口、沧州、石家庄、邯郸、秦皇岛、承德、雄安新区等地共116个县受灾。河北省暴雨致灾因子未来时空变化有待更深入的研究。

2.3 场雨的划分及雨型分类方法

区域内降雨特征的研究对于防洪减灾有着重要作用，采用什么指标可以更客观准确地描述降雨特征，是学者们一直关注的问题。我国气象标准中，暴雨定级指标通常按24小时降雨量定级，其降雨量的计算以20~20时刻统计（国家气候中心，2017）。但是对于各类降雨触发的洪水、滑坡、山洪泥石流灾害事件而言，往往是一场雨造成的，而这场雨有可能是1~2 h的强降雨，也可能是数天的连绵细雨，因此，“场雨”对于自然灾害研究更具意义。

随着我国气象观测体系的完善，观测站点逐渐增加，所获取的气象数据日益庞大，符合大数据的5V特点，即数据量大（Volume）、种类和来源多元化（Variety）、数据价值密度相对较低（Value）、数据增长速度快（Velocity）和真实性（Veracity）。数据挖掘作为计算机科学领域内一种新兴技术，能够通过经验自动改进算法，对高维数据的分类、聚类、特征选择十分有效（何清等，2014）。因此采用大数据方法对所有数据进行分析处理，而不再是采用随机抽样调查的处理方法以实现对气象数据的深度挖掘，已经成为气象研究领域的研究方向之一，在预报服务（贾志明等，2020；Theodore B，2005）、灾害监测预警（Sara Landset et al.，2015）、时空区域划分等方面都得到应用。

河北省年平均降水量为484.5 mm，但全年降雨集中发生在6月、7月、8月的几次暴

雨或连阴雨过程中，燕山和太行山区是我国暴雨山洪灾害多发区之一。本章利用河北省 2005—2017 年 1000 多个站点的逐小时降水数据，进行“场雨”的划定，进而提取各场雨的累积雨量、时长指标。采用大数据挖掘的 DTW（Dynamic Time Warping，动态时间规整）算法将每场降雨事件进行雨型分类，对各个站点的场雨进行时间序列研究，再根据 7 种雨型的空间分布占比，运用K-means聚类方法获得河北省场雨的雨型分区图，总结河北省场雨规律。

2.3.1　场雨划分

降雨事件的准确划分是雨型、累积降雨量、时长指标计算的基础。Melillo M 等（2015）将发生降雨前后 6 小时未检测到雨情的降雨过程，划分成一场降雨事件。本书也以 6 小时作为时间间隔，对河北省各个站点的降雨数据进行划分，将降雨间隔时间不足 6 小时的视为同一场降雨事件，间隔时间超过或等于 6 小时的视为两场降雨事件，简称场雨。图 2-5 为河北省 2006 年 7 月和 2011 年 7 月的逐小时降雨量观测数据及场雨划分示例。图中的每根灰色柱代表着根据本书定义划分的一场雨，横轴的标尺间隔为 6 小时。

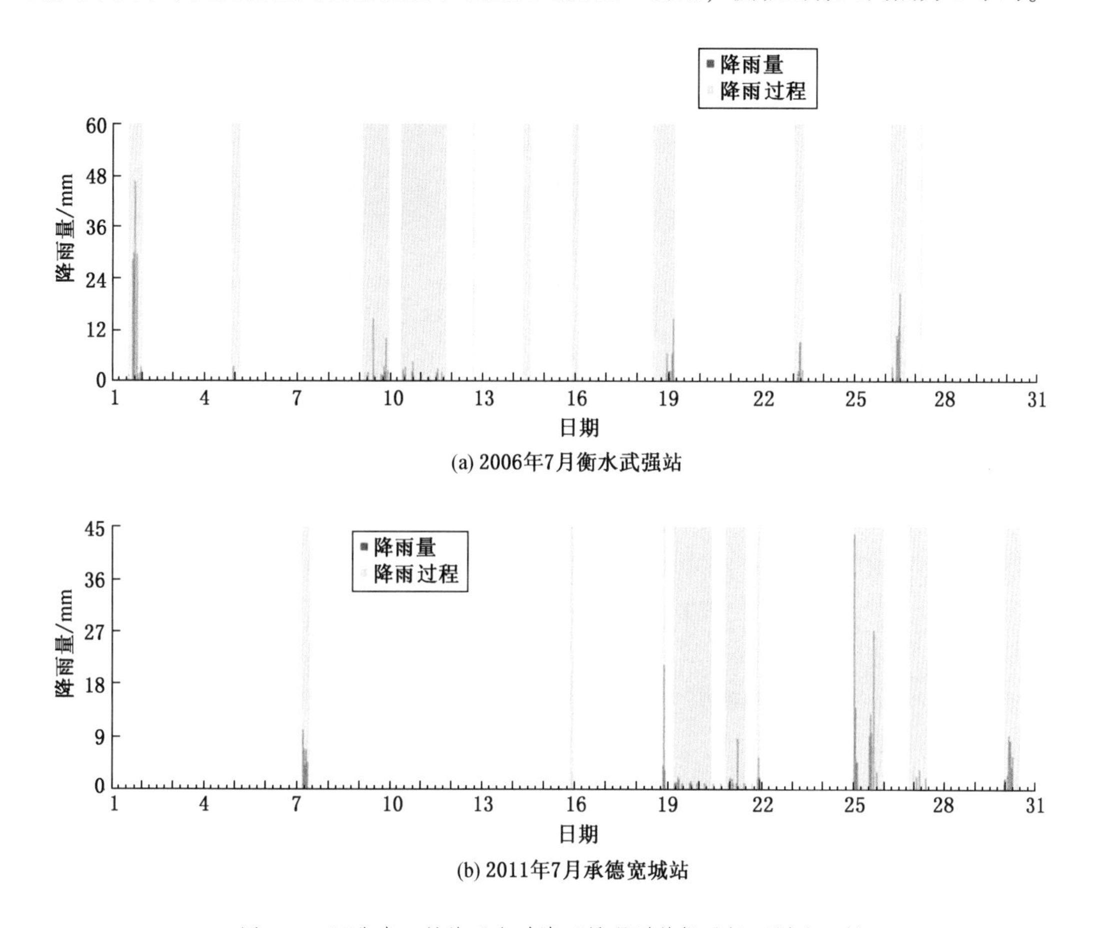

(a) 2006年7月衡水武强站

(b) 2011年7月承德宽城站

图 2-5　河北省 7 月的逐小时降雨量观测数据及场雨划分示例

如图 2-5a 所示，2006 年 7 月 9 日 2 时至 24 时，发生历时 22 h 总降雨量 43 mm 的降雨事件；7 月 10 日 8 时至 11 日 20 时，发生历时 36 h 总降雨量 29.5 mm 的另一降雨事件。如果分割时间阈值设置的过大，则这两场降雨会被归为 1 场，持续时间将长达58 h。河北省属半湿润地区，持续时间如此长的场雨与普遍认知明显不符。如图 2-5b 所示，2011 年 7 月 20 日 21 时至 21 日 13 时，发生历时 16 h 的一场降雨。按照本书的划分，该场降雨量为 15.2 mm。按照 6 小时间隔来划分，避免了将该场降雨划分为两场或者更多场降雨的事件，低估了总降雨量。对其他站点进行抽查，结论和上面相似。因此，本文以 6 小时为间隔进行河北省场雨划分，改变了传统的按日统计降雨量，更能有效表征降雨过程，更符合河北省降雨特征。根据上述场雨的划分，统计每场降雨的发生时间、结束时间、时长、逐小时累积量、总累积量、雨型等。

2.3.2 雨型分类

雨型，是研究降雨过程的主要方法之一，早在 20 世纪 40 年代，苏联包高马佐娃等人就对乌克兰等地的降雨资料进行统计分析，划分了 7 种雨型（莫洛科夫，1959）。在此基础上，岑国平等（1998）根据国内降雨过程的分析结果，归纳了 7 种模式的降雨，如图 2-6所示，其中Ⅰ、Ⅱ、Ⅲ类为单峰型雨型，其峰值分别位于前部、后部和中部；Ⅳ类为均匀型雨型，其降雨过程分布差异不大；Ⅴ、Ⅵ、Ⅶ类为双峰型雨型，峰值分别位于前后两部、前中两部和中后两部。

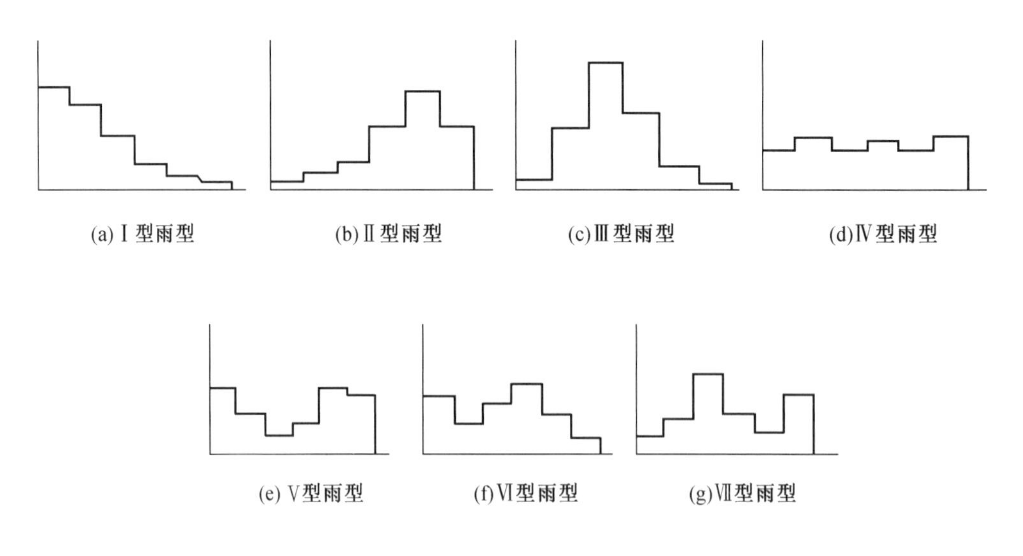

图 2-6　降雨的 7 种雨型

Keifer 等（1957）提出了降雨峰值时刻的统计方法和计算峰值前后的瞬时暴雨强度的芝加哥雨型公式，并应用于雨型分类。Huff（1967）将降雨过程等分为 4 个阶段，根据峰值出现在第几个阶段可以划分不同类型的降雨。Pilgrim D H（1975）基于数理统计原理提出了推求暴雨雨型的级序平均法。我国张兴奇等（2017）在 Huff 雨型曲线的基础上，按

照累计降雨量随时间的变化将贵州省毕节市的降雨划分成前期型、中期型、后期型以及均匀型。殷水清等（2014）结合 Huff 雨型曲线和岑国平的 7 种雨型定义，将中国按照雨型特征进行分区。银磊等（2013）采用模糊识别法，以龙溪水闸站数据为代表，对广州市 24 小时暴雨过程的雨型进行了分类与统计。

本书采用 DTW 算法对所有站点观测到的降雨事件进行雨型分类。DTW 算法通过对时间轴的伸缩和弯曲来实现不同时间序列长度的数据匹配，是时间序列数据挖掘中一种重要的相似性度量方法（李正欣等，2018）。在图像识别、语音处理、遥感技术等工程技术领域都具有广阔的应用前景（Serrà J et al.，2014）。

将图 2-6 中的 7 种雨型设置为标准模板，各场雨为待测模板。通过计算待测模板与标准模板的匹配程度 DTW 的大小，将各场雨进行归类，具体流程如图 2-7 所示。

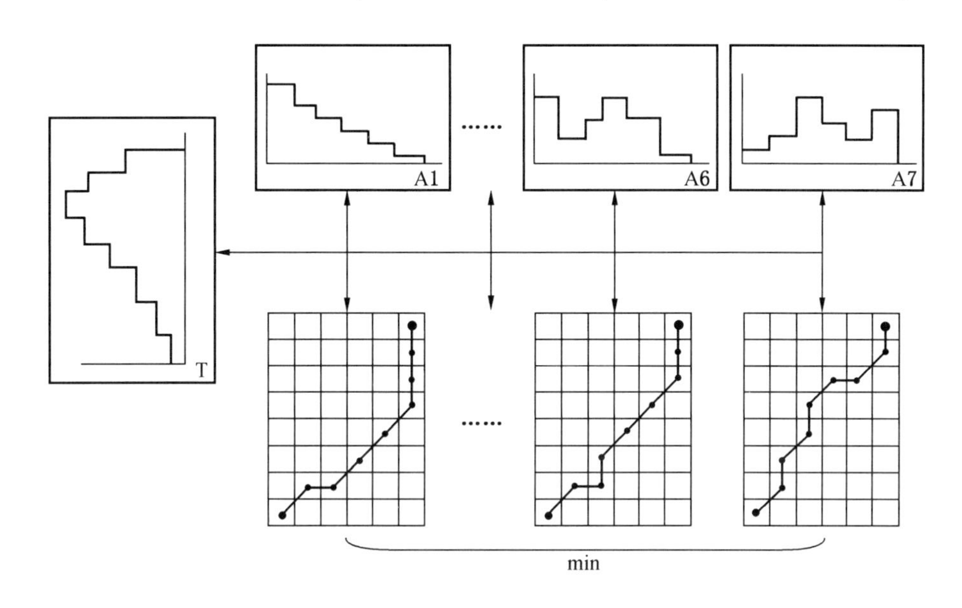

图 2-7　雨型归类的示例路径

设 A 为雨型标准模板，计算公式为

$$A_i = \{a_1, a_2, \cdots, a_j\};\ i = 1, 2, \cdots, I;\ j = 1, 2, \cdots, J \tag{2-1}$$

式中　a_j ——第 j 个阶段降雨量占总降雨量的比例；

A_i ——第 i 种雨型标准模板。

单场降雨的过程降雨量为待测试向量 T，计算公式为

$$T = \{t_1, t_2, \cdots, t_k\};\ k = 1, 2, \cdots, K \tag{2-2}$$

式中　t_k ——第 k 个阶段降雨量占总降雨量的比例，由于本书所用的降雨数据时间尺度只到小时，故阶段划分为 1 小时。

如图 2-7 所示，DTW 算法可以归结为寻找一条由点（1，1）到点（j，k）的累积栅格值最小路径，点（j，k）对应的栅格值 d_{jk} 为$(a_j - t_k)^2$，DTW 的计算公式：

$$\mathrm{DTW}(j,k)=\min\begin{cases}\mathrm{DTW}(j-1,k)+d_{jk}\\ \mathrm{DTW}(j-1,k-1)+d_{jk}\\ \mathrm{DTW}(j,k-1)+d_{jk}\end{cases} \tag{2-3}$$

其中，DTW（0，0）为 0。

计算每场雨的过程降雨向量与 i 个标准模板向量的 DTW（j，k），其中 DTW（j，k）最小值所对应的标准模板，就是该场雨所属的雨型。

降雨共有 7 种雨型，每种雨型都可以分成 6 个阶段，因此，式（2-1）中，$I=7$，$J=6$。按照各个阶段降雨量占总场雨量的比例，构造 7 个标准向量模板，即为 A。

$$A=\begin{bmatrix}7/23 & 6/23 & 4/23 & 3/23 & 2/23 & 1/23\\ 1/26 & 2/26 & 3/26 & 6/26 & 8/26 & 6/23\\ 1/20 & 4/20 & 7/20 & 5/20 & 2/20 & 1/20\\ 3/21 & 4/20 & 3/21 & 4/21 & 3/21 & 4/21\\ 5/20 & 3/20 & 1/20 & 2/20 & 5/20 & 4/20\\ 4/18 & 2/18 & 3/18 & 5/18 & 3/18 & 1/18\\ 2/23 & 3/23 & 7/23 & 4/23 & 2/23 & 5/23\end{bmatrix} \tag{2-4}$$

2.3.3 聚类分析方法

非监督聚类属于机器学习技术，是依据给定的相似性度量将数据划分成若干类，使得同一类内的数据点相似度较高，而不同类间的数据点相似度较低（Jain A K et al.，1999）。K-means 聚类算法就是较为经典的一种非监督聚类算法，被誉为数据挖掘领域的十大算法之一，有着集群初始化策略和高计算效率的优势，在图像分割、社交网络等领域被广泛应用（谭晋秀等，2016；吴焕丽等，2019）。本书采用 K-means 聚类算法来分析河北省雨型的区域差异，在未知河北省雨型区域特征的情况下，进行非监督聚类。通过设置不同的类别数，来获得最能清晰展现雨型分区特征的结果，以减少人工划分区域对小区域样本的分区误差。

给定数据集 $A=\{a_1, a_2, a_3, \cdots, a_n\}$，$n$ 为数据集的规模，a_i 为第 i 个数据点，每个数据点有 d 个特征维度，a_{ir}表示第 i 个数据点的第 r 个特征值，即 $r=1, 2, 3, \cdots, d$。数据集按照需求被划分为 k 个类别，聚类中心为 $B=\{b_1, b_2, b_3, \cdots, b_k\}$，K-means 聚类算法的流程如图 2-8 所示。

首先对各个站点的场雨进行雨型分类，进而计算累积降雨量位于前 20% 的场雨的各雨型场次占总场雨的次数比例。之后再进行空间插值，得到河北省 7 种雨型占比分布图，以每个栅格点的 7 种雨型占比数值大小作为栅格点的 7 个特征维度，进行 K-means 聚类分析，因此 $d=7$。

在进行 K-means 聚类分析时，分别尝试了类别数 $k=3, 4, 5, 6$ 的聚类。聚类后，4 类、5 类、6 类的聚类结果与 3 类的聚类结果区别较小，因此，选取类别数 $k=3$ 的 K-means 聚类结果来展现河北省各地降雨的雨型分区。

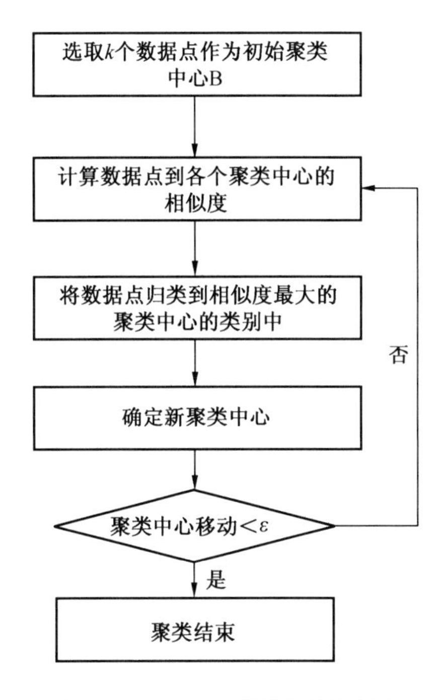

图 2-8　K-means 聚类算法流程图

2.4　雨型识别与灾情分析

根据河北省历史灾情统计，每年汛期降雨量前 20% 事件才会致灾成害，因此本章只选取每个站点累积降雨量位于 2005—2017 年 6—8 月前 20% 的场雨进行雨型分析。

按照 DTW 算法判断每场降雨过程的类型，统计河北省各个站点发生的 7 类雨型的次数，并计算其占本站点总场雨次数的比例。通过统计全省 1284 个站点的数据，得到 2005—2017 年 6—8 月河北省 7 种雨型数量统计表（表 2-1）。再采用反距离插值方法，得到 7 种雨型占比分布图，如图 2-9 所示。河北全省降雨类型以Ⅲ型中期单峰型为主，Ⅲ型降雨事件数占降雨事件总数的 53.31%，在大多数地区该型雨占 25% 以上。其次是Ⅰ型即前期单峰型降雨、Ⅶ型即两个峰值分别在中期和后期的双峰型降雨、Ⅵ型即两个峰值分别在前期和中期的双峰型降雨，分别占降雨事件总数的 24.10%、9.78%、8.30%。Ⅱ型、Ⅴ型降雨较少发生，仅在局部地区有 5%～25% 的比例发生。Ⅳ型的均匀型降雨最少发生，全省发生比例不足 1%。

表 2-1　基于 DTW 算法的河北省 7 种雨型数量

雨型	Ⅰ	Ⅱ	Ⅲ	Ⅳ	Ⅴ	Ⅵ	Ⅶ
数量/(站・场次)	58300	7893	128932	522	2485	20070	23660
比例	24.10%	3.26%	53.31%	0.22%	1.03%	8.30%	9.78%

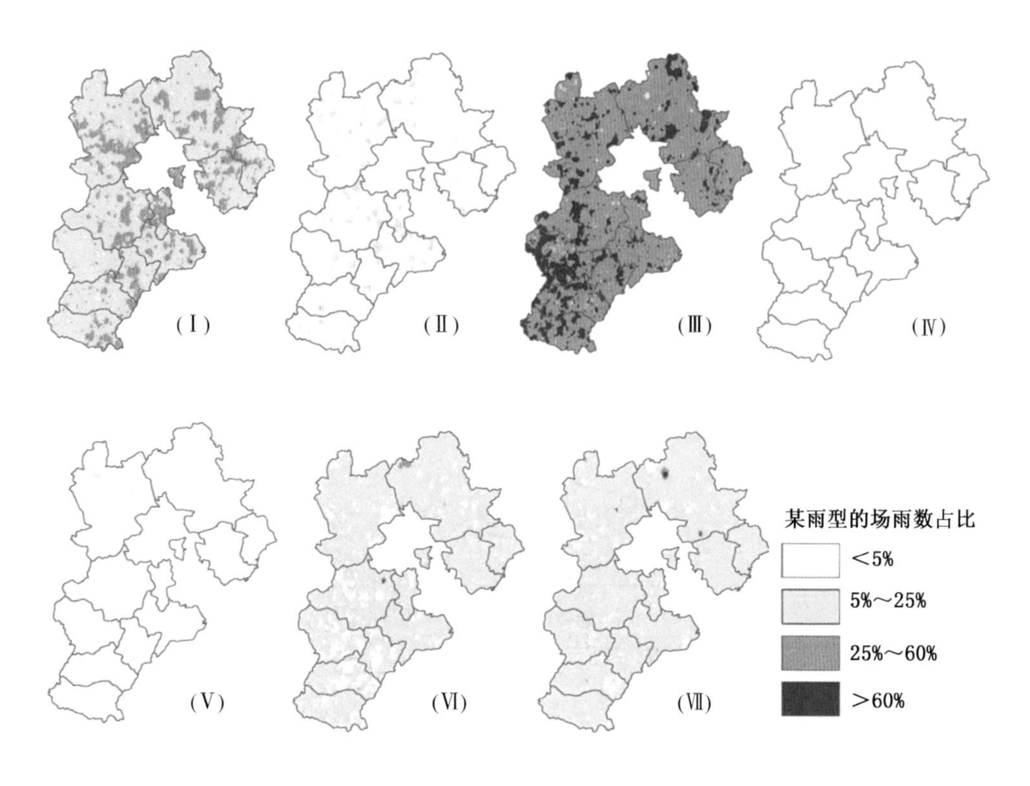

图 2-9　河北省 7 种雨型占比分布图

2.5　河北省降雨雨型区划

为了研究河北省各地降雨的区域特征，将图 2-9 进行 K-means 聚类，河北省各区场雨的雨型占降雨事件总数百分比见表 2-2，不同雨型分布如图 2-10 所示。根据降雨雨型，将河北省各地划分成了 3 类区域：①Ⅲ、Ⅰ型雨居多；②Ⅲ、Ⅰ、Ⅵ、Ⅶ型并重；③Ⅲ型雨为主。

从空间分布来看，①类区分散分布在燕山丘陵气候区、冀东平原气候区和山前平原气候区；②类区主要分布在冀北高原气候区，石家庄市北部、保定市东北部、承德市南部也有分散分布；③类区主要分布在太行山气候区。

表 2-2　基于 K-means 聚类的河北省 3 类区的 7 种雨型统计表

雨型分区	Ⅰ	Ⅱ	Ⅲ	Ⅳ	Ⅴ	Ⅵ	Ⅶ
①区	26.37%	3.16%	51.86%	0.21%	1.04%	8.22%	9.14%
②区	23.55%	4.15%	49.30%	0.26%	1.38%	9.68%	11.68%
③区	20.37%	2.91%	58.06%	0.22%	0.78%	7.68%	9.99%

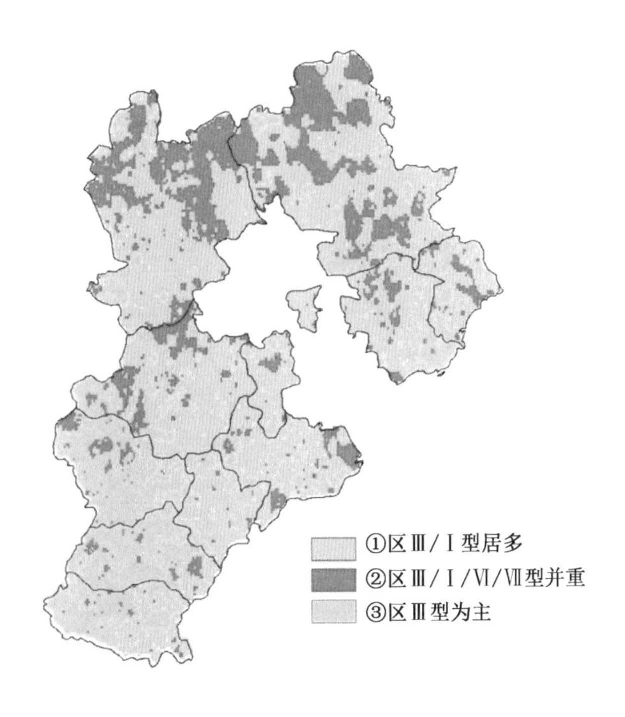

图2-10　河北省降雨雨型分区图

选择河北省2005—2017年各地灾情较严重的暴雨洪涝灾害案例进行统计，并分析造成该次灾情的场雨雨型情况，见表2-3。结果表明，给各地造成重大损失的暴雨雨型，均为本地最常见的雨型：Ⅰ型、Ⅲ型、Ⅵ型和Ⅶ型降雨导致的，具体如下：

2013年6月7日，保定市定州气象站测得历时7 h总降雨量97.2 mm的降雨事件，这场降雨从7日11时开始，到18时结束，为Ⅰ型前期单峰型降雨（图2-11a）。此次降雨共造成市内直接经济损失2735.10万元，农作物受灾面积39.50 km^2，受灾作物主要为小麦、大棚蔬菜和苗木花卉，房屋倒塌17间，1人死亡。

2012年7月26日，秦皇岛市抚宁气象站测得历时12 h总降雨量52.8 mm的降雨事件，这场降雨从26日0时开始，到12时结束，为Ⅰ型前期单峰型降雨（图2-11b）。此次降雨共造成县内直接经济损失2750.50万元，农作物受灾面积22.95 km^2，2人死亡。

2010年7月19日，沧州市黄骅气象站测得历时13 h总降雨量144.5 mm的降雨事件，这场降雨从19日10时开始，到23时结束，为Ⅲ型中期单峰型降雨（图2-11c）。此次降雨共造成市内直接经济损失3700.00万元，农作物受灾面积27.00 km^2，无人员伤亡。

2006年8月10日，唐山市玉田气象站测得历时8 h总降雨量133.1 mm的降雨事件，这场降雨从10日2时开始，到10时结束，为Ⅲ型中期单峰型降雨（图2-11d）。此次降雨共造成县内直接经济损失2341.00万元，农作物受灾面积224.00 km^2，受灾人口18.70万人，无人员伤亡。

表 2-3　河北省暴雨洪涝灾害的场雨与灾情对照表

雨型分区	场雨信息							灾情信息	
	地市	区县	开始时间	历时/h	雨型	总降雨量/mm	死亡人数/人	农作物受灾面积/km²	直接经济损失/万元
①区	保定市	定州市	2013-06-07 T11:00	7	Ⅰ	97.2	1	39.50	2735.10
	秦皇岛市	抚宁县	2012-07-26 T00:00	12	Ⅰ	52.8	2	22.95	2750.50
	沧州市	黄骅市	2010-07-19 T10:00	13	Ⅲ	144.5	0	27.00	3700.00
	唐山市	玉田县	2006-08-10 T02:00	8	Ⅲ	133.1	0	224.00	2341.00
			2009-07-22 T17:00	2	Ⅰ	38.3	1	73.77	2266.00
	衡水市	冀州市	2013-08-14 T03:00	6	Ⅰ	30.8	0	67.30	21145.00
	张家口市	赤城县	2007-07-03 T13:00	6	Ⅰ	16.4	6	20.00	568.00
②区	邯郸市	武安市	2010-08-04 T15:00	11	Ⅰ	48.9	0	3.43	210.00
	邢台市	临西县	2013-07-15 T22:00	4	Ⅲ	28.9	0	14.13	973.00
	秦皇岛市	昌黎县	2012-07-26 T02:00	11	Ⅵ	38.2	0	94.09	6082.40
	承德市	丰宁县	2006-06-28 T18:00	11	Ⅶ	42.9	0	7.11	746.00
			2009-08-26 T23:00	1	Ⅲ	16.2	0	12.67	1160.00
	石家庄市	平山县	2009-08-01 T17:00	3	Ⅰ	24.4	0	32.02	1538.40
③区	沧州市	盐山县	2010-07-19 T09:00	16	Ⅲ	157.8	0	11.00	417.00
	衡水市	武强县	2013-07-01 T13:00	12	Ⅲ	143.9	0	9.19	1000.00
	秦皇岛市	青龙县	2012-07-25 T17:00	15	Ⅲ	58.2	0	40.00	3500.00
	石家庄市	赞皇县	2009-08-25 T22:00	5	Ⅲ	16.3	0	5.90	720.00
	保定市	唐县	2011-08-25 T03:00	10	Ⅲ	27.8	0	11.28	2980.00
	邢台市	新河县	2013-07-01 T17:00	9	Ⅲ	26.4	0	5.41	647.10

2009 年 7 月 22 日，唐山市玉田气象站测得历时 2 h 总降雨量 38.3 mm 的降雨事件，这场降雨从 22 日 17 时开始，到 19 时结束，为Ⅰ型前期单峰型降雨。此次降雨共造成县内直接经济损失 2266.00 万元，农作物受灾面积 73.77 km^2，绝收面积 16.48 km^2，受灾人口 13.82 万人，1 人死亡。

2013 年 8 月 14 日，衡水市冀州气象站测得历时 6 h 总降雨量 30.8 mm 的降雨事件，这场降雨从 14 日 3 时开始，到 9 时结束，为Ⅰ型前期单峰型降雨。此次降雨共造成市内直接经济损失 21145.00 万元，农作物受灾面积 67.30 km^2，受灾物种主要是棉花和玉米等，无人员伤亡。

2007 年 7 月 3 日，张家口市赤城气象站测得历时 6 h 总降雨量 16.4 mm 的降雨事件，这场降雨从 3 日 13 时开始，到 19 时结束，为Ⅰ型前期单峰型降雨。此次降雨共造成县内直接经济损失 568.00 万元，农作物受灾面积 20.00 km^2，6 人死亡。

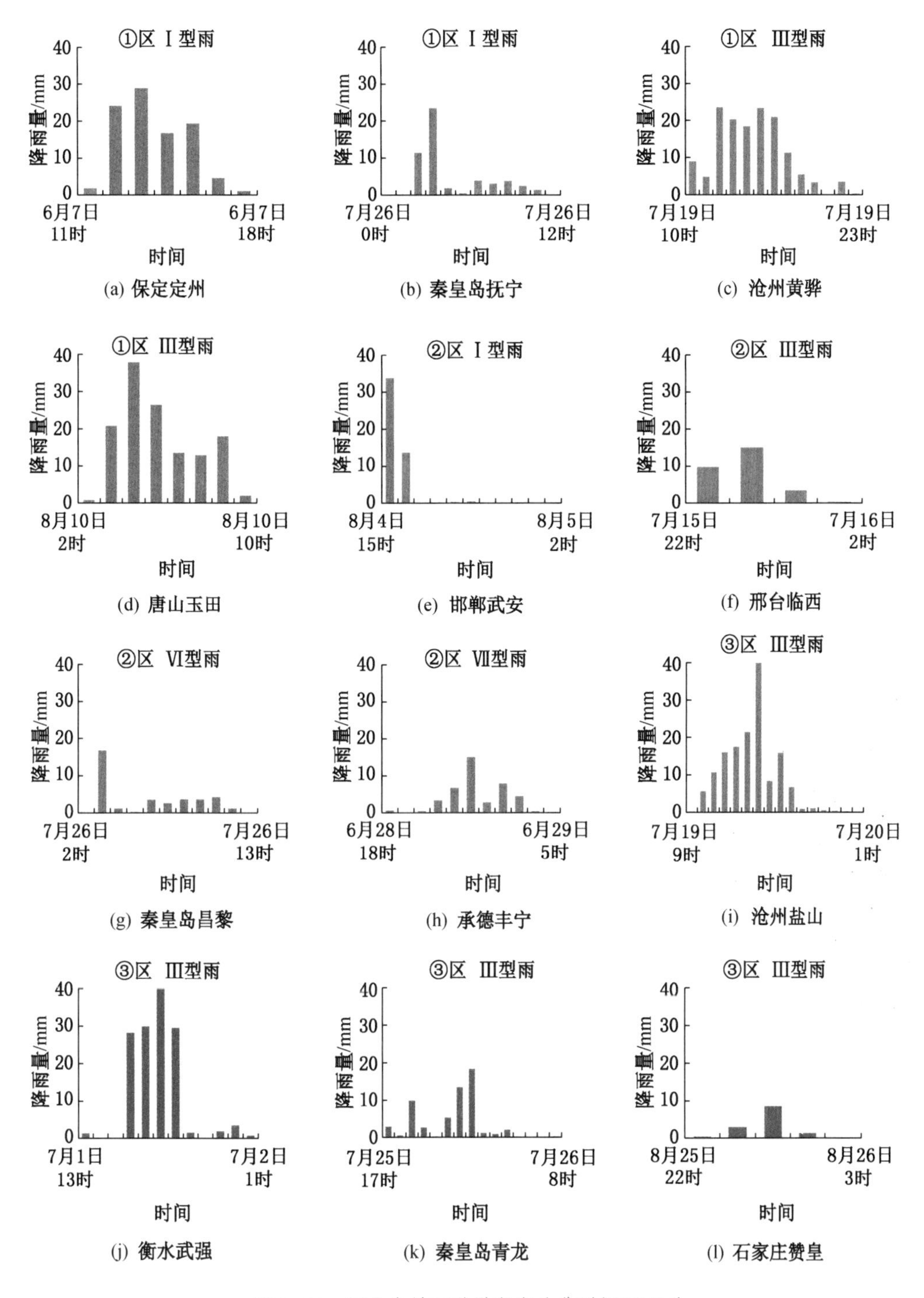

图2-11 河北省暴雨洪涝灾害的典型场雨雨型

2010年8月4日，邯郸市武安气象站测得历时11 h总降雨量48.9 mm的降雨事件，这场降雨从4日15时开始，到5日2时结束，为Ⅰ型前期单峰型降雨（图2-11e）。此次降雨共造成市内直接经济损失 210.00 万元，农作物受灾面积 3.43 km^2，绝收面积 0.41 km^2，受灾人口 1.75 万人，无人员伤亡。

2013 年 7 月 15 日，邢台市临西气象站测得历时 4 h 总降雨量 28.9 mm 的降雨事件，这场降雨从 15 日 22 时开始，到 16 日 2 时结束，为Ⅲ型中期单峰型降雨（图 2-11f）。此次降雨共造成县内直接经济损失 973.00 万元，农作物受灾面积 14.13 km^2，无人员伤亡。

2012 年 7 月 26 日，秦皇岛市昌黎气象站测得历时 11 h 总降雨量 38.2 mm 的降雨事件，这场降雨从 26 日 2 时开始，到 13 时结束，为Ⅵ型前期与中期双峰型降雨（图 2-11g）。此次降雨共造成县内直接经济损失 6082.40 万元，农作物受灾面积 94.09 km^2，无人员伤亡。

2006 年 6 月 28 日，承德市丰宁气象站测得历时 11 h 总降雨量 42.9 mm 的降雨事件，这场降雨从 28 日 18 时开始，到 29 日 5 时结束，为Ⅶ型中期与后期双峰型降雨（图 2-11h）。雨量分布不均，受灾地无雨量点。此次降雨共造成县内直接经济损失 746.00 万元，农作物受灾面积 7.11 km^2，无人员伤亡。

2009 年 8 月 26 日，承德市丰宁气象站测得历时 1 h 总降雨量 16.2 mm 的降雨事件，这场降雨从 26 日 23 时开始，到 27 日 0 时结束，为Ⅲ型中期单峰型降雨。此次降雨共造成县内直接经济损失 1160.00 万元，农作物受灾面积 12.67 km^2，无人员伤亡。

2009 年 8 月 1 日，石家庄市平山气象站测得历时 3 h 总降雨量 24.4 mm 的降雨事件，这场降雨从 1 日 17 时开始，到 20 时结束，为Ⅰ型前期单峰型降雨。此次降雨共造成县内直接经济损失 1538.40 万元，农作物受灾面积 32.02 km^2，无人员伤亡。

2010 年 7 月 19 日，沧州市盐山气象站测得历时 16 h 总降雨量 157.8 mm 的降雨事件，这场降雨从 19 日 9 时开始，到 20 日 1 时结束，为Ⅲ型中期单峰型降雨（图 2-11i）。此次降雨共造成县内直接经济损失 417.00 万元，农作物受灾面积 11.00 km^2，房屋受损 189 间，倒塌 44 间，无人员伤亡。

2013 年 7 月 1 日，衡水市武强气象站测得历时 12 h 总降雨量 143.9 mm 的降雨事件，这场降雨从 1 日 13 时开始，到 2 日 1 时结束，为Ⅲ型中期单峰型降雨（图 2-11j）。此次降雨共造成县内直接经济损失 1000.00 万元，农作物受灾面积 9.19 km^2，受灾人口 1.95 万人，无人员伤亡。

2012 年 7 月 25 日，秦皇岛市青龙气象站测得历时 15 h 总降雨量 58.2 mm 的降雨事件，这场降雨从 25 日 17 时开始，到 26 日 8 时结束，为Ⅲ型中期单峰型降雨（图 2-11k）。城区部分小区因地势低洼、排水不畅，部分房屋进水，水深最高达 1.5 m，严重影响 65 户城镇居民正常生活。此次降雨共造成县内直接经济损失 3500.00 万元，农作物受灾面积 40.00 km^2，无人员伤亡。

2009 年 8 月 25 日，石家庄市赞皇气象站测得历时 5 h 总降雨量 16.3 mm 的降雨事件，这场降雨从 25 日 22 时开始，到 26 日 3 时结束，为Ⅲ型中期单峰型降雨（图 2-11l）。此次降雨共造成县内直接经济损失 720.00 万元，农作物受灾面积 5.90 km^2，绝收面积

0.62 km^2，受灾人口 1.73 万人，无人员伤亡。

2011 年 8 月 25 日，保定市唐县气象站测得历时 10 h 总降雨量 27.8 mm 的降雨事件，这场降雨从 25 日 3 时开始，到 13 时结束，为Ⅲ型中期单峰型降雨。冲毁河堤 80 m、道路 19.7 km、乡村公路桥梁 8 座、饮用水引水管道 7500 m，造成两个村 800 人饮水困难。此次降雨共造成县内直接经济损失 2980.00 万元，农作物受灾面积 11.28 km^2，无人员伤亡。

2013 年 7 月 1 日，邢台市新河气象站测得历时 9 h 总降雨量 26.4 mm 的降雨事件，这场降雨从 1 日 17 时开始，到 2 日 2 时结束，为Ⅲ型中期单峰型降雨。新河县城内大部分街道积水，部分积水深度达 50 cm 以上。农作物（如棉花、玉米、花生等）受损严重，共造成县内直接经济损失 647.10 万元，农作物受灾面积 5.41 km^2，无人员伤亡。

河北省历年暴雨中，造成重大经济损失与人员伤亡的暴雨灾害都是当地的常见雨型。河北省在暴雨灾害风险防范时，应充分考虑各地区场雨的雨型特征，有针对性地开展灾害预警、应急资源部署等工作。而Ⅰ型雨的主要降雨量都集中在降雨刚刚开始阶段，在此类暴雨防治上，灾害预警时间较短，降雨预报尤其重要。

第3章 河北省太行山区山洪灾害风险评估研究

我国因山洪灾害造成的人员伤亡占洪涝灾害总伤亡的比例日益增加。河北省太行山区是山洪灾害的高发区，原因是在低纬天气系统影响下，东风气流与太行山脉的共同作用有利于大暴雨和特大暴雨的形成。太行山区山洪灾害风险防控任务日趋艰巨，山洪灾害风险评估对灾害早期预警以及防灾减灾措施科学制定尤为重要。因此，本章以河北省太行山区的历史山洪灾害事件为例，开展山洪灾害的人员、房屋及经济损失的风险评估研究，并对山洪灾害淹没模拟精度进行分析，为河北省山洪灾害风险防控提供参考。

3.1 山洪灾害过程模拟方法

山洪是突然和快速流动的洪水，伴随着水位猛烈上升和高峰流量，通常由高强度降雨、大坝溃决、堤坝决口和冰川湖溃决诱发，在数小时内，淹没面积可达400 km^2（Ruiz-Villanueva V et al.，2013；Borga M et al.，2014；Zhang G et al.，2019），同时会有泥石流和滑坡灾害的发生（Lin Q et al.，2020）。山洪灾害的高精度风险评估需要先评估危险性，模拟洪涝演进过程。现有许多成熟的水文模型和水动力模型，如 HEC-RAS、Xinanjiang（XAJ）model、SWAT、MIKESHE、FLO-2D 等被开发出来用于洪涝模拟（FLO-2D Software Inc.，2006；Quiroga et al.，2016）。由于山洪发生地多处于无资料地区，模型模拟易受监测记录不足，甚至缺失的影响（Viero et al.，2015）。因此，需要通过耦合多个水文、水动力模型的方式来解决这一问题，实现更高精度的洪涝模拟（Liu et al.，2015；Patel et al.，2017）。本书采用的是 HEC-HMS 水文模型与 FLO-2D 水动力模拟模型相结合的方式对山洪灾害过程进行模拟。

3.1.1 HEC-HMS 水文模型

流域地表径流的模拟是获取山洪淹没状况的基础。本章采用 HEC-HMS 水文模型进行暴雨-流域地表径流模拟。该模型是一个基于流域水文、水力要素之间的相互联系，对流域地表径流和河流流量进行模拟的分布式水文模型软件（李立，2019）。该模型的优点在于可以全面考虑降雨和下垫面空间不均匀性，充分反映流域内降雨和下垫面要素空间变化对洪水形成的影响：模型能全面地利用降雨的空间分布信息；模型参数的空间分布能够反映下垫面自然条件的空间变化，模型对地表径流的模拟较为精准。

HEC-HMS 水文模型主要将流域划分为多个子流域。计算各子流域的产流量，以推算

出整个流域的流量值。模型把产流过程分为流域产流、流域汇流和洪水演进 3 个部分（图 3-1）。

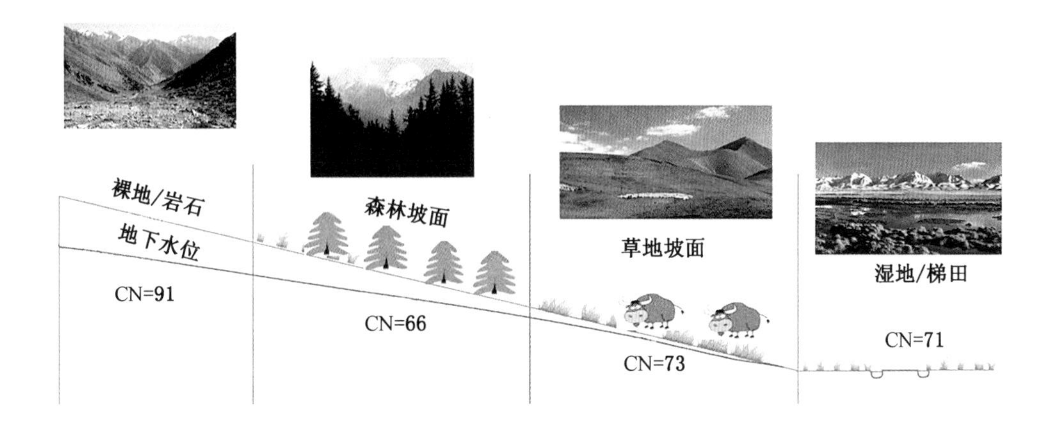

图 3-1　HEC-HMS 水文模型机理示意图（译自 Gao H et al.，2018）

1. 流域产流

流域产流计算采用 SCS（Soil Conservation Service）产汇流模型。计算公式：

$$R=\begin{cases}\dfrac{(P-I_a)^2}{P+S-I_a}, & P\geqslant I_a\\ 0, & P<I_a\end{cases}$$

$$S=\frac{25400}{\mathrm{CN}}-254 \tag{3-1}$$

$$I_a=\lambda S$$

式中　P——降雨总量，mm；

R——径流量，m^3/s；

I_a——初损，mm；

S——流域当时的最大可能滞蓄量，是后损的上限；

λ——区域参数（$\lambda>0$），主要依赖于地质和天气因素影响，美国农业部水土保持局提出的比例系数 λ 为 0.2；

CN——无量纲常数，主要反映下垫面性质，即流域前期土壤湿润程度（antecedent moisture condition，AMC）、坡度、土壤类型和土地利用现状的综合特性；理论取值范围为 0~100，其值大小能反映流域的产流能力。

CN 值高，则意味着流域容易产流，如图 3-1 所示，裸地/岩石的 CN 值为 91，高于森林坡面的 CN 值 66、草地坡面的 CN 值 73 和湿地/梯田的 CN 值 71，更易产流。

径流曲线由流域水文、地形、土壤、土地利用类型等因子决定。径流曲线洪峰流量与洪峰到达时间之间的关系为

$$U_P = C\frac{A}{T_P} \tag{3-2}$$

式中 U_P ——洪峰流量，m^3/s；

C——转换系数（国际单位中为2.08）；

A——流域面积，km^2；

T_P ——到达洪峰的时间，h。

到达洪峰的时间与单位降雨历时之间的关系为

$$T_P = \frac{\Delta t}{2} + t_{\log} \tag{3-3}$$

式中 Δt ——单位降雨历时（即 HEC-HMS 模型中模拟过程的时间间距），h；

$t_{\log}$ ——洪峰滞时。

2. 流域汇流

流域内的汇流过程主要采用指数退水模型计算基流，需要的参数为初始流量比率、消退系数以及阈值流量比率。阈值流量指洪水过程线的退水曲线上地表径流为零时的流量，计算公式为

$$q_t = q_0 k^t \tag{3-4}$$

式中 q_t ——t 时刻的基流量，m^3/s；

q_0 ——零时刻的初始基流量，m^3/s；

k——消退系数，即 t 时刻基流量与前一日基流量的比值。

3. 洪水演进

洪水演进计算采用马斯京根模型，计算公式：

$$Q_t = \frac{\Delta t - 2KX}{2K(1-X)+\Delta t}I_t + \frac{\Delta t - 2KX}{2K(1-X)+\Delta t}I_{t-1} + \frac{\Delta t - 2KX}{2K(1-X)+\Delta t}Q_{t-1} \tag{3-5}$$

式中 Q_t ——t 时刻的出流量，m^3/s；

Δt ——HEC-HMS 模型中模拟过程的时间间距，h；

K——河段上洪水波的传播时间，h；

X——流量比重因素，无量纲；

I_t ——t 时刻的入流量，m^3/s；

I_{t-1} ——t-1 时刻的入流量，m^3/s；

Q_{t-1} ——t-1 时刻的出流量，m^3/s。

具体操作见文献 Hsu et al.，2016。

3.1.2 FLO-2D 水动力模拟模型

在地表径流精确模拟的基础上，运用 FLO-2D 水动力模拟模型对山洪淹没范围、水深进行模拟。FLO-2D 是一款用于模拟二维洪水或泥石流路径，可以根据流域的特征、河漫滩界面、输沙、泥石流和地下水模拟完整的洪水演算水文力学模型。FLO-2D 的基本原

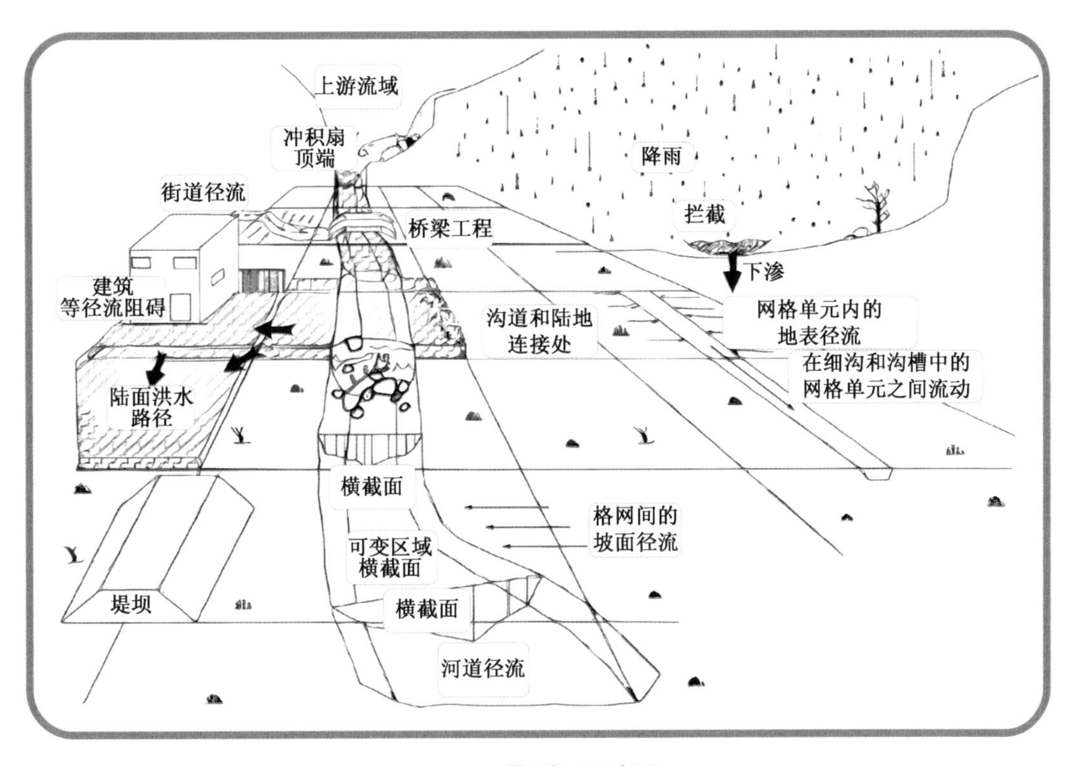

(a) FLO-2D模型机理示意图

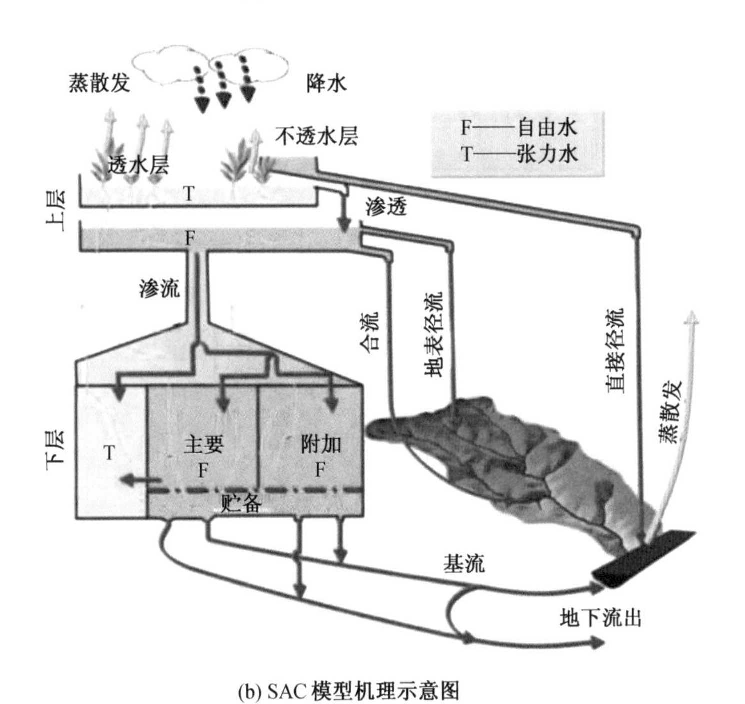

(b) SAC模型机理示意图

图 3-2　FLO-2D 水动力模拟模型机理示意图

（译自 FLO-2D PRO Reference Manual，2009；Ashouri H et al.，2016）

理是基于降水-下渗-产流的水文过程以及各要素之间的联系，采用以规则网格单元为主体的数值地形，根据每个网格相应的高程、粗糙系数，利用连续方程和运动方程进行建模的。FLO-2D 模型机理示意如图 3-2a 所示。FLO-2D 水动力模拟模型主要以 SAC（Sacramento）水文模型为基础。SAC 水文模型以土壤水分的储存、渗透、运移和蒸散发特性为基础。SAC 水文模型中流域被划分为透水层、不透水层等部分，透水层为主体。透水层根据土壤垂向分布不均，土层分为上下两层；根据水分受力特征，上下土层蓄水层分为张力水和自由水，张力水消耗于蒸散发，自由水可产流，其机理示意如图 3-2b 所示。其中，连续方程控制洪水以及质量守恒，表达公式为

$$\frac{\delta h}{\delta t}+\frac{\delta(uh)}{\delta x}+\frac{\delta(vh)}{\delta y}=i \tag{3-6}$$

式中 t——时间，s；

i——降雨强度，mm；

u——x 方向的平均流速，m/s；

v——y 方向的平均流速，m/s；

h——流动深度，m。

运动方程是力平衡的动量方程，表达公式为

$$\begin{aligned} S_{fx}&=S_{ox}-\frac{\delta h}{\delta x}-u\frac{\delta u}{g\delta x}-v\frac{\delta u}{g\delta y} \\ S_{fy}&=S_{oy}-\frac{\delta h}{\delta y}-\frac{\delta v}{g\delta t}-u\frac{\delta v}{g\delta x}-v\frac{\delta v}{g\delta y} \end{aligned} \tag{3-7}$$

式中 g——重力加速度，m/s^2；

S_{fx}、S_{fy}——摩擦坡降，无量纲；

S_{ox}、S_{oy}——沟床坡降，无量纲。

FLO-2D 模型的模拟结果采用灾后调查的洪水淹没面积和洪水深度进行验证。根据 Bates 和 De Roo（2000），模拟淹没区与观测淹没区的精度 Fit_A 计算公式为

$$Fit_A=\frac{FA_{obs}\cap FA_{sim}}{FA_{obs}\cup FA_{sim}}\times 100 \tag{3-8}$$

式中 Fit_A——拟合优度指数,%，值越大，模拟效果越好；

FA_{obs}、FA_{sim}——观察和模拟的洪水区域，km^2。

还可以使用均方根误差（RMSE）和纳什效率系数（NSE），比较观测和模拟最大淹没水深的差异来验证。

3.2 山洪灾害风险评估研究现状

山洪灾害是最具破坏性的自然过程之一，往往造成巨大的经济损失和人员伤亡（Jonkman S N，2005；Borga M et al.，2011）。联合国减灾署（United Nations Office for

Disaster Risk Reduction，简称 UNDRR）将风险定义为由自然或人为因素导致的致灾因子和脆弱性之间的关系，表现为导致损害结果的可能性或人口伤亡、财产损失和经济波动的期望损失，用风险（R）= 致灾因子（H）×脆弱性（V）表示。风险评估主要包括灾害危险性分析、承灾体脆弱性分析、灾害损失评估 3 个部分。脆弱性可以分解为人类暴露在危险中程度的不同和应对能力的差异，最终表现为承灾体面对灾害时的潜在损失（Cutter S L et al.，2003）。脆弱性研究是风险分析的基础。因此，本节分别从人口伤亡、经济损失、建筑物损失 3 个方面对山洪灾害风险评估研究现状进行介绍。其中，以脆弱性研究为重点，因为山洪灾害脆弱性研究是当前风险评估研究的薄弱环节。

脆弱性评估主要有三种方法：脆弱性矩阵法、脆弱性指标法以及脆弱性曲线法（Totschinig R et al.，2011；Parathoma-Köle M et al.，2012；Birkmann J et al.，2013；吉中会，2018）。其中，脆弱性曲线法表达了致灾因子强度与承灾体脆弱性的定量关系，是精细定量的脆弱性评估方法。脆弱性曲线（Vulnerability Curve）创始于 1964 年，又叫脆弱性函数，或灾损（率）函数（曲线）（Damage/Loss Curve），用于衡量不同致灾因子的强度与相应损失（率）之间的关系，以表格或曲线、曲面为表达形式（Shi Peijun et al.，2015）。美国联邦保险机构（Federal Insurance Agency，FIA）制定的《国家洪水保险法》（the National Flood Insurance Act）中首次将脆弱性曲线应用于建筑物的损失评估中，展示了每增加一英尺水深，不同类型建筑的损失情况。

3.2.1　人口伤亡风险评估

在欧洲，1950—2006 年山洪造成了 40% 的与洪水有关的死亡人数（Barredo J I，2007）。在美国，山洪暴发是最致命的洪水事件（Alipour A et al.，2020）。2010—2016 年，中国所有与洪水相关的人员伤亡中 82% 是由山洪引发的（Liu et al.，2018）。

决策者、从业者、利益相关者和公共行政部门等都在进行各种降低风险的工作（Mazzorana B et al.，2012）。然而，由于气候变化、环境退化、人口增长和财富增加（Terti G，2015；Aroca-Jiménez E et al.，2018；Lin Q et al.，2020），全球范围内山洪事件的风险仍然在显著增加（Kron W，2015）。这些趋势凸显了持续开展减轻灾害风险战略的必要性。

许多研究都关注了人类对河流洪水的脆弱性（Papathoma-Köhle M et al.，2012；Meyer V et al.，2013），大多是基于官方机构、保险公司或研究者的观察数据进行的，数据来自不同年份的多个洪水人员伤亡事件。例如，基于 1953 年荷兰洪水、1953 年英国洪水和 1959 年日本洪水，Jonkman 等（2007）为流速较快的区域建立的水深-死亡率曲线。Brazdova 等（2004）针对 1950 年以来的欧洲洪水灾害，采用死亡人数、物质损失和洪水管理因素生成了一个多元回归模型，其中包括 6 个指标（如洪水风险意识、洪水经验、洪水管理相关文件、对水文预报的响应、洪水预警响应和疏散/紧急情况行动）。也有部分研究的数据来自一次洪水事件。例如，在 1953 年荷兰洪水的基础上，Duiser（1989）通过官方新闻报道获得了事件的死亡人数和水力特征等数据，构建了水深-死亡率脆弱性曲线。Waarts（1992）进一步完善了 Duiser（1989）数据库，并生成了考虑流速特性的水深-死亡率曲线，开发的水深-死亡率曲线可以用于评估不同流速地区人类对山洪的脆弱性。基于 Waarts 曲线，Vrouwenvelder 和 Steenhuis（1997）将水位上升率添加到自变量中，构建了深度-上升率-死亡率的三维脆弱性曲线。在对 1953 年荷兰洪水中的死亡原因进行全面分析后，Jonkman（2001）构建了每个危险区的水深-死亡率曲线和流速-死亡率曲线，包括溃口区域、水位快速上升区域和其他区域。Boyd（2005）分析了 1965 年 9 月美国路易斯安那州新奥尔良飓风洪水导致人员死亡的原因，建立了线性的水深-死亡率曲线。Jonkman（2007）使用 SOBEK-1D2D 水力模型模拟了 2005 年卡特里娜飓风在美国路易斯安那州新奥尔良引发的洪水特征，如水深、流速、深度速度积、水位上升率和洪水到达时间，再将死亡数据与洪水模拟特征数据相结合，构建了水深-死亡率曲线和水位上升率-死亡率曲线。

总的来看，人员伤亡风险评估的研究相对较少。这主要是因为缺乏生命损失数据或与生命损失相匹配的山洪强度数据，使得山洪人员伤亡脆弱性研究成为洪水风险评估的挑战之一。

3.2.2 经济损失风险评估

山洪是世界上经济风险最高的自然灾害之一（He et al., 2018）。与一般农村地区相比，山地旅游区是山洪灾害经济风险最高的地区之一，因为其聚集的资产较多（Jodar-Abellan et al., 2019）。我国山地范围广，山区的防灾减灾能力相对城区较差，突发性山洪容易造成巨大的经济损失。2010—2017 年，中国各地发生山洪灾害超过 1 万起，造成直接经济损失超过 22050 亿元（中华人民共和国水利部，2017）。随着中国游客数量的增加和旅游基础设施的发展，山洪灾害给山区涉水旅游景区带来了重大的经济风险。

土地利用，就是土地及其资产分布和使用的状况。洪涝灾情对土地利用变化的响应尤为明显。一方面，土地覆盖和土地利用格局会影响入渗、地下水补给、基流和径流等水文过程（Elfert and Bormann，2010），增大河流流量（Younis and Ammar，2018），影响洪涝灾害的致灾过程（史培军等，2001）。另一方面，土地利用类型会直接影响洪涝灾情，各种土地利用类型的资产分布数量和价值，其本质就是承灾体的暴露度（Cammerer et al., 2017；Röthlisberger et al., 2018），并且不同的土地利用类型在洪涝中会呈现出不同程度的脆弱性（Yang et al., 2019），最终影响洪涝灾害风险（Beckers et al., 2013）。多项研究结果表明：洪泛区内的人口增长和经济发展是山洪灾害风险增加的主要原因（Fuchs et al., 2015）。因为这些活动改变了洪泛区内原有土地利用类型的活动性质，提高了土地利用类型的自身价值，以及人口和财产的暴露值；而且会破坏原本的自然生态环境，加剧洪泛区内土地利用类型的脆弱性。

以土地利用为对象，进行洪涝经济损失风险评估的研究较多。例如，Paprotny and Terefenko（2017）划分了建成区服务设施用地、建成区高密度居住用地、建成区低密度居住用地、交通用地、农业用地、建成区工业用地、森林、耕地/园地、林地/灌木丛、草

地/牧场和荒地/未利用地共11种土地利用类型，根据2011年的市场价格，对不同用途的土地价值进行暴露值估计，将其纳入波兰平均海平面5 m以下地区的洪涝风险评价中。Wu et al.（2019）构建了基于地理编码的建筑资产价值地图，划分了住宅、办公楼、商业建筑和其他建筑的4类土地利用类型，并对其价值进行评估，以此为基础进行上海洪涝的暴露度分析。Park and Won（2019）将居住用地、商业用地、工业用地和绿地4类土地利用类型的价值和空间格局纳入暴露性和脆弱性评估中，用于评估韩国昌原市的洪涝风险变化。Kwak et al.（2015）根据MODIS-EVI指数差异，对水田类型进行划分，评估不同类型水田的价值以构建损害曲线，对柬埔寨2011年7—11月大洪涝的水稻作物损失进行评估。王艳艳等（2019）针对我国上海市洪涝灾害，利用水动力学洪涝分析模型实现淹没分析，建立地物空间叠加分析和洪灾损失评估模型，集成土地利用、社会经济和洪涝淹没数据，开发完成了洪灾损失评估系统。

由于农业生产方式或者城市化过程引发的土地利用变化经济损失风险研究相对较多，但旅游景区的土地利用类型划分和变化与上述研究不同。旅游景区会分布较多的低密度建筑、旅游基础设施和娱乐设施用地，土地的来源有林地、湿地、农田和未利用地等类型（Kayhko et al.，2011），从而对生态环境产生积极（Hoang et al.，2018）或消极（Atik et al.，2018）的影响。

3.2.3　建筑物损失风险评估

3.2.3.1　建筑物脆弱性研究方法

收集近20年国内外山洪灾害建筑物脆弱性曲线的研究文献，整理后见表3-1，相关研究多集中于欧洲阿尔卑斯山区，受地理环境和社会经济因素影响，其区域特色突出，建筑物类型多样，脆弱性曲线差别明显。

在山洪灾害中，建筑物的脆弱性定义为损失程度，即损失越大，房屋脆弱性越高。受社会公共基础、灾区可达性及区域差异影响，建筑物损失数据获取途径多元，且类型、标准和精度不一。大部分研究中建筑物损失记录来自地方政府或机构提供的灾情数据和官方损失评估报告；在保险制度完善的国家和地区，可从保险公司的索赔清单获取损失信息；一些研究中使用的损失数据是通过实地调查及遥感解译得到的；还可根据记录损坏建筑的照片文档（Parathoma-Köle M et al.，2015），估计每栋建筑的经济损失，但这需要较为完整的建筑物影像资料记录。

山洪建筑物损失量化的方法可以分四类：一是建筑物损失价值的绝对值；二是建筑物损失价值相对于重建价值的比率；三是建筑物损失价值相对于原始价值的比率；四是建筑物不同损坏程度相对应的脆弱性值（0~1）。建筑物重建价值一般根据其面积（或体积）和每平方米（或每立方米）的平均价格计算，并且会根据建筑的功能、用途、高度及建筑材料等采用不同的价格水平（Fuchs S et al.，2007；Tsao T C et al.，2010；Parathoma-Köle M et al.，2015；Karagiorgos K，2016）。Akbas（2009）和Quan Luna（2011）等人使用由米兰工程师和建筑师提供的房价指数数据，并根据建筑物功能和大小计算重建值；灾

表 3-1 山洪灾害建筑物脆弱性曲线研究文献

研究文献	区域	灾害事件	数据来源	建筑类型	建筑数目	强度指标	脆弱性量化方法
DE LOTTO P，TESTA G. 2000	意大利	1994-11 Alpine Valley	统计局资料、GIS分析、模型模拟	不同城市建筑（住宅、商业等）	—	水深 流速	建筑物损失/原始价值
FUCHS S，HEISS K，JOHANNES HÜBL. 2007	奥地利	1997-08-16 Wartschenbach	政府等机构提供的信息	典型高山区风格砖/石结构	16	沉积高度	货币损失/重建价值
AKBAS S O，BLAHUT J，STERLACCHINI S. 2009	意大利	2008-07-13 Selvetta	官方发布的损失评估报告	单层到三层砖混结构	13	沉积高度	货币损失/重建价值（工程师和建筑师编制的房价指数）
TSAO T C，HSU W K，CHENG C T，et al. 2010	中国台湾省	2007 年以前 20 个历史灾害事件	政府和建筑协会提供的信息、灾害的野外调查	砖混、木质框架结构	—	沉积高度	货币损失/重建价值
QUAN LUNA B，BLAHUT J，VAN WESTEN C J，et al. 2011	意大利	2008-07-13 Selvetta	官方发布的损失评估报告	单层到三层砖混结构	13	沉积高度 冲击压力 运动黏度	货币损失/重建价值（工程师和建筑师编制的房价指数）
TOTSCHNIG R，SEDLACEK W，FUCHS S. 2011 TOTSCHNIG R，FUCHS S. 2013	奥地利	1995-08-06，1997-08-16 Wartchenbach、 2003-08-29 Vorderbergerbach、 2005-08-22 Fimbabach、Stubenbach Schnannerbach	地方政府提供的信息、GIS 插值信息	典型高山区风格砖/石结构民居、旅游设施	67	沉积高度 相对强度	货币损失/重建价值（奥地利建筑保险公司）

表 3-1（续）

研究文献	区域	灾害事件	数据来源	建筑类型	建筑数目	强度指标	脆弱性量化方法
LO W C, TSAO T C, HSU C H. 2012	中国台湾省	2009 年莫拉克台风 35 个灾害事件	政府统计资料、损失程度估计	单层砖混、单层钢筋砖混结构	—	沉积高度	损失重建总费用（结构价值 + 内部财产）/原始价值（结构价值+内部财产）
PAPATHOMA - KÖHLE M, TOTSCHINIG R, KEILER M, et al. 2012	意大利	1987-08-24 Plimabach	灾害的实地调查和摄影记录	典型高山区风格砖/石结构	51	沉积高度	货币损失/重建价值（保险公司和房地产商）
董姝娜，姜鋆鹏，张继权，等. 2012	中国吉林省	2010-07-28 永吉县口前镇	实地调查、遥感解译、GIS 分析	村镇砖木结构平房	109	水深	灾后损失价值/灾前原始价值
PAPATHOMA - KÖHLE M, ZISCHG A, FUCHS S, et al. 2015	意大利、奥地利	多次灾害事件	灾害的实地调查和照片记录	典型高山区风格砖/石结构	271	沉积高度	货币损失/重建价值
GODFREY A, CIUREAN R L, VAN WEATEN C J, et al. 2015	罗马尼亚	脆弱性指标与已有脆弱性曲线重建	野外调查、遥感数据、专家判断	多数木质砖混、少数钢混结构	60	沉积高度	脆弱性指数（VI）
KANG H, KIM Y. 2016	韩国	2011 年 7—8 月 11 次灾害事件	实地调查、地形图、航空照片	钢混、非钢混结构	25	沉积高度 冲击压力	建筑物破坏程度相对应的脆弱性值
KARAGIORGOS K, THALER T, HÜBL J, et al. 2016	希腊	Attica 地区多次灾害事件	损失评估报告、保险公司索赔	钢混结构	114	水深相对强度	货币损失/重建价值
ZHANG J, GUO Z X, WANG D, et al. 2016	中国	设计实验	实验数据	砖混结构	—	动量（流能） 最大冲击力 最大冲击弯矩	四类损坏程度：轻微、轻度、中度和严重损坏（或倒塌）
CIUREAN R L, HUSSIN H, WESTEN C V, et al. 2017	意大利	2003-08-29 Fella Valley	航空照片、损坏建筑照片文档、官方损失报告	砖混/木结构	721	沉积深度	损失重建费用/原始价值

害保险制度完善的区域，可基于建筑物的大小，结合保险公司和房地产商提供的价格数据计算其重建值（Totschinig R et al.，2011；2013；Parathoma-Köle M et al.，2012）。建筑物的原始价值主要来源于统计局和建筑物数据库（De Lotto P et al.，2000；董姝娜等，2012），根据建筑物所处位置和功能（如城镇中心和郊区住宅、商业和工业建筑）确定平均市场价格，计算不动产价值。多数脆弱性曲线只考虑建筑物结构，但 LO 等（2012）在为台湾泥石流灾害建筑损失构建脆弱性曲线时，将结构价值和内部财产（如家具、家庭设施）相结合估算其原始价值和损失价值。

3.2.3.2　山洪灾害房屋脆弱性曲线构建方法

1. 基于灾情数据

自然灾害灾情包括人员伤亡及造成的心理影响、直接经济损失和间接经济损失、建筑物破坏、生态环境及资源破坏等（史培军，2002）。灾情数据主要来源于政府的灾害损失评估报告、实地调查、保险公司索赔数据及历史文献记载。由于大规模灾害调查和灾损信息核实工作的任务重、难度大，因此在国外灾害损失数据收集过程中，政府机构与保险公司共同参与，一手数据主要来源于保险公司的索赔清单。与加拿大、澳大利亚（Hohl R et al.，2002）、日本等保险市场发展成熟的国家相比，中国的自然灾害保险制度尚不健全，因此主要参考政府发布的损失评估报告及灾区实地调查结果。理论上，基于灾情数据构建的脆弱性曲线能够很好地反映山洪灾害建筑物的脆弱性水平，但在实际研究中，房屋建筑物灾情还会受使用状况、设防水平、灾害预警等多种因素的影响，从而与建筑物的真实脆弱性存在一定的差距。因此构建脆弱性曲线时，需要充分考虑灾情数据的客观性和完整性，例如被淹没建筑物的样本量、建筑物的实际使用情况等。研究者选择不同的数学方法描述脆弱性曲线，如线性回归（De Lotto P et al.，2000）、非线性回归分析（董姝娜等，2012）、概率累积分布函数拟合等（Totschinig R et al.，2011），也会对脆弱性曲线结果产生一些影响（Moel and Aerts，2011）。

2. 对已有脆弱性曲线的完善

对已有脆弱性曲线的完善是指在已有建筑物脆弱性曲线的基础上，考虑区域差异性，对脆弱性曲线的参数进行本地化修正，得到适用于该区域新的脆弱性曲线。一种是基于相同的山洪事件两次构建灾损曲线，第二次构建是对第一次构建的脆弱性曲线进行修正（Totschinig R et al.，2011；2013）；另一种则选取和本地背景相似区域的已有脆弱性曲线结合本地损失数据进行再构建（Akbas S O et al.，2009）。例如 Godfrey 等人（2015）将已有研究中的泥石流脆弱性曲线与脆弱性指数相结合，得到研究区域新的脆弱性曲线。脆弱性曲线的重构建可以减少部分工作量。

3. 系统调查方法

系统调查方法是指基于承灾体数据库/价值调查，在假设的灾害情景中，对不同承灾体分类并估计其致灾强度下的损失率，进而构建脆弱性曲线。在山洪灾害中，该方法基于区域统计数据、土地利用方式、建筑物数据库和调查问卷等，将不同致灾强度下的损失率

对应起来，建立脆弱性曲线。以台湾山洪事件调查为例（Lo W C et al.，2012），梳理系统调查法的步骤为：

（1）对建筑物及内部财产分类登记。

（2）依据类型、材质和使用时间，估算价值。

（3）根据建筑物及财产放置在地面的平均高度，假设不同的淹没深度情景，并估算损失。

（4）建立建筑物结构及内部财产损失的脆弱性曲线。

灾害事件相关的淹没深度和家庭损失无记录时，借助系统调查方法判断不同淹没深度下建筑物及内部财产损失，可以解决数据缺失的问题。因此对于那些灾害数据不完备的区域，系统调查方法的优势显而易见。但该方法也存在局限：仅有英国等少数具有相对完善的建筑物数据库的国家和地区可以使用；建筑物价值调查因工作量大，只适用于小范围区域，淹没情景假设的合理性决定了脆弱性曲线的精度。

4. 模型或实验模拟方法

由于数学模型和计算机技术的迅速发展，基于降水、地形位置等信息，通过数值模拟来刻画山洪灾害的致灾过程，或在实验室设计模拟实验，也可完成脆弱性曲线的构建。最为常见的方法是基于分布式水文模型（如HEC-HMS、MOBIDIC）和水动力学模型（一维、二维、三维）的数值模拟软件（如FLO-2D）来模拟山洪灾害的过程，并输出淹没深度、流速、运动黏度等强度指标（Quan Luna B et al.，2011；Arrighi C et al.，2020），用于脆弱性曲线的构建。在实验室使用铁球等材料来模拟泥石流冲击砖混结构承重墙体的过程，并记录相关的实验数据，将动量、最大冲击力和最大冲击弯矩作为致灾强度指标建立脆弱性曲线（Zhang J et al.，2016）。基于模型模拟构建脆弱性曲线受到较少的研究限制，随着实验数据的积累，脆弱性曲线的精度也会随之提高。但在处理数据时，因运算量较大，技术要求高，因此仍然需要实际灾情数据的检验和修正来保证其可靠性。在实验室中设计科学实验可以更好地理解致灾机理，但对实验装置及操作过程处理要求很严格。

3.2.3.3　建筑物不同致灾强度指标脆弱性曲线

自然灾害的威胁一般通过损失表现出来，越高的致灾强度导致越高的损失，这一公认理论是脆弱性曲线发展的基础，它表达了致灾强度和损失程度之间的关系。在山洪灾害建筑物脆弱性曲线研究中，会采用水深、流速、冲击压力、沉积深度（泥石流/河流泥沙）等致灾强度指标，也有研究使用流体力学中的动量通量概念（反映水深和流速的综合指标，即给定点处水深和最大流速平方的乘积）指标（Prieto J A et al.，2018），从不同角度量化山洪致灾强度与建筑物损失程度的关系。

为方便进行比较和归纳，将收集的山洪建筑物脆弱性曲线（表3-1）按致灾强度指标分类，充分考虑各脆弱性曲线的损失量化方法，把各类文献的损失率统一标准化为0~1的相对值，表示在同一坐标系内。

1. 水深

图 3-3a 所示的脆弱性曲线是以希腊城区（Karagiorgos et al.，2016）和阿尔卑斯山区（De Lotto and Teata，2000）为研究区域建立的水深-损失程度脆弱性曲线。当水深达到 12 m 时，阿尔卑斯山区建筑损失率接近 100%，而希腊城区则不到 40%，因此以希腊为代表的地中海沿岸国家建筑物脆弱性程度远低于阿尔卑斯山区，这与其他研究结果（Fuchs et al.，2007；Totsching and Fuchs.，2013）相一致。究其原因如下：希腊建筑遵循严格的抗震规范建设。地理环境及建筑使用习惯不同。希腊因气候温暖建筑内无供暖设施，且该研究区域内房屋主要在夏季使用，降低了灾害的暴露度。此外，与有地下室的房屋相比，无地下室房屋更容易受到破坏。这是因为当地绝大多数无地下室房屋没有加固地基，而有地下室房屋做了地基加固。

中国农村山区典型砖木结构平房的脆弱性曲线结果（董姝娜等，2012）如图 3-3b 所示，根据砖木结构住宅的修建年代及外表装饰材料将其进一步划分为三类（类别 1 为建造于 20 世纪 80 年代，墙体无照面和装饰材料；类别 2 为 20 世纪 90 年代兴建，墙壁上半部用石子装饰，下部有围子；类别 3 为近期兴建，墙壁用瓷砖装饰）。图中红色曲线表示三类房屋损失随水深变化的平均状况。当水深大于 1 m 时，各类砖木结构房屋存在不同程度的损坏，且在同一淹没水深下，使用年限越长的房屋其损失率越大。

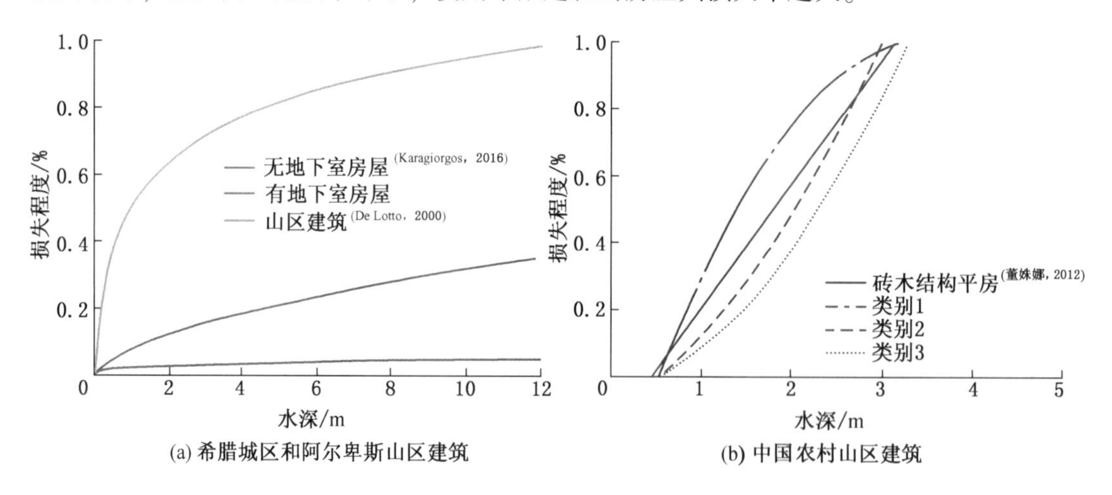

(a) 希腊城区和阿尔卑斯山区建筑　　(b) 中国农村山区建筑

图 3-3　山洪灾害水深-损失程度脆弱性曲线

比较上述脆弱性曲线发现，不同结构类型建筑的损失率有如下特征：在 3 m 水深时，中国农村山区砖木结构房屋损失率达到 90%，意大利阿尔卑斯山区典型的砖/石结构 1~3 层建筑损失率在 70% 左右，而以希腊为代表遵循抗震规范建设的钢混结构建筑损失率则不到 20%。全球各个国家和地区的建筑结构在同一致灾强度水平下表现出不同的受损程度，即脆弱性差异显著。

2. 流速和冲击压力

Kang 等（2016）基于 2011 年 7—8 月韩国境内的山洪事件，建立了当地建筑物的流

速-损失程度脆弱性曲线，如图 3-4 所示。钢混结构和非钢混结构房屋由于结构强度不同，抗洪能力也不同。非钢混结构房屋完全损坏时的流速为 3.8 m/s，而钢混结构房屋完全损坏时的流速则为 9.4 m/s。随着流速的增加，非钢混结构与钢混结构建筑的损失差异增大。非钢混结构房屋的损失率增大，比钢混结构房屋变化得更快，导致钢混结构房屋轻微损坏的流速（3.9 m/s）可以使非钢混结构房屋完全损毁。意大利阿尔卑斯山区建筑物脆弱性曲线（De Lotto and Teata，2000）（绿色曲线）与韩国钢混结构房屋脆弱性曲线具有很好的相似性，相同流速下损失程度相差 4% 左右，这表明意大利阿尔卑斯山区建筑房屋的结构可能以钢混结构类型为主。

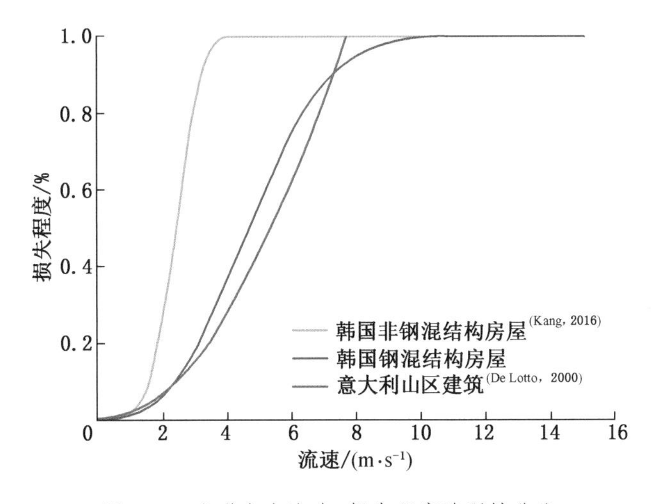

图 3-4　山洪灾害流速-损失程度脆弱性曲线

Quan Luna 等（2011）基于 FLO-2D 软件模拟了意大利阿尔卑斯山区 Selvetta 村在强降雨过后暴发的山洪灾害过程及淹没范围，并得到冲击压力等指标，建立了脆弱性曲线；对韩国山洪事件也采用冲击压力这一强度指标得到韩国建筑物的脆弱性曲线（Kang and Kim，2016）（图 3-5）。阿尔卑斯山区砖混结构房屋脆弱性与韩国非钢混结构房屋的脆弱性很相似，约在 21.5 kPa 冲击压力下达到相同的损失，说明这两类房屋结构的抗洪能力相当。在韩国山洪灾害事件中，随着冲击压力的增大，非钢混结构与钢混结构房屋的脆弱性迅速拉开差距，使非钢混结构房屋完全损毁只需要 44.5 kPa 的冲击压力，而使钢混结构房屋完全损毁则需要约 5 倍（222 kPa）的冲击压力。

非钢混结构指除钢混结构以外的类型，如砖混、砖木结构等。上述流速和水深的建筑物脆弱性曲线均表明：钢混结构房屋的抗洪能力最强，非钢混结构的房屋脆弱性明显低于钢混结构。房屋结构和质量的改造对减轻山洪灾害风险有重要的作用。

3. 沉积深度

山洪与泥石流通常相伴而生，因此沉积深度-损失程度脆弱性曲线的研究也相对较多（图 3-6）。Fuchs 等人（2007）采用二阶多项式函数拟合了砖/石结构房屋的脆弱性曲线，如图 3-6a 所示。由于该研究中泥石流的强度较小，所以<2.5 m 沉积深度下的建筑物脆

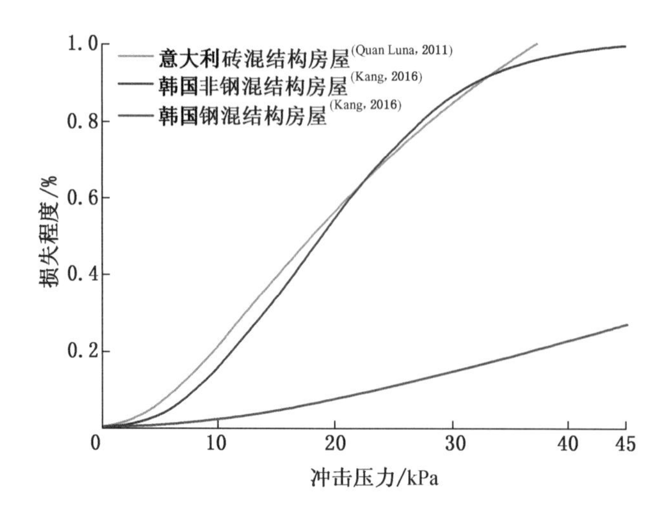

图 3-5　山洪灾害冲击压力-损失程度脆弱性曲线

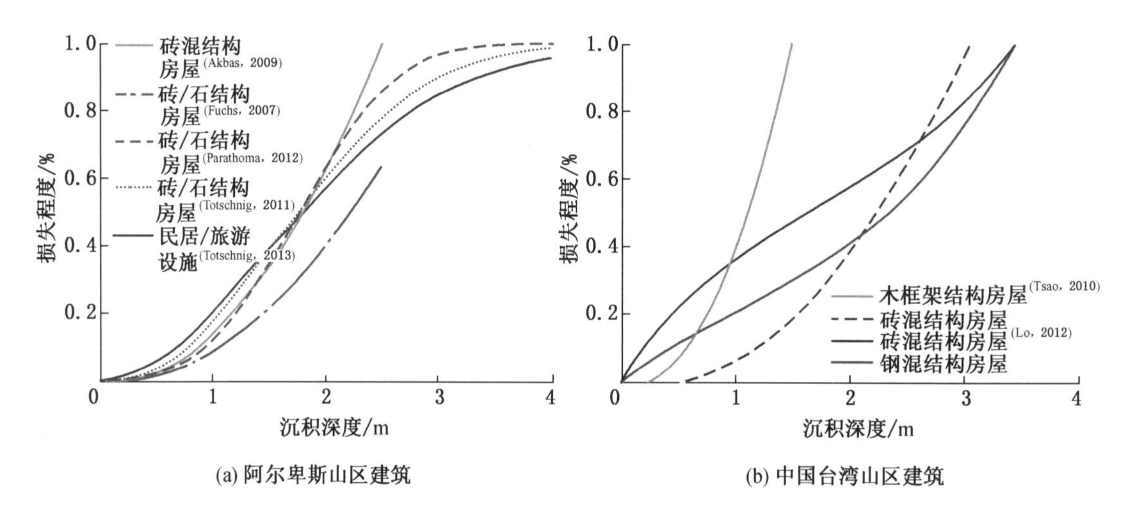

图 3-6　山洪灾害沉积深度-损失程度脆弱性曲线

弱性符合二阶多项式拟合结果。继该研究后，Akbas 等（2009）采用相同的方法基于阿尔卑斯山区 Selvetta 村山洪事件建立了砖混结构房屋的脆弱性曲线。Totschnig 等（2011）给出了泥石流和山区洪水的砖/石结构脆弱性曲线，在 2013 年又扩展了研究区域的数据，对之前的研究进行修正，考虑了曲线不确定性的量化，提出了一个联合脆弱性函数用来表征民居、旅游设施的建筑物脆弱性曲线（Totschnig et al., 2013）。Parathoma-Köle 等（2012）参考 Totschnig 的做法，在阿尔卑斯山区开发了典型砖石结构房屋的脆弱性曲线。

由于降水、地形等自然条件影响，台湾是山洪泥石流多发地区，对该地区不同结构类型建筑物的脆弱性曲线开展研究（Tsao et al., 2010; Lo et al., 2012）（图 3-6b）。可以看到，木框架结构房屋脆弱性最高，砖混结构房屋次之，钢混结构房屋最低。当地房屋损失

率有以下特点：木框架结构的房屋在 1.5 m 沉积深度下就会完全损毁；砖混结构房屋在 3~3.4 m 沉积深度下完全损毁；当沉积深度大于 2 m 时，钢混结构相对砖混结构而言，抗打击能力更强，损失程度相对更轻，但在 3.43 m 沉积深度时，两种建筑的损失率均达到 100%。

总体而言，建筑物结构的山洪脆弱性排序为木框架结构>砖混结构>钢混结构。此外，Ciurean（2017）等人针对同一场灾害事件中木框架结构、砖混结构、钢混结构的不同层高的建筑物分别建立了沉积深度的脆弱性曲线。研究结果表明：无论何种结构类型的建筑，层数越高时，其脆弱性越低，即同结构类型建筑物内部的脆弱性也有差异，且与建筑物高度有很大关系。

3.2.3.4 建筑物脆弱性曲线研究总结与展望

脆弱性曲线的构建通常基于灾情调查数据、模型或实验模拟数据，也可以根据已有曲线进行本地化改进，或者提前调查房屋及内部财产高度（如家具、电器等）的系统调查法来构建脆弱性曲线。使用灾情调查数据构建脆弱性曲线是基本的方法，数据精度影响着损失的准确估计；脆弱性曲线的重构建可以减少工作量，验证区域的可用性是关键；系统调查法与模型或实验模拟可间接得到致灾强度和损失的大致信息，为一些缺少完备灾损数据区域建筑物的损失估计提供可能。

从致灾强度指标看，构建山洪灾害脆弱性曲线的指标有水深、流速、冲击压力、沉积深度等，其中水深和沉积深度脆弱性曲线研究相对较多。各国研究较多、脆弱性相对一致的是砖混结构房屋，100%损毁的致灾强度大约为流速 3.8 m/s，冲击压力 44.5 kPa，沉积深度 3 m。脆弱性曲线研究从多角度的致灾强度指标去刻画山洪建筑物的损失，这是全面理解山洪致灾过程的开始，现阶段仅从单一因素构建脆弱性曲线简化了程序，但同时也模糊了多指标因素之间的相互作用及对建筑物造成损伤的综合过程。因此，随着山洪致灾机理研究的深入，通过开发综合性的致灾强度指标用于脆弱性曲线的构建，能够更好地刻画建筑物的损失状况。

各类建筑结构的脆弱性排序为木框架结构>砖混结构>钢混结构。在 3 m 水深，中国农村山区广泛分布的砖木结构房屋损失率达到 90%，意大利阿尔卑斯山区典型的砖/石结构 1~3 层建筑损失率在 70%左右，而以希腊为代表的地中海沿岸国家遵循抗震规范建设的钢混结构房屋损失率则不到 20%。造成上述差异的原因一方面是因为在相同致灾强度水平下，不同类型建筑物结构损失率差异的产生与建筑物本身的物理结构有密切的关系，如承重结构、地基、建筑物高度、使用年限等（Zhou et al.，2020），这些性质决定了建筑物本身的抗洪能力；另一方面是因为在山洪暴发的影响下，建筑物处于复杂的弯曲剪切状态，倾覆力矩是造成建筑物损坏的主要原因，建筑物发生损坏是山洪洪流过程与建筑物共同作用的结果，其作用机制和损坏模式相当复杂（Hyla et al.，2020；Jalayer et al.，2018），需要进一步的综合深入研究。

国内外山洪建筑物脆弱性曲线研究已经积累了一些成果和经验，并正在持续深入研究，但仍存在一些问题。在脆弱性量化、指标选择、数据标准、曲线精度等方面仍缺少规范和评价的标准，今后需对灾害数据库建设和脆弱性曲线研究及应用方面进行统筹。其次，我国灾害保险市场的完善、行业规范问题的解决，以及研究数据基础建设和发展是一个长期改进的过程。因此，未来山洪建筑物脆弱性曲线研究，可以开展多源数据、多技术、多曲线的集成和共享。由于社会经济条件等原因，中国农村山区建筑以砖木结构房屋、砖混结构房屋为主，抗洪能力较弱，脆弱性高于欧洲其他国家。未来房屋建设应多借鉴其他国家经验，增强山区房屋的抗洪能力。

3.3 山洪灾害人口伤亡风险评估——以台头沟流域为例

3.3.1 台头沟流域

3.3.1.1 流域概况

台头沟流域位于河北省井陉县西部，北纬 38°0′7″至北纬 38°3′45″、东经 113°52′0″至东经 113°57′30″范围内。台头沟自北向南流，长 7.4 km，属绵河左岸的支流。绵河、桃河、松溪河、甘陶河同属冶河，冶河是海河的一级支流。

冶河流域位于太行山迎风坡，海拔为 295~1042 m，地形由西北向东南倾斜，地势陡峭，平均坡度约 42%，流域的基岩由石灰岩组成。气候属半湿润暖温带大陆性季风气候，年平均降水量 500~600 mm，年平均气温 12.1~14.1 ℃。受东亚夏季风影响，6—8 月降水集中在高位，约占全年降水总量的 75%。

中华人民共和国成立以来，冶河流域山洪灾害频繁发生，在 1953 年、1956 年、1963 年、1996 年、2016 年都曾先后暴发过特大山洪。其中，台头沟流域受地形和小尺度天气系统的影响，一直是暴雨中心。1996 年 8 月 4 日，24 小时内台头村附近的雨量站记录的最大累积降雨量超过 900 mm，成为冶河流域最大的降雨强度。

2016 年 7 月 19—20 日，河北全省一场超过 600 mm 的降雨引发了一系列山洪的暴发，灾害影响面积约 2,700 km^2。此次降水的影响系统主要有地面气旋、高空低涡和副热带高压，是冷空气和暖湿气流共同作用的结果。一股潮湿暖气团在冶河流域上空和冷空气相遇，迅速凝结，形成降雨。此外，地势抬升加剧了水汽的凝结速度，增加了降雨强度。副热带高压系统阻碍潮湿空气向西输送移动，降雨持续了 48 h。根据河北省水文局 23 个观测站的数据，此次事件的总降雨量从 200 mm 到 650 mm 不等。2016 年 7 月 19 日 22:00 至 22:30 在台头沟附近记录的最大降雨强度为 105.7 mm/h。

这次山洪事件，简称“2016.7.19”山洪事件，是自 1996 年以来冶河流域最强烈的一次山洪。在洪水过程方面，赵建芬等（2017）模拟的台头沟流域洪水模数高达 19.3 $m^3/s \cdot km^2$，是冶河流域最大洪水模数；洪峰流量为 540 m^3/s，是该地区 200 年一遇的洪峰流量。“2016.7.19”山洪事件中台头沟流域的四个村庄中的两个，贵泉村和台头村都被山洪严重破坏（图 3-7c）。山洪共夺走 26 人的生命，其中 11 人在贵泉村，超过 2300 间房屋和主要道路被毁，造成 6 亿元的损失，冲毁耕地面积 0.67 km^2。

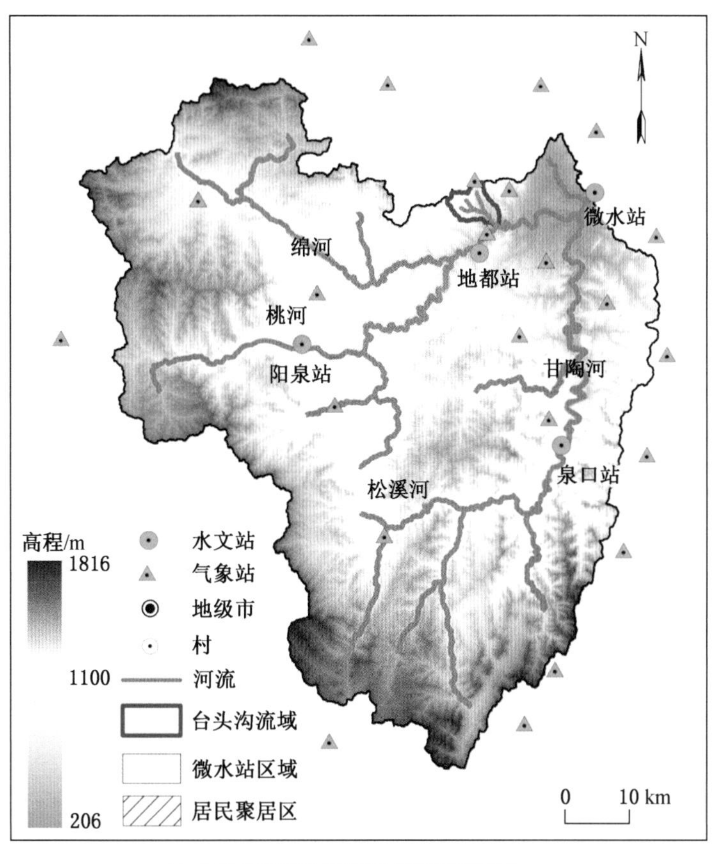

(a) 台头沟流域所属的微水站控制区域

(b) a区在河北省和山西省的位置

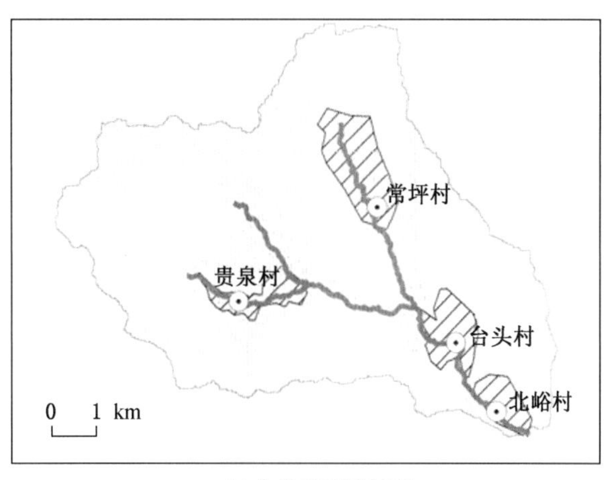

(c) 台头沟流域村庄

图 3-7　河北省台头沟流域位置图

3.3.1.2 研究数据及来源

研究数据包括站点监测数据、数字高程模型数据（DEM）、土壤数据、土地利用数据等，以及对受灾最严重的村庄（贵泉村和台头村）进行洪水灾后调查获取的数据，主要包括山洪事件中暴露在洪水中的人口信息，遇难者以及他们死亡的时空情况，洪水淹没范围和最大淹没深度调查数据。

1. 站点监测数据

从《中华人民共和国水文年鉴（2017年）》中获取到台头沟流域周围三个雨量站2016年7月19日00:00至7月20日23:00的小时降雨数据，运用HEC-HMS和FLO-2D模型，模拟2016年7月台头沟流域山洪灾害过程。由于雨量站在区域空间上分布不均匀，采用泰森多边形法对其进行加权计算，分配雨量到各个子流域。台头沟流域内无水文站，距离流域最近的水文站——微水站，位于下游城镇，距台头沟流域几何中心约23 km。微水站控制面积6,420 km^2，台头沟汇水面积是其子汇水面积之一。微水站控制区内及周边的20个雨量站所观测到的流量数据也参与了山洪过程的模拟和校正。

2. DEM、土壤、土地利用数据

从NASA的地球科学数据系统下载微水站区域的数字高程模型数据（DEM），空间分辨率为12.5×12.5 m。

土壤和土地利用图来自地理监测云平台。台头沟流域的土壤类型包括淋溶形成的褐土和原生土的黄土（图3-8a），土地利用类型主要是林地和农田（图3-8b），数据年份为2015年。由于台头沟流域的城市化率速率一直较低，因此，直接采用该数据作为山洪事件发生年份2016年的数据。

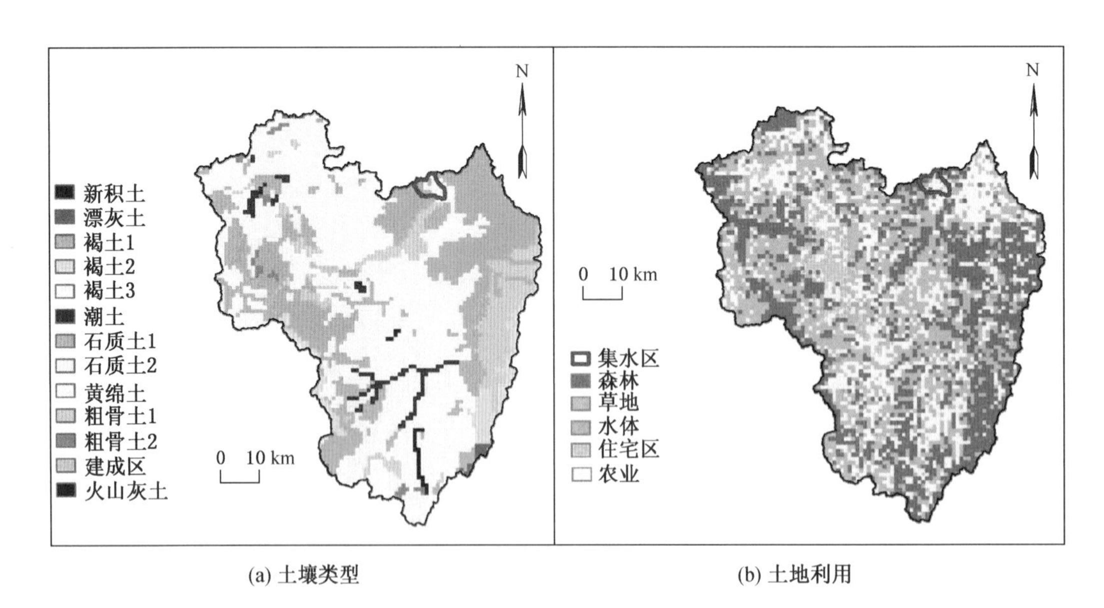

(a) 土壤类型 (b) 土地利用

图3-8 河北省微水站区域的土壤类型和土地利用图

3. 暴露人口数据

通过以下步骤获得贵泉村和台头村的暴露人口分布图。首先，从天地图或谷歌地图获取两个村庄的遥感图像。再基于这些图像，通过目视解译和地图数字化获得住宅建筑的地图。每栋住宅的建筑面积在 GIS 中使用计算几何工具得到，人均建筑面积来自 2017 年《河北省统计年鉴》。最后，得到两个村的人口分布图，如图 3-9 所示。该区域为山洪影响区域，图 3-9 的人口分布都为暴露人口分布。

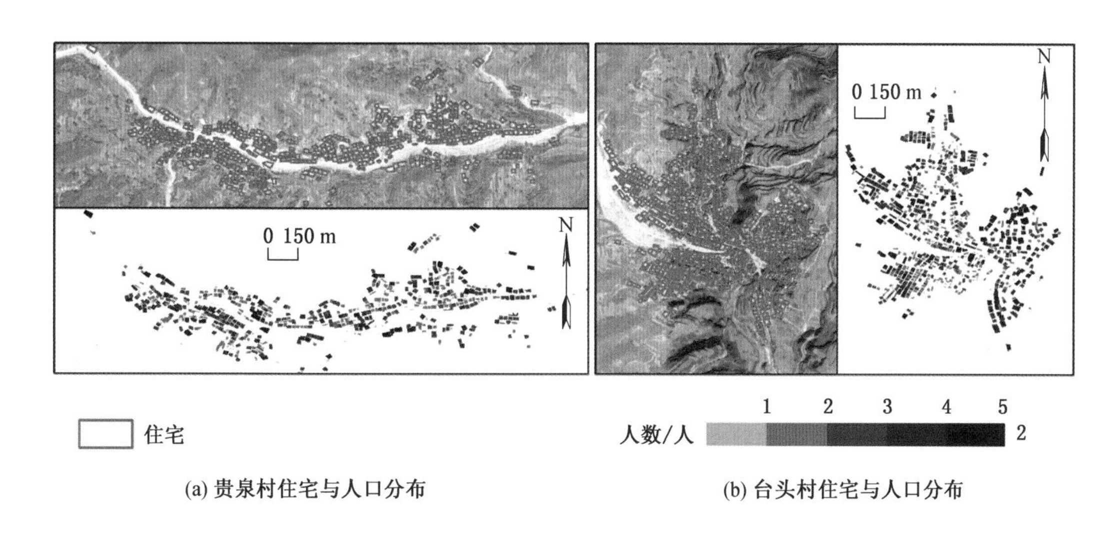

图 3-9　河北省贵泉村和台头村人口分布图

4. 死亡人员数据

遇难者名单由村委会提供，并在现场调查中收集有关死亡人员的详细信息，如死亡地点（即纬度和经度）、性别、年龄、健康状况、死因等。所有死亡地点的位置都是使用 GPS 精确定位，如图 3-10 所示。由于事件发生在 22 点 30 分左右，大多数遇难者是在室内因山洪卷走而遇难，大约 4 名遇难者是在室外遇难。在 26 名死亡者中，50% 是老年人，约 10% 是儿童。现有数据表明性别对这一事件影响不大，因为遇难者中男性和女性的比例大致相等。

5. 洪水淹没范围调查数据

通过灾后调查从山洪亲历者那里收集的信息，对洪水淹没范围进行大致圈定，受淹范围如图 3-10 所示。

6. 最大淹没深度调查数据

本研究从多个来源收集山洪事件中淹没深度的信息，包括技术人员记录的受影响建筑物的洪水水位、洪水痕迹图片（图 3-11）、课题组的现场调查数据，并通过 GPS 获得这些点位的经度和纬度。贵泉村和台头村 50 个点最大淹没深度见表 3-2（表中经纬度只展示小数点后两位），可用于水文水力模型的验证。

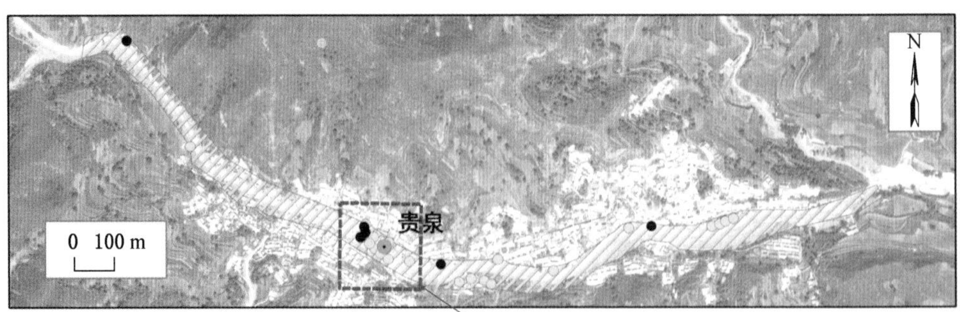

(a) 贵泉村

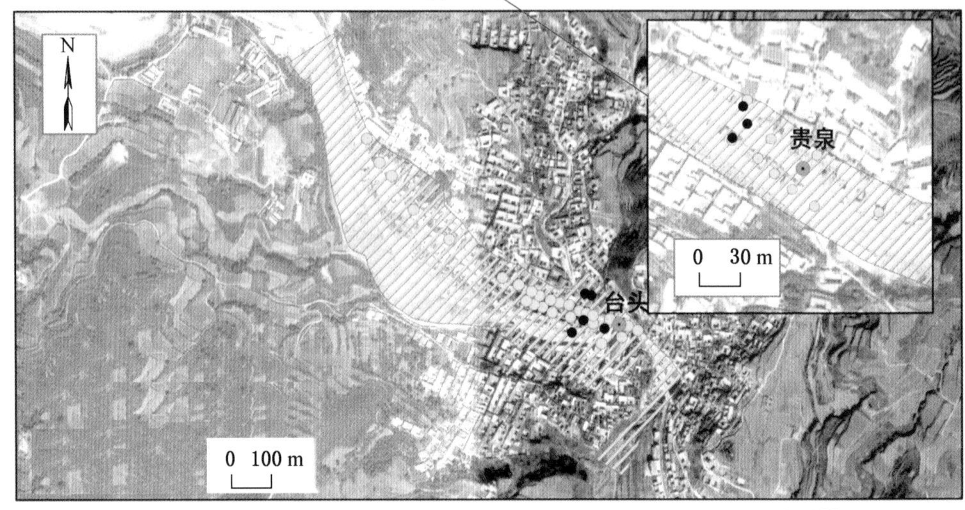

(b) 台头村

图 3-10 河北省“2016.7.19”山洪事件的淹没范围及死亡人员地点

表 3-2 “2016.7.19”山洪事件台头沟流域洪痕地点及深度

编号	经度	纬度	水深/m	村	编号	经度	纬度	水深/m	村
1	113.90	38.03	2.60	贵泉	12	113.89	38.03	2.95	贵泉
2	113.90	38.03	2.90		13	113.90	38.02	1.00	
3	113.90	38.03	2.70		14	113.90	38.02	1.50	
4	113.90	38.03	2.30		15	113.90	38.02	1.00	
5	113.90	38.03	2.80		16	113.91	38.03	0.80	
6	113.90	38.02	1.90		17	113.91	38.03	0.50	
7	113.90	38.03	2.10		18	113.91	38.03	0.25	
8	113.90	38.02	2.00		19	113.91	38.03	0.15	
9	113.90	38.02	1.00		20	113.91	38.03	0.75	
10	113.90	38.03	2.80		21	113.90	38.02	0.25	
11	113.89	38.03	3.85		22	113.90	38.02	1.10	

表 3-2（续）

编号	经度	纬度	水深/m	村	编号	经度	纬度	水深/m	村
23	113.93	38.02	0.70		37	113.94	38.02	2.40	
24	113.94	38.02	2.65		38	113.94	38.02	3.60	
25	113.94	38.02	4.45		39	113.94	38.02	1.75	
26	113.94	38.02	8.00		40	113.94	38.02	1.40	
27	113.94	38.02	5.65		41	113.94	38.02	1.50	
28	113.94	38.02	4.00		42	113.94	38.02	6.10	
29	113.94	38.02	5.20		43	113.94	38.02	6.20	
30	113.94	38.02	3.65	台头	44	113.94	38.02	6.00	台头
31	113.94	38.02	1.55		45	113.94	38.02	4.75	
32	113.94	38.02	1.60		46	113.94	38.02	5.10	
33	113.94	38.02	1.40		47	113.93	38.02	0.80	
34	113.94	38.02	1.65		48	113.93	38.02	0.95	
35	113.94	38.02	0.50		49	113.94	38.02	0.65	
36	113.94	38.02	1.10		50	113.94	38.02	1.25	

注：红色箭头指向最大洪水深度的洪水标记。

图 3-11　“2016.7.19”山洪事件台头沟流域洪痕照片

3.3.2 山洪灾害人口伤亡脆弱性曲线构建流程

山洪灾害人口伤亡脆弱性曲线构建的具体技术流程如图 3-12 所示。第一，通过水文水力模型和灾后调查数据，模拟历史山洪事件，以确定山洪强度特征。第二，将研究区域划分为具有相似山洪强度特征的不同危险区。第三，综合使用遥感图像和灾区实地调查数据，计算该事件中的暴露人口。第四，计算每个危险区的死亡率和洪水特征值。最后使用多种分布函数拟合建立人口死亡率和山洪强度之间的关系。

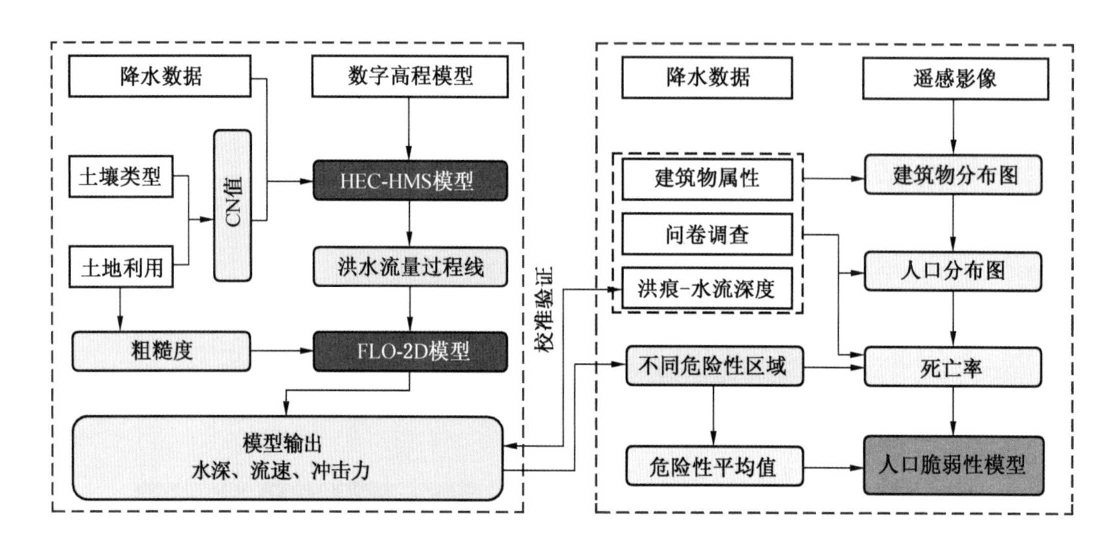

图 3-12 山洪灾害伤亡人口脆弱性模型构建流程

根据回归系数（R^2）、预测误差平方和（SSE）和均方根误差（RMSE），选择最佳拟合函数作为山洪人口脆弱性曲线，构建的脆弱性曲线可用于快速估算山洪死亡人数，也可用于未来山洪灾害风险评估。

3.3.2.1 山洪事件的模拟

通过水文模型 HEC-HMS 对山洪事件过程进行模拟再现。采用径流曲线法（SCS-CN）(Abushandi and Merkel, 2013) 计算径流的损失率。径流曲线值（Curve Numbers，简称 CN）是主要参数，由土地利用和土壤类型决定。根据 HEC-HMS 工程手册，将 CN 值分配到每个子流域，范围从 50~81。运动波是一种适合陡峭山区的水流运动方法，用于计算渠道流量。该方法的基本参数包括河段长度（length）、河段平均坡度（slope）、河段曼宁系数平均值（Manning n）、出口段面底宽和边坡。可使用 HEC-GeoHMS 工具自动计算长度和平均坡度，Manning n 由河段土地利用决定（农业用地 0.035，林地 0.150，草地 0.03，住宅用地 0.016，河床 0.023），这些值参考了 Chow（1959）、《石家庄市水文水资源手册》（1996）、Yang 等（2016）。台头沟流域的河段底宽和出水段边坡这两个参数由灾后调查获得。根据《石家庄市水文水资源手册》和《山西省水文计算手册》，冶河几乎没有基流补给，故没有选择基流量计算方法。由于无台头沟流域的实测流量数据，参照

Zhang 等（2019）的研究方法，选择台头沟流域所属的微水水文站控制的冶河流域进行 HEC-HMS 模型的构建，并用微水水文站的实测流量数据对 HEC-HMS 模型进行洪峰流量率定。

山洪灾害过程通过水文水力模型 FLO-2D（2009）进行模拟重现。FLO-2D 模型的输出包括洪水淹没水深、最大流速、水深与流速的乘积（简写为“水深×流速”）、最大冲击力。

3.3.2.2　山洪灾害人口伤亡脆弱性曲线拟合

山洪灾害人口伤亡脆弱性曲线的一般公式：

$$D_k = f(H_k) \tag{3-9}$$

式中　D——死亡率，取值范围为0~1；

H——危险因素的强度；

k——不同类型的危险强度指标。

脆弱性函数可以直观地展示各种危险因素对人口伤亡的影响。山洪的危险强度指标主要包括水深、流速、运动黏度（深度与速度乘积）和冲击力，这些指标的大小与人员死亡率的多少直接相关（Jonkman，2007）。运动黏度是指同一网格的最大水深和速度的乘积，可以表征人类在流动水中的不稳定性。冲击力是流体密度、结构材料、冲击角度和许多其他变量的函数，可以在 FLO-2D 软件中计算获得。这些因素决定了山洪对建筑物的破坏程度，从而影响着山洪灾害死亡人数多少。

参考 Jonkman 等（2007）的研究，将受灾区划分为具有相似山洪强度特征的不同子区域，取子区域内的山洪强度平均值，例如水深平均值为：0~1 m、1~2 m、2~3 m、3~4 m、4~5 m、5~6 m、6~7 m、7~8 m、>8 m。再根据人口分布（图3-9）、死亡地点调查数据（图3-10）来计算各子区域的死亡率，即死亡人数与区域暴露人口的比值。

在获得各子区域的死亡率数据和山洪强度平均值后，绘制散点图，然后用不同的函数来拟合，包括 logistic 函数、幂函数、正态函数、指数函数和对数正态函数等，通过拟合优度指数 R^2、SSE 和 RMSE 评价拟合函数的性能，最终确定脆弱性曲线。

3.3.3　台头沟山洪灾害人口伤亡脆弱性曲线构建

3.3.3.1　“2016.7.19”山洪事件台头沟流域水文模拟结果

将 HEC-HMS 水文模型模拟的洪峰流量、峰现时间，与微水水文站的观测值进行比较：模型模拟的洪峰流量为8379m³/s，峰现时间为2016年7月20日3时54分；观测的洪峰流量为8500m³/s，峰现时间为2016年7月19日3时59分。由此可知，模拟的洪峰流量与观测的洪峰流量接近，相对误差仅为2%，峰现时间也较为准确。同时，该 HEC-HMS 水文模型对台头沟流域的模拟洪峰流量（548 m³/s）也接近赵建芬等（2017）的研究成果（540 m³/s）。以上对照结果均表明，采用的 HEC-HMS 水文模型较科学地重现了历史山洪事件的降雨径流过程。

图3-13为山洪事件中台头沟流域汇水口的水文流量过程模拟结果，由图可知：2016

年 7 月 19 日 10 时 30 分，流量开始上升；当日 23:00 达到峰值（548 m^3/s）；实时观测降雨数据显示，2016 年 7 月 19 日 22:00 降雨达到顶峰。水文过程线的滞后时间为 1 小时，定义为降雨高峰和流量高峰之间的间隔时间，是类似流域山洪暴发的典型间隔时间（Camarasa-Belmonte and Soriano-García，2012）。此外，灾后调查中采访的目击者也表示，最强降雨发生在 2016 年 7 月 19 日的 22 时 30 分左右，导致山洪最猛烈，水位最高达到 8 m。

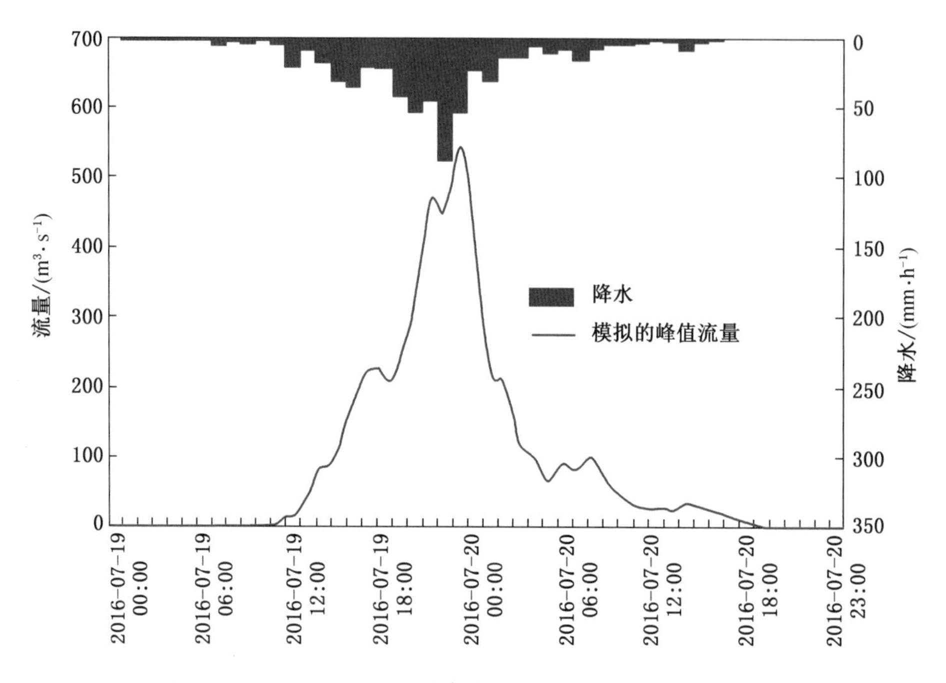

图 3-13 “2016.7.19”山洪事件台头沟流域水文过程模拟结果

3.3.3.2 台头沟山洪事件水动力特征

将模拟的洪水淹没范围、洪水深度与灾后实地调查值进行比较：模拟的淹没范围与实地调查的淹没范围显示出良好的一致性，Fit_A 为 80.89%。模拟和实地调查的洪水深度也具有良好的一致性，*NSE* 和 *RMSE* 值分别为 0.89 和 0.21。因此，采用 FLO-2D 模型模拟的“2016.7.19”山洪事件台头沟淹没过程与实际情况十分接近，模型模拟结果是科学、准确的。图 3-14 为“2016.7.19”山洪事件台头沟淹没模拟结果的局部展示。

表 3-3 为“2016.7.19”山洪事件台头沟流域不同致灾强度和死亡人数。大约 90% 的淹没区水深在 0~3 m，死亡 12 人，占总死亡人数的 46%；约 81% 洪水淹没区的流速为 1~5 m/s，死亡人数为 16 人，占总死亡人数的 62%；约 73% 淹没区的“水深×流速”为 0~8 m^2/s，其中 5 人死亡，占总死亡人数的 20%；约 88% 的淹没区域经历了 0~90000 N/m 范围内的冲击力，发生 10 人死亡，占总死亡人数的 39%。冲击力在淹没区内的差别较大，最大值和最小值分别为 2460000 N/m 和 1000 N/m，但在冲击力最大的区域内，并没有人员死亡，也许与建筑物的位置、建筑物的抗冲击能力等有关。

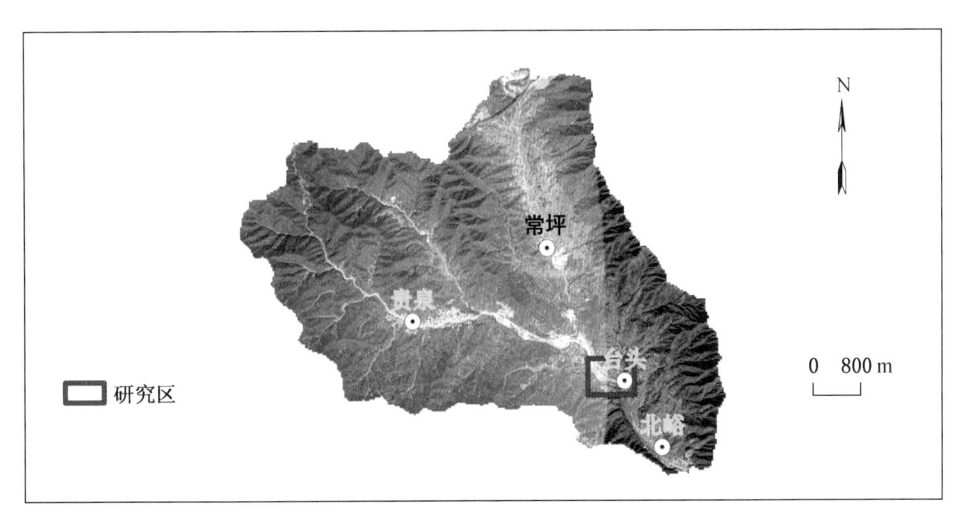

(a) 台头沟流域及人口稠密村庄位置

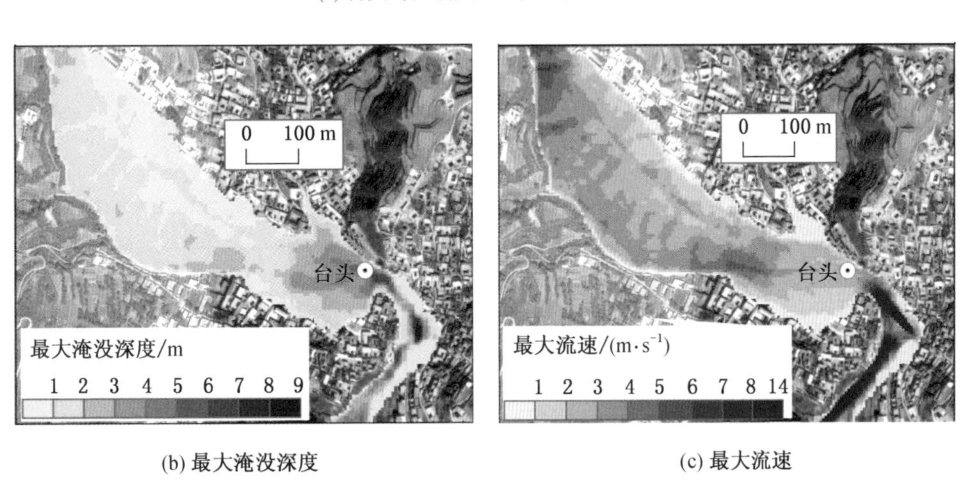

(b) 最大淹没深度　　(c) 最大流速

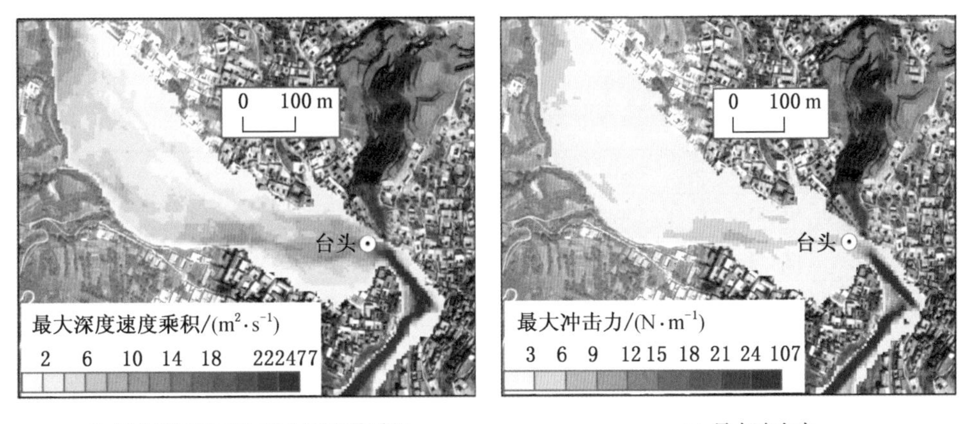

(d) 最大淹没深度与最大流速的乘积　　(e) 最大冲击力

图 3-14　“2016. 7. 19” 山洪事件台头沟淹没过程模拟结果

表 3-3 “2016. 7. 19”山洪事件台头沟流域不同致灾强度和死亡人数

致灾强度指标	区间	山洪特征			死亡人数/人	死亡率
		淹没面积占比/%	平均水深/m	水深标准差		
水深/m	0~1	38. 29	0. 47	0. 07	5	0. 009
	1~2	35. 36	1. 45	0. 28	0	/
	2~3	16. 16	2. 42	0. 28	7	0. 071
	3~4	6. 98	3. 40	0. 29	3	0. 063
	4~5	2. 33	4. 39	0. 28	3	0. 220
	5~6	0. 52	5. 37	0. 28	2	0. 510
	6~7	0. 18	6. 32	0. 23	2	1. 000
	7~8	0. 16	7. 55	0. 19	4	1. 000
	>8	0. 02	8. 39	0. 21	0	/
流速/(m·s^{-1})	0~1	15. 77	0. 40	0. 04	0	/
	1~2	14. 76	1. 53	0. 29	1	0. 001
	2~3	18. 64	2. 51	0. 29	4	0. 006
	3~4	18. 30	3. 48	0. 29	8	0. 019
	4~5	13. 78	4. 48	0. 29	3	0. 062
	5~6	9. 86	5. 47	0. 29	0	0. 261
	6~7	5. 61	6. 43	0. 28	7	0. 385
	7~8	1. 99	7. 38	0. 28	3	0. 545
	>8	1. 28	9. 31	1. 26	0	/
水深×流速/(m^2·s^{-1})	0~2	33. 71	0. 70	0. 11	0	/
	2~4	16. 83	2. 97	0. 58	4	0. 025
	4~6	13. 10	4. 94	0. 58	1	0. 008
	6~8	9. 51	6. 95	0. 58	0	/
	8~10	7. 46	8. 96	0. 57	2	0. 029
	10~12	5. 47	10. 94	0. 58	0	/
	12~14	4. 18	12. 98	0. 59	0	/
	14~16	2. 87	14. 95	0. 58	3	0. 454
	16~18	2. 08	16. 94	0. 58	0	/
	18~20	1. 47	18. 91	0. 57	4	1. 000
	20~22	0. 92	20. 92	0. 59	5	1. 000
	22~24	0. 71	23. 04	0. 60	7	1. 000
	>24	1. 68	31. 18	8. 54	0	/

表 3-3（续）

致灾强度指标	区间	山洪特征			死亡人数/人	死亡率
		淹没面积占比/%	平均水深/m	水深标准差		
冲击力/(10^4 N·m^{-1})	0~3	62.09	0.92	0.19	4	0.005
	3~6	16.16	4.30	0.86	2	0.017
	6~9	9.31	7.35	0.86	4	0.088
	9~12	5.25	10.35	0.86	4	0.151
	12~15	2.82	13.38	0.87	1	0.252
	15~18	1.72	16.44	0.86	2	1.000
	18~21	1.05	19.17	0.81	0	/
	21~24	0.49	22.42	0.83	9	1.000
	>24	1.10	39.89	16.65	0	/

3.3.3.3　台头沟山洪灾害人口伤亡脆弱性曲线

表 3-4 和图 3-15 展示了台头沟流域四种山洪强度指标与人口死亡率的脆弱性曲线（简称台头沟脆弱性曲线），四种山洪强度指标包括水深、流速、“水深×流速”、冲击力。这些山洪强度指标与死亡率之间具有显著的相关性，且以幂函数的拟合效果最优。

山洪造成的人口死亡率随水深（$\alpha=0.0046$）、流速（$\alpha=0.00012$）、“水深×流速”（$\alpha=0.0018$）和冲击力（$\alpha=0.0019$）的增加而增加。流速曲线（$\beta=5.15$）的增长速度快于水深曲线（$\beta=2.74$），而冲击力曲线（$\beta=2.08$）的增长速度、水深曲线（$\beta=2.74$）的增长速度几乎与“水深×流速”曲线（$\beta=2.06$）相同。对于拟合效果，水深曲线最好（$R^2=0.97$，SSE = 0.003，RMSE = 0.03），流速曲线最差（$R^2=0.87$，SSE = 0.155，RMSE = 0.18）。“水深×流速”曲线（$R^2=0.92$，SSE = 0.115，RMSE = 0.15）的拟合效果优于流速曲线，但略差于冲击力曲线（$R^2=0.93$，SSE = 0.008，RMSE = 0.13）。

表 3-4　“2016.7.19”山洪灾害台头沟流域人口伤亡脆弱性模型

致灾强度指标	函数表达式	致灾强度指标区间	α	β	R^2	SSE	RMSE
水深/m	$D_1=0.0046\times H_1^{2.74}$ $(D_1\leq1)$	0~1；1~2；2~3；3~4；4~5；5~6；6~7；7~8；>8	0.0046	2.74	0.97	0.003	0.03
流速/(m·s^{-1})	$D_2=0.00012\times H_2^{5.15}$ $(D_2\leq1)$	0~1；1~2；2~3；3~4；4~5；5~6；6~7；7~8；>8	0.00012	5.15	0.87	0.155	0.18

表 3-4（续）

致灾强度指标	函数表达式	致灾强度指标区间	α	β	R^2	SSE	RMSE
深度×流速/（$m^2 \cdot s^{-1}$）	$D_3=0.0018\times H_3^{2.06}$（$D_3\leqslant 1$）	0～2；2～4；4～6；6～8；8～10；10～12；12～14；14～16；16～18；18～20；20～22；22～24；>24	0.0018	2.06	0.92	0.115	0.15
冲击力/（10^4 N·m^{-1}）	$D_4=0.0019\times H_4^{2.08}$（$D_4\leqslant 1$）	0～3；3～6；6～9；9～12；12～15；15～18；18～21；21～24；>24	0.0019	2.08	0.93	0.008	0.13

注：α 为函数中自变量的系数，表示自变量与变量之间的相关性；β 是函数中自变量的指标，表示自变量的变化率。

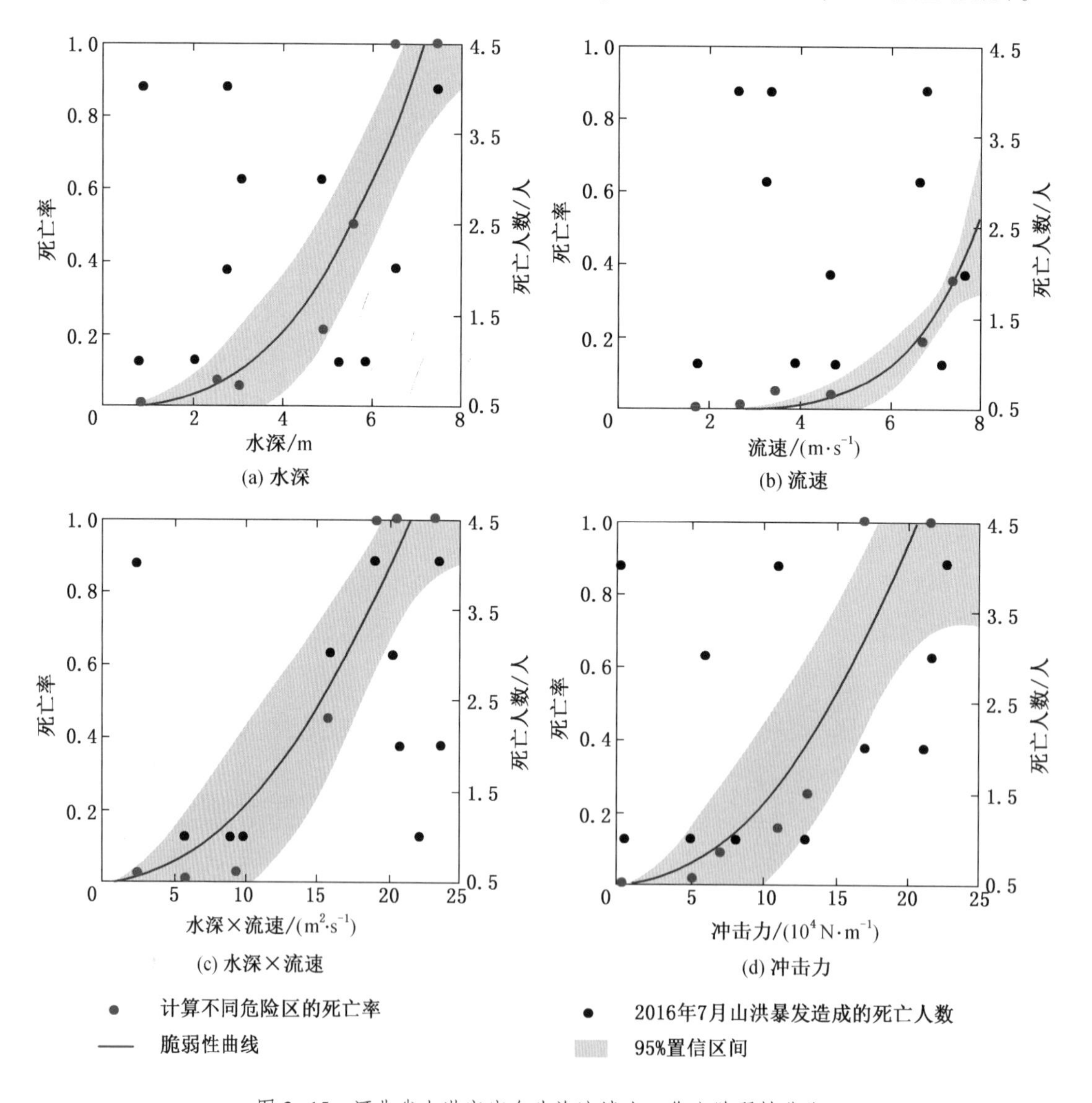

图 3-15　河北省山洪灾害台头沟流域人口伤亡脆弱性曲线

图 3-15 为山洪灾害台头沟流域人口伤亡脆弱性曲线图。最佳拟合趋势线周围的 95% 置信区间代表这些曲线的不确定性（Ramachandran, et al. , 2020）。

3. 3. 4　山洪灾害人口伤亡风险评估

3. 3. 4. 1　台头沟脆弱性曲线与其他脆弱性曲线的比较

图 3-15 表明死亡率与山洪致灾强度都呈正相关，在水深较大或流速较大的地区相关性更强。这些特征与 Waarts（1992）（简称 Waarts1992 曲线）、Jonkman（2007）（简称 Jonkman2007 曲线）、Jonkman（2001）（简称 Jonkman2001 曲线）的研究结果是一致的（图 3-16）。

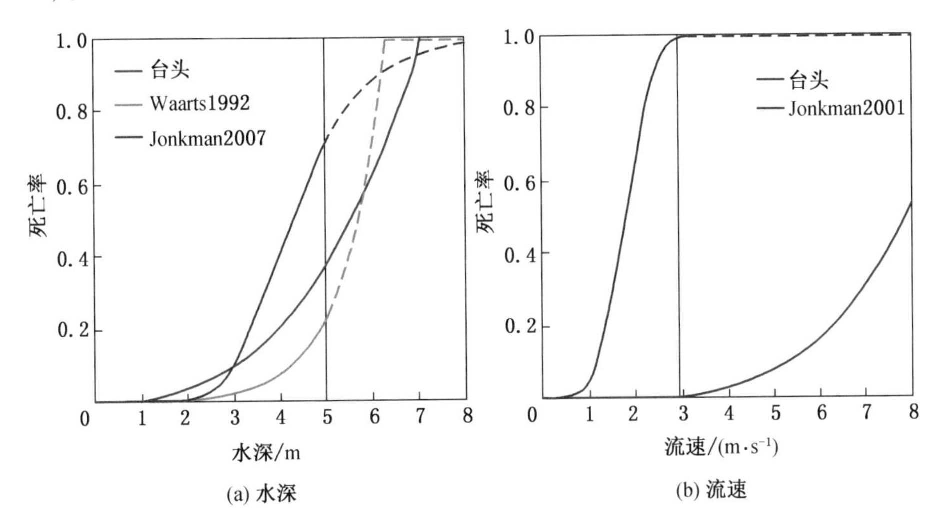

注：虚线表示曲线缺少观察到的样本。

图 3-16　山洪灾害人口伤亡脆弱性曲线的对比

但曲线之间也有一些不同的特征，水深的具体比较如图 3-16a 所示，台头沟曲线与基于 1953 年荷兰洪水的 Waarts1992 曲线、基于 2005 年新奥尔良洪水的 Jonkman2007 曲线存在以下差异：

（1）三条曲线的函数形式不同。Waarts1992 曲线是指数函数，Jonkman2007 曲线是对数正态函数，台头沟曲线是幂函数。

（2）不同水深范围内死亡率的变化呈现出不同的特点。对于 0~1 m 的水深，虽然 3 条曲线的死亡率均大于 0，但台头沟曲线的死亡率高于其他两条曲线。1~3 m 水深时，台头沟曲线的死亡率在 1 m 水深处开始迅速上升，也始终高于其余两条曲线的死亡率。当水深为 2 m 时，Waarts1992 曲线和 Jonkman2007 曲线开始快速上升，Jonkman2007 曲线的增长速度更快。对于 3~5 m 之间的水深，Jonkman2007 曲线的死亡率急剧上升。在 5 m 水深处，Jonkman2007 曲线的死亡率约为 0.7，高于台头沟曲线（约为 0.4），而 Waarts1992 曲线的死亡率最低（<0.3）。对于 5 m 以上的水深，Waarts1992 曲线和 Jonkman2007 曲线的研究缺乏观测样本，故不进行比较。本研究在 5~8 m 深度范围内采集了少量观测样本，

但仍需更多案例进行进一步评估。

图 3-16b 为曲线在流速-死亡率关系上的差异。基于 1953 年荷兰洪水的 Jonkman2001 曲线中，当流速 >0.7 m/s 时死亡率急剧增加；当流速≥3 m/s 时死亡率为 1。与 Jonkman2001 曲线的急剧变化不同，台头沟曲线随流速在 0~3 m/s 范围内缓慢变化；当流速≥3 m/s 时，死亡率迅速增加；当流速等于 8 m/s 时，死亡率约为 0.57。

本书构建的台头沟曲线与其他曲线的差异，可以总结为低水深下死亡率高于其他曲线，高水深下死亡率低于其他曲线。造成差异的原因，主要包括：

（1）山洪事件发生机制不同。2016 年 7 月的山洪和 2005 年的洪水是由强降雨引发的（Jonkman，2007），而 1953 年的洪水是由大坝溃坝和决堤造成的（Jonkman，2001；Waarts，1992）。这些可能导致 3 次灾害的洪水特征存在差异。

（2）人口分布特点不同。2016 年 7 月的台头沟山洪发生在地势陡峭的山村，受灾区域内淹没水深较大，最高可达 10 m 以上，所以台头沟曲线构建时，有水深超过 5 m 的样本。而 2005 年和 1953 年的洪水发生在地势平坦的城镇，所以淹没水深很少超过 5 m。

（3）山洪发生时间不同。2005 年和 1953 年的洪水发生在白天，当水深从 0 m 变化到 2 m 时，人们能够有时间作出反应。2016 年 7 月的山洪发生在 22:30，当时人们正在睡觉，未能对山洪作出及时反应，大多数人在水深不足 1 m 时就被山洪淹没，故台头沟曲线在低水深下死亡率偏高。

3.3.4.2 历史山洪事件的伤亡人口模拟评估

如前所述，山洪灾害人口脆弱性曲线受到区域多种因素的影响（FLO-2D，2009；O'Brien，1993），因此，人口脆弱性曲线的应用需要考虑区域的适用性。本节将 Waarts1992 曲线和 Jonkman2007 曲线用于台头沟流域“2016.7.19”山洪事件的人口死亡评估，结果见表 3-5。

表 3-5 基于多个脆弱性曲线的“2016.7.19”台头沟流域人口死亡评估结果

洪水特征指标	不同的脆弱性曲线	评估死亡人数/人	实际死亡人数/人	评估准确率/%
水深/m	台头沟曲线	25	26	96
	Waarts1992 曲线	9		35
	Jonkman2007 曲线	23		88
流速/($m \cdot s^{-1}$)	台头沟曲线	16		62
	Jonkman2001 曲线	11		42
水深×流速/($m^2 \cdot s^{-1}$)	台头沟曲线	27		96
冲击力/($10^4 N \cdot m^{-1}$)	台头沟曲线	23		88

从表 3-5 可以看到除台头沟曲线和 Jonkman2007 曲线外，其他两条人口脆弱性曲线均严重低估了山洪造成的人口死亡。

对比各条曲线的评估准确率，可以看到本文构建的四条台头沟脆弱性曲线，可用于快速评估山洪灾害死亡人数，尤其是水深曲线、“水深×流速”曲线，准确率可以达到 96%，远远高于其他曲线。

进一步的，选取 2010 年 7 月 22 日 22 时发生在甘肃省舟曲的特大山洪灾害事件，进行台头沟曲线应用效果验证。根据前述山洪事件模拟方法，再现甘肃省舟曲山洪事件，获取山洪强度数据。采用台头沟曲线来估计该事件的人口死亡，结果见表 3-6。台头沟曲线可以较好地评估舟曲山洪造成的人员伤亡，准确率范围从 50% ~97%。水深曲线的准确率最高，其次是冲击力曲线、“水深×流速”曲线、流速曲线。

表 3-6　基于台头沟脆弱性曲线的“舟曲特大山洪”人口死亡评估结果

洪水特征指标	评估死亡人数/人	实际死亡人数/人	评估准确率/%
水深/m	1707	1765	97
流速/$(m \cdot s^{-1})$	846		50
水深×流速/$(m^2 \cdot s^{-1})$	1283		73
冲击力/$(10^4\ N \cdot m^{-1})$	1458		83

对舟曲特大山洪事件的应用结果充分说明本书构建的台头沟山洪灾害人口伤亡脆弱性曲线在中国有较好的适用性，尤其是水深曲线，可用于中国山洪灾害人口损失的快速评估。

3.4　山洪灾害经济损失风险评估——以拒马河流域为例

本节以“2012. 7. 21”拒马河流域山洪事件为例，以重灾区野三坡的土地利用为承灾体，构建各类土地利用的山洪灾害脆弱性模型和“水文-水动力”耦合危险性评估模型，评估三种不同情景下山洪灾害对拒马河流域的经济损失状况。“情景 A”就是 2011 年土地利用情况下，“2012. 7. 21”降雨事件重现；“情景 B”为 2017 年土地利用情况下，“2012. 7. 21”降雨事件再次发生；“情景 C”为 2017 年土地利用下，发生降雨量为“2012. 7. 21”事件两倍下的情景。

3.4.1　研究区及山洪事件

3.4.1.1　研究区概况

拒马河是海河的二级支流，发源于河北省太行山西北处，干流长 254 km，主要流经河北省保定市、北京市房山区（图 3-17）。拒马河属于温带大陆性季风气候，年均降雨量 600 mm 以上，但季节分布不均匀，多集中于 7 月、8 月。拒马河上游河段流域面积达 4938 km^2，主要流经河北省山地地区。历史上拒马河流域山洪多发，在 1963 年、1977 年和1996年等都发生过大规模的山洪事件。

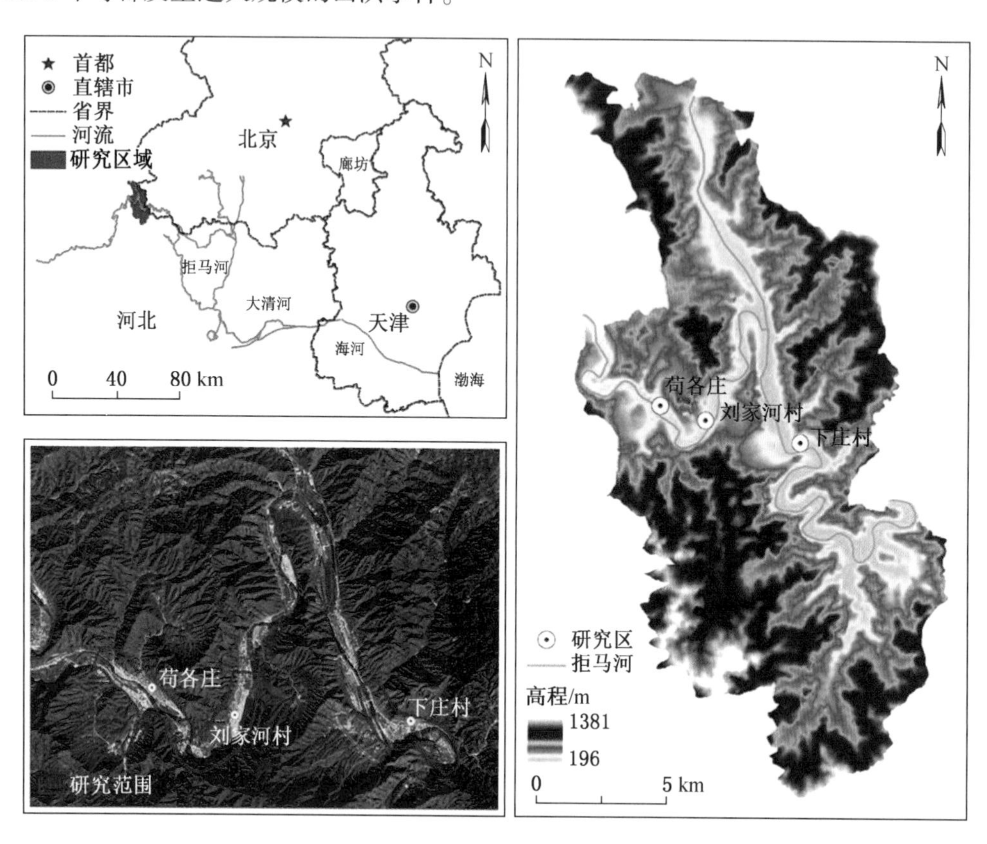

图3-17 拒马河及野三坡位置图

2012年7月21日06:00开始，拒马河上游山区突降暴雨，日降雨量达到213 mm。拒马河上游紫荆关水文站监测数据显示，7月21日22:00时洪峰流量为2580 m^3/s，为该地区有记录以来的第二大洪峰流量（于洋等，2012）。22日凌晨，高强度降雨引发了拒马河山洪暴发。虽然大量游客和居民被及时疏散，但仍有30人死亡，沿岸房屋建筑和基础设施资产被毁，经济损失达40多亿元，其中受灾最为严重的是涞水县野三坡。

野三坡地处拒马河流域，距北京市西100 km处，为我国5A级旅游区。拒马河自西向东从景区穿流而过，河道两岸分布着大量的旅游基础设施和建筑物，极易受到山洪冲击。2012年山洪发生后，野三坡风景区管理局制定了新的旅游发展计划。2012年以来，当地旅游业得到了较快发展，土地利用格局发生了广泛变化。研究选取“2012.7.21”山洪重灾区——涞水县野三坡苟各庄、刘家河村和下庄村三个村（图3-17）作为研究区进行模拟对比研究。

3.4.1.2 研究数据及来源

本文所用数据包括降水、地形、土壤、遥感影像、土地利用价值等数据，主要来源于网络数据平台、政府官网等，具体见表3-7。

表 3-7　野三坡山洪灾害经济风险评估的主要数据及来源

数据名称	数据源	数据说明
灾情数据	河北省应急厅	涞水县“2012. 7. 21”洪涝损失
小时降水	水文年鉴	雨量站数据（《中华人民共和国水文年鉴》，2013）
数字高程	地理空间数据云	分辨率 30 m 的 ASTER GDEM 数据
土地利用、土壤类型	地理国情监测云	分辨率 1 km
遥感影像	Worldview-2	分辨率为 0. 5 m，时段为 2011 年 11 月
农用地价值	中国土流网	涞水县各类农用地的多年平均价格
林地价值	中国林权帮	涞水县经济林地的多年平均价格
农林业产值	保定市政府	《保定经济统计年鉴（2012 年）》（保定市人民政府，2013）
交通用地价值	保定市政府	保定市交通用地宗地的平均成交价格
商服和居住类用地价值	保定市政府	保定市城区基准地价表（2012 年）
管理服务类用地价值	涞水县政府	涞水县公共管理与公共服务用地基准地价

3. 4. 2　山洪灾害经济脆弱性构建流程

3. 4. 2. 1　山洪灾害危险性模拟

山洪发生流域内的流量数据资料常会出现缺失现象，但可以通过耦合水文和水动力模型来解决这项问题。水文模型可以将邻近流域的水文指标转移到无资料流域，并模拟各个子流域的流量时间序列。但水文模型一般不适用于洪涝过程的模拟，可以将流量时间序列输入到水动力模型中，实现山洪路径的模拟（胡国华等，2017；Zhang et al.，2019）。

通过耦合 HEC-HMS 和 FLO-2D 来构建山洪灾害危险性模拟模型，操作简单，易于使用，且运行速度快，可以快速精确地实现对小流域山洪的危险性模拟。具体的耦合过程如下：

（1）将流域的 DEM、土地利用和土壤类型输入到 HEC-GeoHMS 水文模型中，通过洼地填充、流域划分等操作获得流域指标。

（2）将流域指标文件输入到 HEC-HMS 模型，为每个子流域的降雨站点输入雨量数据。在模拟山洪起止时间和步长后，运行 HEC-HMS 得到山洪流量时间序列。

（3）将 HEC-HMS 得到的山洪流量时间序列输入到 FLO-2D 模型中，得到淹没深度、流速和淹没范围等指标。

3. 4. 2. 2　面向灾害损失评估的土地利用类型划分

本模型主要以土地利用为损失评估对象，因此土地利用分类是否合理是损失评估的关键。吴传钧院士指出，土地利用分类需要符合实际利用的需要，突出利用的可能性和利用程度的差别，并表达地域差异性及其分布规律。因此，本书在进行分类时充分考虑山洪损失评估的需要，突出各土地类型在面对山洪时的脆弱性和暴露性差异。同时，考虑到山区旅游景区的特殊情况，在分类时参考张娟（2008）的旅游用地分类标准，充分反映旅游业用地的性质和特点，并与全国土地分类体系（Liu et al.，2016）相互衔接。结合居民调查和政府访谈，进行验证、调整，划分了14种土地利用类型（表3-8），分别为未利用地、水域及水利设施用地、农业用地、休闲农业用地、林地、交通用地、公共设施用地、娱乐设施用地、公共管理与服务用地、居住与商业用地、居住用地、高级居住用地、商服用地和高级商服用地。

山区地形复杂，常规的土地利用数据不能用于精确的损失评估。遥感影像在分析土地利用信息方面具有明显的优势，已广泛应用于土地利用分类。因此，本书通过对高分辨率遥感影像的目视解译，获取高分辨率的土地利用类型。

表3-8　面向山洪灾害风险评估的景区土地利用分类

土地利用国家标准一级类	土地利用国家标准二级类	山洪损失评估土地利用分类
商服用地	批发零售用地、住宅餐饮用地	高级商服用地
		商服用地
住宅用地		高级居住用地
		居住用地
综合住宅用地和商服用地功能		居住与商业用地
公共管理与公共服务用地	机关团体用地、科教用地	公共管理与服务用地
公共管理与公共服务用地	文体娱乐用地	娱乐设施用地*
公共管理与公共服务用地	公园与绿地	公共设施用地*
交通运输用地	铁路用地、公路用地、 农村道路、街巷用地	交通用地
林地		林地
耕地、园地		休闲农业用地
		农业用地
水利及水域设施用地	河流水面、内陆滩涂	水域及水利设施用地
其他土地		未利用地

注：*土地利用国家标准一级类、二级类参考了陈百明和周小萍（2007）对《土地利用现状分类》国家标准的解读；公共设施用地和娱乐设施用地的划分参考了张娟（2008）有关旅游用地的分类标准。

3.4.2.3　土地利用山洪灾害脆弱性评估

脆弱性是表示承灾体在某种强度自然灾害发生时的损失。我国尚缺乏完善的、权威的山洪灾害脆弱性模型。因此，参考荷兰、北京等地区的土地利用脆弱性模型结果（Vanneuville et al. 2006；Liu et al.，2016），构建了不同土地利用类型的山洪脆弱性模型，用于山洪损失评估。

不同土地利用类型的“淹没深度-经济损失率”脆弱性模型如图3-18所示，由图可知：公共设施用地和娱乐设施用地直接暴露在山洪之中，极易受到山洪的直接破坏，因此，当淹没深度为1 m时，公共设施用地和娱乐设施用地的损失率就超过了80%；农业用地和交通用地由于采取了一定的防洪措施，所以在1 m的淹没深度时，损失率只有60%左

右。其他的土地利用类型基本都是钢筋混凝土结构的建筑物，防洪能力较强，并且人类活动程度高，能及时地采取防洪保护措施，因此在1 m的淹没深度下，损失率基本在40%以下。但当淹没深度达到5 m时，所有的土地利用类型的损失率都将达到100%。

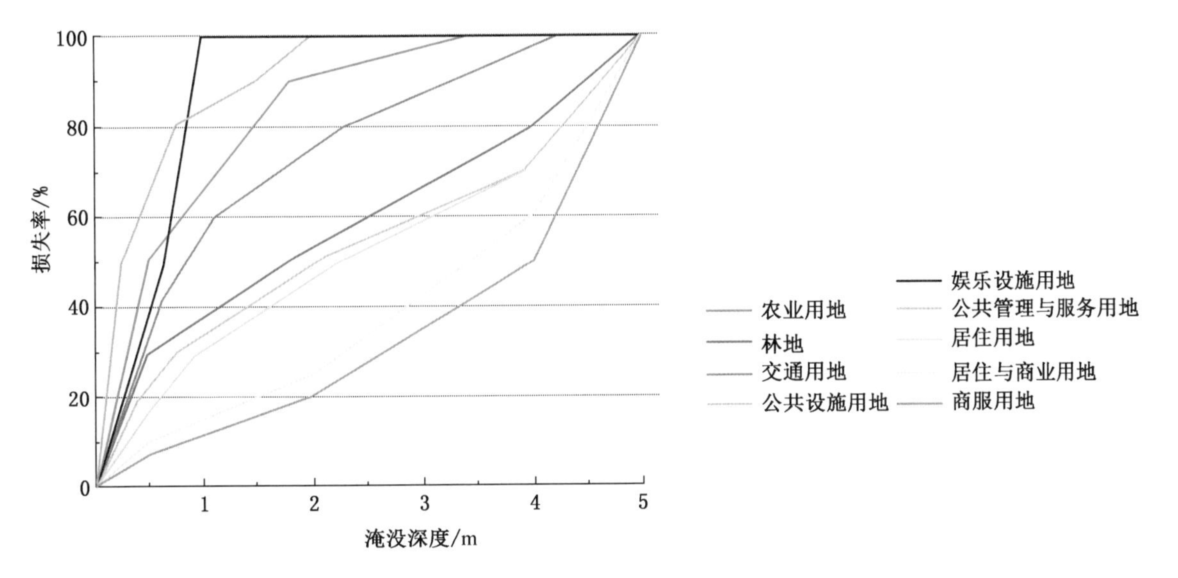

图3-18 不同土地利用类型的"淹没深度-经济损失率"脆弱性模型

3.4.2.4 风险评估

基于亚洲减灾中心（Asian Disaster Reduction Center，ADRC）(2005）对于洪涝风险的定义，风险为未来的期望损失，由危险程度、暴露值、脆弱性共同得到。计算公式：

$$\text{Risk} = f(\text{Hazard},\ \text{Exposure},\ \text{Vulnerability}) \tag{3-10}$$

通过耦合水动力模型评估危险指标；通过调查各种土地利用类型的经济价值评估暴露指标；通过构建经济脆弱性曲线对脆弱性指标进行评价。风险变化 ΔR 的公式为

$$\Delta R = \text{Risk}_B - \text{Risk}_A = \sum E_{ij} \times D_{il} \times (a_{ijl})_B - \sum E_{ij} \times D_{il} \times (a_{ijl})_A \tag{3-11}$$

式中 ΔR——B 年至 A 年期间的风险变化，为 B 年的损失减去 A 年的损失；

E_{ij}——i 类土地利用类型在第 l 级淹没等级下经济暴露值变化（CNY）；

D_{il}——i 类土地利用类型在第 l 级淹没等级下的损失率，无量纲；

a_{ijl}——i 类土地利用类型转变为 j 类土地利用类型，在第 l 级淹没等级下的面积，m^2。

3.4.2.5 未来气候变化情景模拟

根据历史降雨资料，"2012.7.21"山洪期间暴雨中心6 h雨量峰值代表了一个200年的事件（于洋等，2012），在全球气候变化的背景下，极端降雨的频率和强度将会增加（Kuo et al.，2015），对暴洪发生的可能性有显著影响（Zhang et al.，2019）。因此，在2017年土地利用条件下，模拟两倍于"2012.7.21"的降雨强度情景，评估气候变化对山洪风险的影响。

3.4.3 山地旅游区山洪风险动态评估结果

3.4.3.1 野三坡不同土地利用类型的价值

本研究根据地方政府的统计数据，确定各土地利用类型的经济暴露值。表 3-9 展示了野三坡土地利用类型的脆弱性和暴露性关系：农业用地和林地上的作物价值低，所以土地暴露价值低；公共管理与服务用地、娱乐设施用地、公共设施用地等的土地暴露价值中等；居住、商服用地上建筑物密度大，且附带大量物资、财产，所以土地暴露价值在所有土地利用类型中是最高的。

表 3-9 野三坡风景区不同土地利用类型的脆弱性与暴露性

土地利用灾害性质	土地利用类型	经济暴露值/(元·m^{-2})
高暴露低脆弱性	高级商服用地	3190.5
	商服用地	2680.5
	居住与商业用地	2522.0
高暴露中脆弱性	高级居住用地	2939.5
	居住用地	2367.5
中暴露中脆弱性	公共管理与服务用地	1078.5
中暴露高脆弱性	娱乐设施用地	610.0
	公共设施用地	232.5
	交通用地	172.5
低暴露高脆弱性	休闲农业用地	7.2
	农业用地	3.9
低暴露中脆弱性	林地	3.6
其他	未利用地，水域等	0

3.4.3.2 野三坡多情景山洪灾害模拟与经济损失评估

本研究利用 HEC-HMS 及 FLO-2D 模型对“2012.7.21”山洪事件的淹没状况进行模拟重现。采用历史淹没点采集和居民访谈的方式，对模拟的山洪淹没范围和水深进行验证，验证结果如图 3-19a、图 3-19c、图 3-19e 所示。可以看出，苟各庄的重灾区主要位于村庄中部的两岸地区，刘家河村的重灾区主要在村庄南部，下庄村的重灾区主要分布在中部的河道两岸，模型模拟的重灾区分布和淹没边界与实地走访的结果基本吻合。因此，本研究构建的水文-水动力模型模拟精度高，能较好地完成对小流域山洪的模拟。

表 3-10 显示基于情景 A（2011 年土地利用情景）对三个村庄的淹没深度和经济损失的评估：三个村合计损失 2.112 亿元，损失最大的是下庄村（1.407 亿元），其次是刘家河村（4390 万元）和苟各庄（2660 万元）。与情景 A 相比，情景 B 下三个村经济损失达到 2.7 亿元，增长了 28%。苟各庄损失涨幅最大，增加了 103.1%；刘家河村和下庄村涨

幅较小，分别增加了 32. 3% 和 12. 4% 。

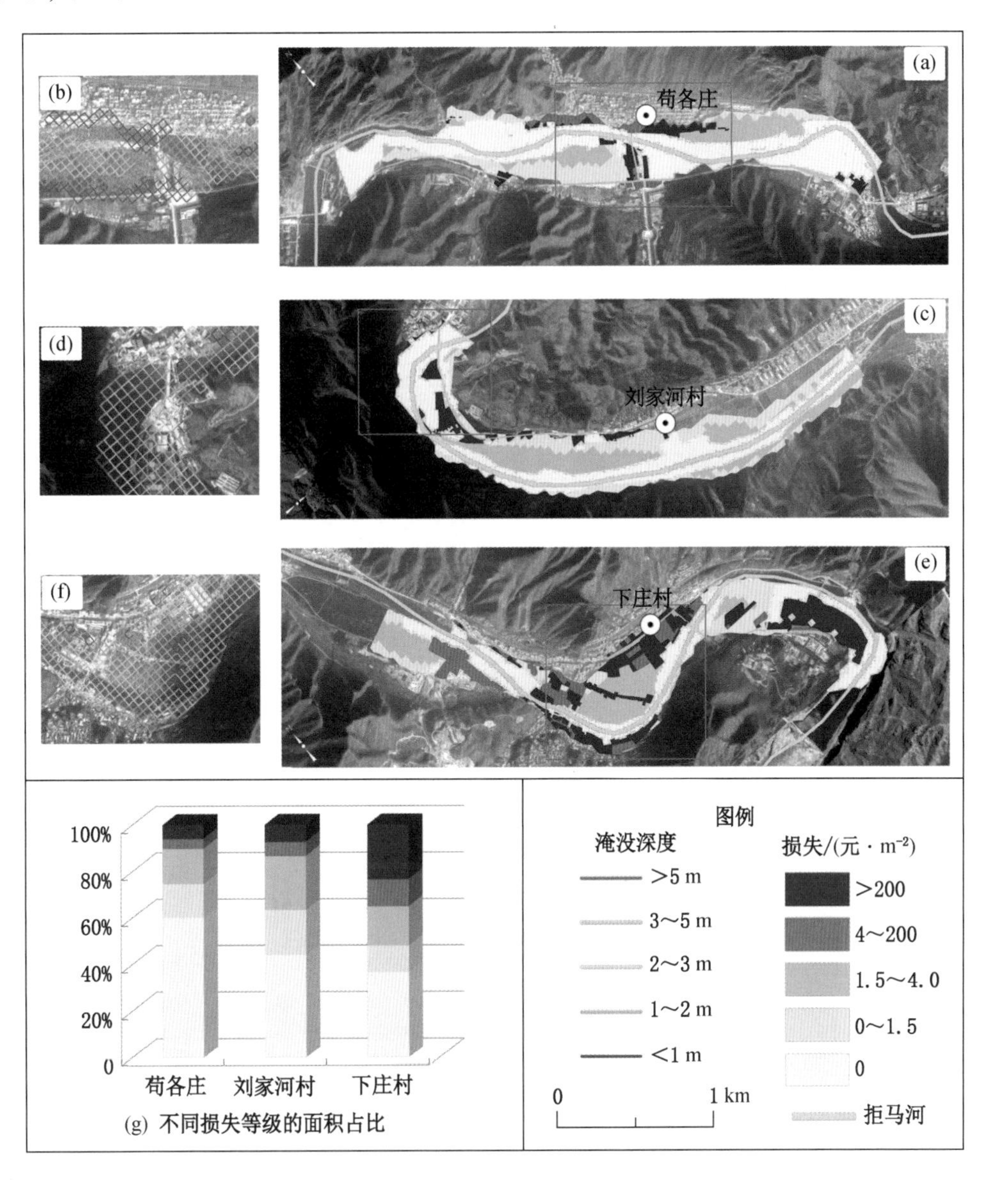

图 3-19　野三坡“2012. 7. 21”山洪灾害淹没模拟及损失情况

表 3-10　情景 A 和情景 B 的野三坡山洪灾害经济损失评估

淹没情景	荀各庄	刘家河村	下庄村	总计
淹没面积/km^2	0. 78	0. 73	0. 81	2. 32
情景 A 损失/百万元	26. 6	43. 9	140. 7	211. 2
情景 B 损失/百万元	54. 0	58. 1	158. 1	270. 2
损失相对变化率/%	103. 1	32. 3	12. 4	27. 9

注：相对变化率 = (情景 B - 情景 A)/情景 A。

为了更好地比较2011—2017年风险水平的变化，将情景B的模拟损失减去情景A的模拟损失，得到三个村的山洪灾害风险空间变化如图3-20所示，三个村庄中风险增加最大的区域集中在河的两边，土地利用变化状况具体见表3-11。这些村庄风险增加的主要驱动因素是从情景A到情景B高价值土地利用类型的增加。

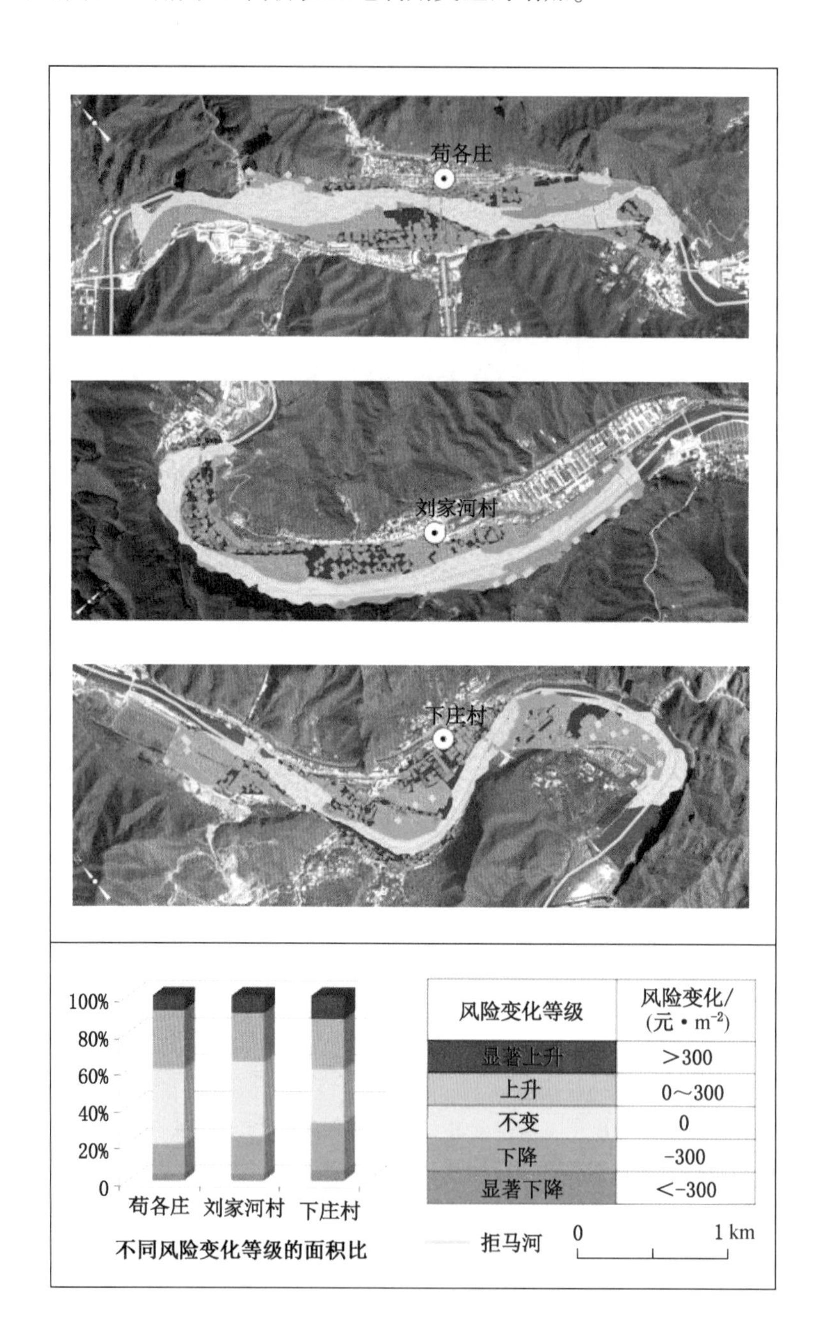

图3-20 情景A和情景B下三个村的山洪灾害风险空间变化

表 3-11　拒马河流域三个村的土地利用变化统计（2011—2017 年）

土地利用类型	面积变化					
	苟各庄		刘家河村		下庄村	
	2011 年	2017 年	2011 年	2017 年	2011 年	2017 年
未利用地	16.70%	10.98% ↓	6.62%	6.63%	7.65%	8.08%
农业用地	9.75%	5.67% ↓	16.78%	3.55% ↓	7.88%	5.44% ↓
林地	52.51%	52.44%	50.57%	50.04% ↓	37.89%	36.44% ↓
休闲农业用地	/		0.00%	3.40% ↑	/	
交通用地	2.20%	2.40% ↑	1.73%	1.71%	3.81%	3.90%
公共设施用地	0.60%	7.87% ↑	2.11%	8.08% ↑	4.52%	8.62% ↑
娱乐设施用地	0.09%	1.40% ↑	0.00%	2.15% ↑	0.82%	0.78%
公共管理与服务用地	0.42%	1.01% ↑	0.56%	0.24% ↓	1.38%	0.63% ↓
居住用地	1.30%	1.13% ↓	1.23%	1.13% ↓	2.42%	1.75% ↓
居住与商业用地	7.63%	8.33% ↑	1.00%	1.38% ↑	3.45%	3.80% ↑
商服用地	0.67%	0.65%	4.16%	4.54% ↑	7.22%	7.36% ↑
高级居住用地	/		0.85%	1.23% ↑	/	
高级商服用地	0.29%	0.97% ↑	2.26%	1.25% ↓	7.66%	7.57%

具体来说，2011 年的大部分未利用地和农业用地（图 3-21a）到 2017 年已被开发为公共广场和休闲娱乐空间（图 3-21b）。苟各庄 2011 年时河道两岸分布着大量未利用地和农业用地，但到 2017 年，未利用地从 16.70% 减少到 10.98%，农业用地从 9.75% 减少到 5.67%，主要转变为公共设施用地（从 0.60% 增加到 7.87%）和娱乐设施用地（从 0.09% 增加到 1.40%）。同时，居住和商业用地（从 7.63% 增加到 8.33%）、高级商服用地（从 0.29% 增加到 0.97%）也有所增加。同一时期，刘家河村靠近河岸的土地利用类型变化较大：在 2012 年山洪暴发之前，16.78% 的土地是农业用地，而到 2017 年，这一比例下降到 3.55%，原因是乡村旅游发展导致旅游用地增加，包括开发休闲农业用地（从 0.00% 增加到 3.40%）、娱乐设施用地（从 0.00% 增加到 2.15%）和公共设施用地（从 2.11% 增加到 8.08%）。下庄村是旅游资源最为丰富，经济发展最好的村庄，其土地利用变化发生在河道两岸，主要是农业用地减少（从 7.88% 减少到 5.44%）和公共设施用地增加（从 4.52% 增加到 8.62%）。不可否认的是，2012 年山洪暴发以后，这些村庄采取了一些防洪措施和建筑改造措施，例如在重灾区的建筑密度有所下降，刘家河村高级商服用地从 2.26% 减少到 1.25%。

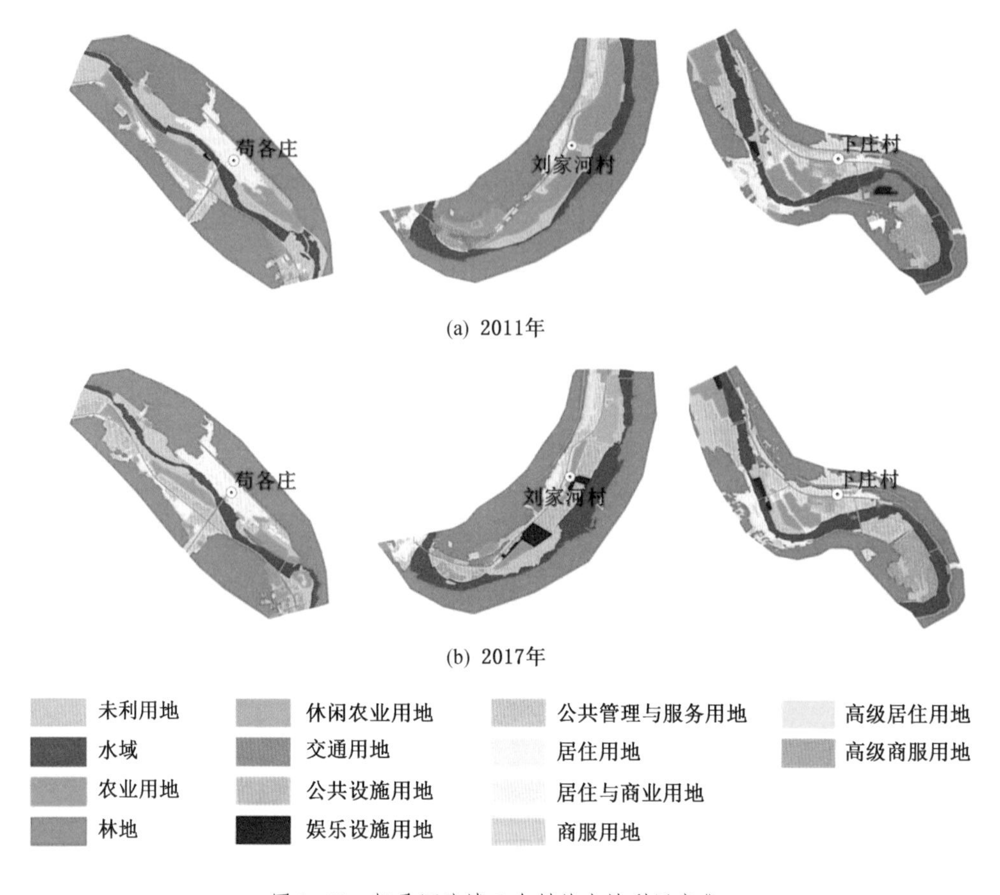

图 3-21　拒马河流域三个村的土地利用变化

同样利用 HEC-HMS 和 FLO-2D 模型模拟情景 C 下的山洪淹没状况。情景 C 和情景 A 的经济损失见表 3-12。与情景 A 相比，情景 C 代表着降雨强度相比于“2012. 7. 21”降雨事件成倍增加，淹没范围总体将增加 10. 64%；苟各庄、刘家河村和下庄村的淹没范围分别增加 7. 55%、11. 72%和 12. 65%，每个村庄的淹没深度也有所增加，从而造成极高的经济损失。情景 C 造成的山洪总经济损失为 4. 251 亿元，比情景 A 增加了 101. 2%，其中

表 3-12　情景 C 和情景 A 的野三坡山洪灾害经济损失评估对比

指标	苟各庄	刘家河村	下庄村	总计
情景 C 淹没面积/km^2	0. 84	0. 82	0. 91	2. 57
对比“2012. 7. 21”山洪事件的增幅/%	7. 55	11. 72	12. 65	10. 64
情景 C 损失/百万元	76. 2	84. 0	264. 9	425. 1
损失变化/百万元	49. 6	40. 1	124. 2	213. 9
变化比例/%	186. 47	91. 34	88. 27	101. 2

注：损失变化=情景 C-情景 A；变化比例=（情景 C－情景 A）/情景 A。

荷各庄的经济损失增幅较大（增加186.47%），其次是刘家河村（增加91.34%）和下庄村（增加88.27%）。因此，在未来气候变化的背景下，野三坡将面临更大的山洪风险。

3.4.3.3　灾害韧性和经济发展的平衡

自然灾害的经历在一定程度上影响了公众的风险认知，人们往往会采取新的行为来避开高风险地区。例如，为了避免未来的风险，可以放弃土地或降低建筑密度（Su et al.，2015）。与此同时，在洪涝易发地区，也可能存在一种对洪泛区土地的“恐惧”。2012年拒马河流域山洪暴发后，在刘家河村南部的重建活动中采取了一些防洪措施，包括对位于洪泛区的建筑进行易地重建，减少该地区的经济风险。

但是，如果这种洪泛区灾害风险伴随着与之相应的经济收益，这种避让行为很难持续下去。中国各行业职工年均收入情况（2017年）见表3-13，批发和零售业、酒店和餐饮业、租赁和商务服务业在内的相关部门的收入水平远远高于农业部门。因此，在山洪发生概率和不确定性较低的情况下，旅游业提供的可预测收入会更加吸引村民。此外，高洪涝风险地区往往为旅游业提供更有吸引力的景观环境，这必然会带来更高的收入。在本节的三个村庄中，尽管山洪灾害造成了重大损失，但旅游业驱动的经济发展诱惑仍然很大。因此，在2017年，灾难发生的5年后，许多高危险地区的土地被大量开发用于发展山区旅游业。所以，需要进行更多的研究，制定切实可行的防洪措施，对这些地区进行风险管控，并保证对宜人的自然景观不产生不利影响。同时，面对未来气候变化所带来的日益增加的风险，还必须发展相应的山洪预警系统。

表3-13　中国各行业职工年均收入（2017年）

行业部门	工资收入/元
农业	36504
批发和零售业	71201
住宿和餐饮业	45751
租赁和商务服务业	81393

3.5　山洪灾害淹没模拟精度分析——以贵泉流域为例

3.5.1　研究现状

山洪灾害模拟包括洪水淹没范围、洪水强度特征，如淹没水深，水流速度，水流冲击力等多方面的模拟，是山洪灾害高风险区识别、水利堤坝等防灾减灾工程建设的基础，是水文、水利及灾害等领域的研究热点（Bates P D et al.，2000）。

数字高程模型（Digital Elevation Model，DEM）是地表形态的数字化表达，在洪涝淹没模拟中起着举足轻重的作用（Saksena S，2015；刘凡等，2016；Arbab N N et al.，2019）。

国内外已有很多学者研究了 DEM 分辨率对洪涝淹没模拟的影响，尤其是对洪涝淹没范围和淹没水深的影响。以往的研究表明，当 DEM 分辨率不断提高，如从数百米提高至 30 m 直至 5 m，洪涝的淹没范围逐渐减小，并以30 m为分界点，降幅先大后小（Savage J et al.，2014；Bakuła K et al.，2016；Hsu Y C et al.，2016；Savage J et al.，2016；Marko et al.，2018；Lim N J et al.，2019；Yalcin E et al.，2020）；当 DEM 分辨率进一步提高至1 m时，洪涝的淹没范围继续减小，但其数值变化极小（Saksena S et al.，2015；Vozinaki A-E K et al.，2017；Dw Almeida G A M et al.，2018）。而淹没水深则随 DEM 分辨率的不断提高呈现出与淹没范围相反的变化趋势，表现为最大淹没水深和平均淹没水深逐渐增大，但其增幅无明显变化趋势，呈波动态。此外，无论洪涝的淹没范围和淹没水深随 DEM 分辨率如何变化，二者的模拟精度均随 DEM 分辨率的提高而不断提高，但其提高的边际效益呈递减态。已有研究主要集中在中小河流的洪泛平原区及人口稠密、高楼林立的城市环境区，对中小河流的上游山区及农村环境区的研究相对较少（Bakuła K et al.，2016）。因此，本节以河北省太行山地区的山洪易发区为例，开展洪涝淹没模拟及其精度对 DEM 分辨率响应的研究。

以 2016 年 7 月 19 日河北省暴雨山洪事件为研究对象，利用 HEC-HMS 水文模型和 FLO-2D 水动力模型，设置 5 种 DEM 方案（30 m、20 m、15 m、10 m、5 m），从淹没范围和淹没水深两大方面，通过对比模型模拟结果与灾后实地调查结果，分析中小河流山洪易发区内 DEM 分辨率对洪涝淹没模拟的影响，并从模型运行时间角度对模型的运行效率进行评估，以期为山洪灾害风险评估、预警预报等研究及在实际工程应用中选择最优 DEM 分辨率进行建模提供参考。需要说明的是，研究中涉及的 DEM 分辨率均指其水平分辨率（Horizontal Resolution），即栅格单元的大小，不包含其垂直精度（Vertical Accuracy）。

3.5.2 研究区与研究方法

3.5.2.1 研究区概况

贵泉流域位于河北省石家庄市井陉县境内，介于东经 113°52′~113°55′、北纬 38°0′~38°3′之间（图 3-22），是绵河流域台头沟的重要支流。

贵泉河干流全长 4.38 km，集水面积 7.40 km^2，是一条季节性河流，流域内无气象及水文监测站。贵泉流域受温带大陆性季风气候影响，多年平均降水量 500~600 mm。贵泉流域地处太行山东麓迎风坡，地势西高东低，海拔最高 1043 m、最低 448 m，落差大且陡峻；受地形及中小尺度天气系统影响，贵泉流域夏季多暴雨且临近暴雨中心，强降雨导致山洪频发。历史上，贵泉流域于 1956 年、1963 年、1996 年、2016 年遭受 4 次重大山洪灾害影响。其中，2016 年 7 月 19 日发生的特大山洪事件是该流域自中华人民共和国成立以来遭受的最严重的山洪灾害。此次事件共造成流域内唯一行政村——贵泉村 10 人死亡，百余间房屋毁坏，数百亩农田及众多交通设施损毁，给当地人民的生产和生活造成了毁灭性打击。

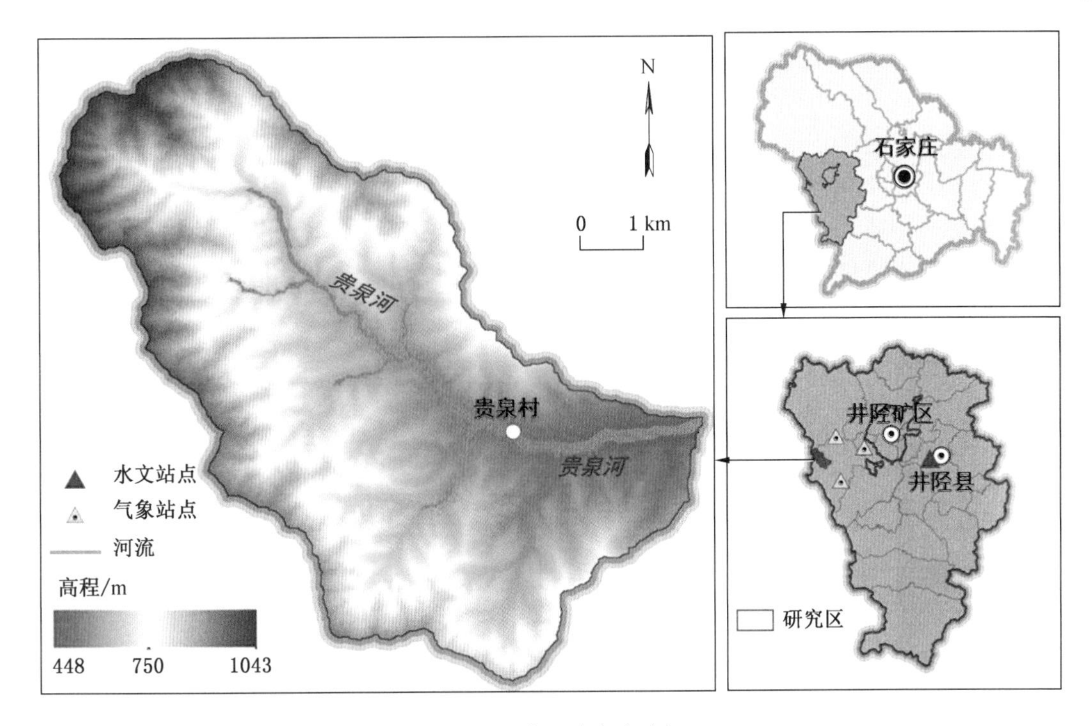

图 3-22　研究区贵泉流域概况

3.5.2.2　数据来源

本节数据主要包括地形数据、气象数据、基础地理信息数据及灾情数据等（表 3-14）。

表 3-14　贵泉流域山洪灾害淹没模拟的主要数据来源

数据类别	数据名称	数据内容	数据分辨率	数据来源
地形数据	DEM 数据	高程	1 m	河北省气象灾害防御中心
气象数据	站点降雨数据	降雨量	小时	
基础地理信息数据	土地利用数据	土地利用类型	30 m	地理国情监测云平台
	土壤数据	土壤类型与质地	1 : 1000000	
	贵泉河出口断面特征数据	断面宽度与两侧坡度	—	
灾情数据	淹没范围数据	“7・19” 事件受灾范围	—	财新网及实地调查
	淹没水深数据	“7・19” 事件淹没水深	—	

气象数据是基于最邻近法则，选取距流域最近的 3 个气象站（梨岩村站、南要子村站和南峪站）2016 年 7 月 19 日 0 时至 2016 年 7 月 20 日 23 时的逐时降雨资料建立的，该数据由河北省气象灾害防御中心提供。基础地理信息数据包括贵泉流域的土地利用数据、土壤数据及流域出口断面特征数据，其中流域的土地利用数据及土壤数据来源于地理国情监测云平台，流域出口断面特征数据是研究团队在 2018 年 8 月实地调查测量所得。灾情数据，包括“7・19”事件的淹没范围数据和淹没水深数据，是研究团队经实地调查及访

谈后，利用 GIS 对数据进行数字化处理所得。部分淹没水深数据是根据水文及水利部门标记的历史洪痕位置，实地测量后得到。

3.5.2.3 研究方法

选用 FLO-2D 模型对“7·19”事件的山洪淹没情况进行模拟。流域曼宁系数通过流域内的土地利用情况，参照 Rhee 等（2008）的方法来获得；因流域内无水文监测站，无法直接获取此次事件的流量数据，故通过 HEC-HMS 水文模型，利用事件的降雨资料来间接获得研究所需流量过程线。山洪淹没模拟的具体流程如图 3-23 所示。

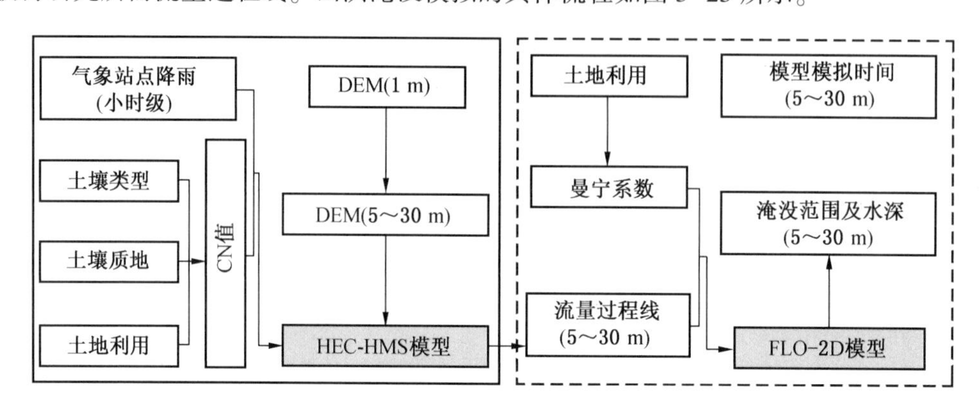

图 3-23 不同 DEM 分辨率下的山洪淹没模拟流程

首先，对高分辨率 DEM 数据进行预处理，即利用 GIS 的重采样功能，将 1 m 分辨率的 DEM 数据重采样为 30 m、20 m、15 m、10 m 和 5 m 的分辨率（图3-24）。此操作可以有效避免不同数据源 DEM（即 DEM 垂直精度）对山洪淹没模拟结果的影响（Gesch D et al.，2020）。考虑到由 1 m 分辨率 DEM 数据构建模型的运行时间过长且实际应用中数据获

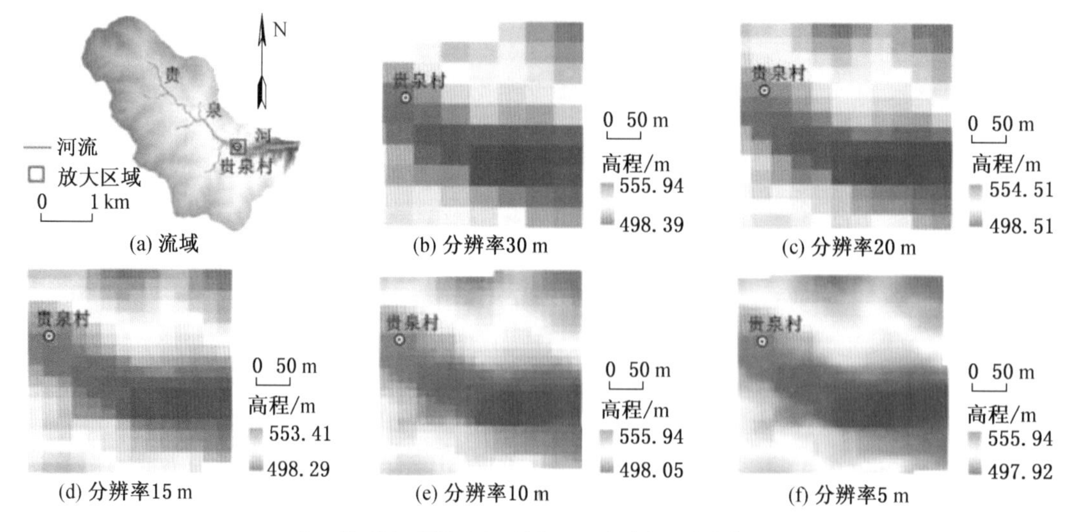

注：图（b）至图（f）为图（a）中放大区域的情况。

图 3-24 5 种分辨率的 DEM 示例（贵泉流域）

取难度较大，故本研究未设置 1 m 分辨率 DEM 的模拟方案。

再利用 HEC-HMS 水文模型获取研究所需流量过程线。在整个计算过程中，根据降雨径流形成过程，采用 SCS-CN 法、SCS 单位线法及运动波法来依次计算产流、坡面汇流及河道汇流。其中，CN 值作为产流计算的最重要参数，主要取决于流域的土地利用和土壤情况。流域内基流对河流径流的作用极小，可忽略其对山洪形成过程的影响（石家庄水利局，1996）。此外，如前所述，DEM 分辨率的选择会导致地形及流域特征参数的不确定性，且该不确定性会在径流模拟中传递，不同 DEM 分辨率下的地形和流域特征参数，见表 3-15。为尽可能消除 DEM 分辨率因素外的其他因素对径流模拟的影响，在用 5 种方案的 DEM 数据进行 HEC-HMS 模型构建时，在流域模块、气象模块、控制模块各参数的设置上均保持了一致。

表 3-15　不同 DEM 分辨率下的地形和流域特征参数

	项目	30 m	20 m	15 m	10 m	5 m
坡度	最小值	0.66	0.84	0.09	0.00	0.00
	最大值	56.88	63.20	65.55	71.20	77.26
	平均值	27.09	29.34	30.51	31.56	32.31
	标准差	9.48	10.16	10.72	11.54	13.14
坡向	最小值	0.01	0.01	0.01	-1.00	-1.00
	最大值	358.54	358.58	358.58	358.58	359.99
	平均值	149.58	151.83	153.53	155.13	156.49
	标准差	104.59	104.62	104.86	104.85	104.95
	地形起伏度/m	591.60	592.30	593.60	594.30	595.00
	流域面积/km^2	7.41	7.41	7.40	7.40	7.40
	河道长度/km	2.37	2.49	2.49	2.48	2.66
	河网密度	0.32	0.34	0.34	0.34	0.36

最后，利用 FLO-2D 水动力模型完成山洪淹没模拟。在整个模拟过程中，为 5 种模拟情景输入相同的曼宁系数及模拟控制参数，以及由 HEC-HMS 模型获得的对应方案下的流量过程线。

分别从淹没范围、淹没水深、模型运行时间三个方面对 DEM 分辨率在山洪淹没模拟过程中的影响进行分析。其中，利用拟合优度指标（Fit_A）式（3-8）评估 DEM 分辨率对山洪淹没范围的影响。在淹没深度方面，将模型模拟所得水深与实地调查所得的水深进行对比，利用调整均方根误差（Adjust Root Mean Square Error，ARMSE）来评估 5 种 DEM 分辨率方案下模型模拟的优劣，其计算公式：

$$ARMSE = 1 - RMSE \tag{3-12}$$

式中 ARMSE——调整均方根误差，无量纲，其值越大，表示模型模拟值与实地测量值之间的差别越小；

RMSE——均方根误差，无量纲。

通过各个方案下模型运行时间来比较 DEM 分辨率对山洪淹没模拟效率的影响。因为 HEC-HMS 模型的运行时间极短，不足 1 s，故只比较 FLO-2D 模型的运行时间。

3.5.3 DEM 分辨率对山洪淹没模拟影响分析

表 3-16 为不同 DEM 分辨率下淹没状况模拟结果统计及其精度评估，由表可知：流域淹没总面积由 0.35 km^2（30 m DEM）下降到 0.23 km^2（5 m DEM），拟合优度 Fit_A 从 0.56 上升到 0.76；对于各水深淹没面积分布而言，极端水深（<1 m 和≥5 m）淹没面积占比对 DEM 分辨率变化的响应显著；而中间水深（1~5 m）淹没面积占比对 DEM 分辨率的变化响应较弱，随着 DEM 分辨率不断提高，各水深淹没面积分布渐趋一致。值得注意的是，10 m DEM 与 5 m DEM 两方案下淹没总面积的模拟结果基本一致，分别为 0.25 km^2 和 0.23 km^2，相差甚小。由此可见，DEM 分辨率越高，淹没范围模拟越精确，但其影响逐渐减小。

表 3-16 不同 DEM 分辨率下淹没状况模拟结果统计及其精度

模拟指标		DEM 分辨率/m				
		30	20	15	10	5
不同水深淹没面积比/%	<1 m	41.97	32.28	29.80	30.12	25.74
	1~2 m	25.65	25.79	24.59	25.34	25.48
	2~3 m	18.13	22.34	23.59	21.00	23.04
	3~4 m	9.07	13.66	14.90	16.22	16.47
	4~5 m	4.92	5.38	6.46	6.81	7.83
	≥5 m	0.26	0.55	0.66	0.52	1.43
模拟淹没总面积/km^2		0.35	0.29	0.27	0.25	0.23
模拟平均淹没水深/m		1.54	1.80	1.89	1.91	2.05
淹没范围评估精度（Fit_A）		0.56	0.61	0.66	0.74	0.76
淹没水深评估精度（ARMSE）		0.41	0.60	0.70	0.76	0.79
模型运行时间/min		0.60	3.60	10	90	420

3.5.3.1 DEM 分辨率对山洪淹没范围影响

图 3-25 展示了不同 DEM 分辨率情况下，采用 FLO-2D 模型模拟“7·19”事件的淹没范围及淹没水深的分布情况。

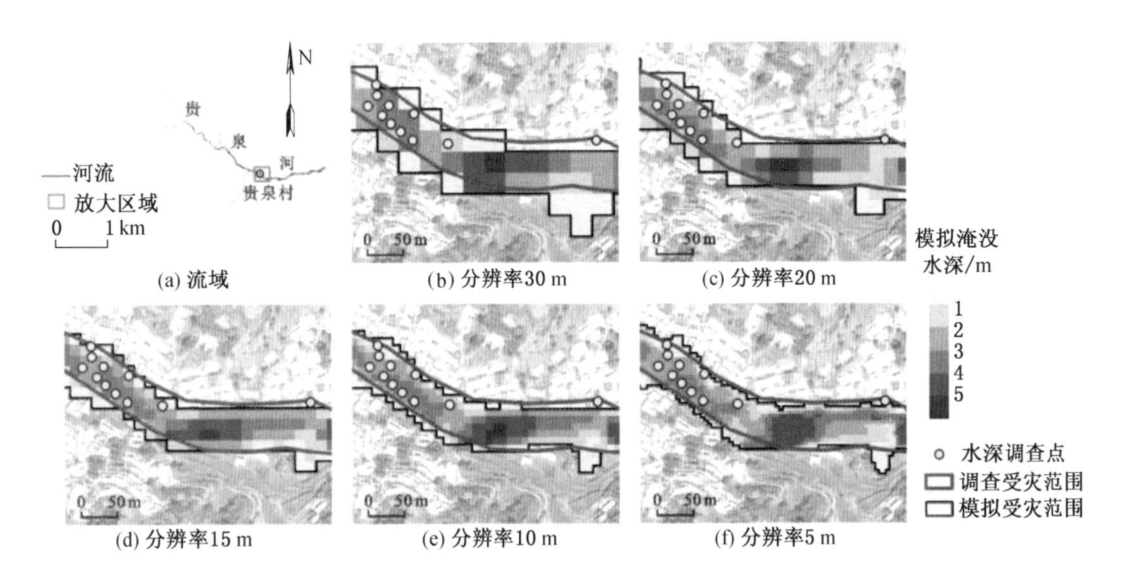

注：图（b）至图（f）为图（a）中放大区域的情况。

图 3-25　不同 DEM 分辨率下“7・19”事件的淹没范围及淹没水深分布

由图可看出，随着 DEM 分辨率的不断升高，淹没范围逐渐变小且与实地测量所得淹没范围相差越来越小。

3.5.3.2　DEM 分辨率对山洪淹没水深模拟及模型运行时间影响

山洪淹没水深不仅是山洪淹没特征的重要指标，更是山洪危险性评估的重要指标，对其进行高精度模拟，对山洪风险评估及防治具有重要影响。由图 3-25 和表 3-16 可知，DEM 分辨率越高，平均淹没水深越大。图 3-26 展示了不同 DEM 分辨率下的模拟精度值及模型运行时间，随着 DEM 分辨率的不断提高，淹没范围的模拟精度（Fit_A）和淹没水深的模拟精度（*ARMSE*）越来越高。

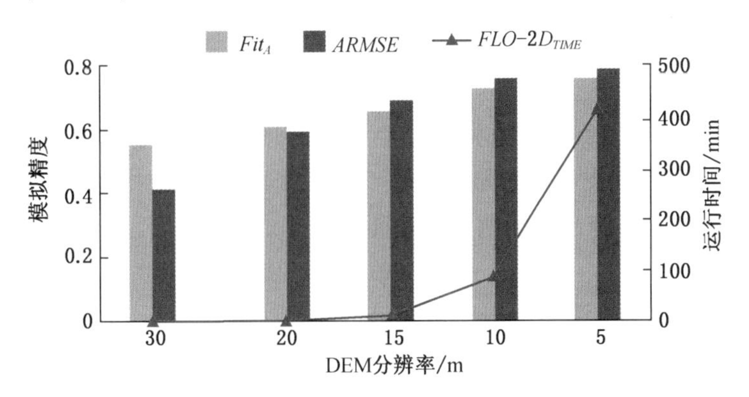

图 3-26　不同 DEM 分辨率下的淹没模拟精度及模拟运行时间

当 DEM 分辨率由 30 m 提高到 10 m 直至 5 m，模拟结果 ARMSE 也由 0.41 增大到 0.76 再增大到 0.79，但增幅逐渐变小，这表明 DEM 分辨率越高，山洪淹没水深的模拟越接近实地调查情况，但随着 DEM 分辨率不断提高，模拟水深变化越来越小，逐渐趋于一致。从模型运行时间来看，在相同环境下［硬件环境为图形工作站，硬件配置为 Intel（R）Xeon（R）Silver 4110 CPU，内存 128 GB；软件环境为 Windows 10］，随着 DEM 分辨率的提高，模型运行时间呈几何级数增长，5 m DEM 方案下 FLO-2D 的运行时间为 30 m DEM 方案的 700 倍，但从淹没范围及淹没水深的模拟精度来看，其提升速率却逐渐减小，尤其是分辨率由 10 m 提高到 5 m 时，模拟精度的变化十分微小，增幅分别为 2.70% 和 3.94%，使得模型相对运行效率降低。由此可见，DEM 分辨率越高，模拟效果越好，但模型运行时间越长，运行效率越低。

山洪淹没模拟的精度虽然随着 DEM 分辨率的提高而不断提高，但是精度提高的幅度却在减小，而模型模拟运行时间却一直在急剧增大。图 3-27 展示了 DEM 分辨率由 30 m 提高到 5 m 时，淹没水深和淹没范围的模拟精度增幅及运行时间增幅的变化情况。由图可知，当 DEM 分辨率由 30 m 提高到 10 m 的过程中，山洪淹没水深模拟精度增幅显著，说明山洪淹没水深模拟精度一直在提高；同时山洪淹没范围的精度变化亦十分显著，说明山洪淹没范围的模拟精度也随着 DEM 分辨率的提高而提高。在此过程中，模型运行时间虽在不断增长，但增幅相对较小，增速较缓慢。以上分析表明，DEM 分辨率由 30 m 提高到 10 m 时，山洪淹没模拟的效率在不断提高。但是当 DEM 分辨率由 10 m 继续提高到 5 m 时，淹没水深精度仍有增幅，其远小于 DEM 分辨率从 30 m 提高到 10 m 过程的增幅。山洪淹没范围精度变化也具有同样的趋势。但在此过程中，模型的运行时间却急剧增长，增幅巨大，表明山洪淹没模拟的效率在不断下降。

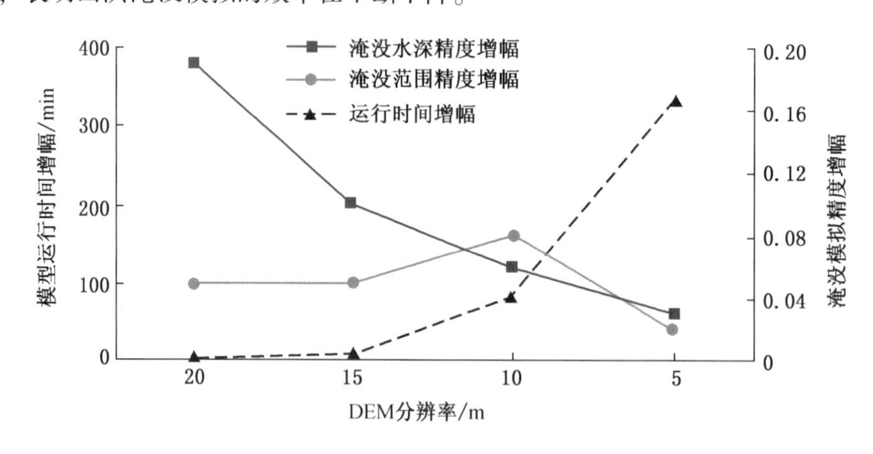

图 3-27　不同 DEM 分辨率的模拟精度增幅及模型运行时间增幅

3.5.3.3　与其他研究结果的比较

从本研究的结果来看，DEM 的分辨率越高，山洪淹没模拟精度越高，具体表现为山洪事件的淹没范围减小，越趋近于实地调查结果，且山洪事件淹没水深均值相对增大。以上结果与 Saksena 等（2015）的研究结果一致，但在两指标的变化幅度上存在差异。图 3-28 展示了山洪淹没范围与淹没水深的均值变幅在本研究中和 Saksena 研究中的对比，

分别用 L、S 代表本研究、Saksena 研究。

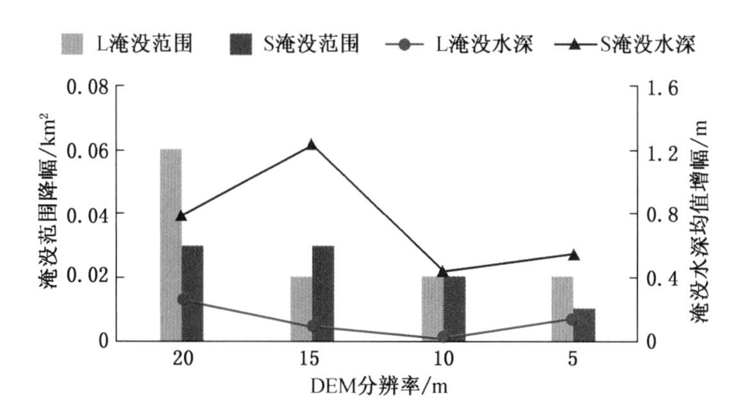

图 3-28　两项研究的山洪淹没模拟结果对比

由图可知，本研究中山洪淹没范围的降幅呈先极大后趋于稳定的态势，而Saksena等（2015）研究得出的淹没范围降幅则为缓慢减小的态势。二者的山洪淹没水深均值的增幅均呈现波动变化，但 Saksena 等的波动态势明显高于本研究，表明其淹没水深对 DEM 分辨率的响应敏感程度大于本研究。形成上述现象的原因可能与选取的水动力模型不同有关，也可能与研究的区域地形特征有关。因此，未来可继续开展这方面的相关研究。

综上可知，DEM 分辨率越高，山洪淹没的模拟精度越高，但模型运行时间越长。因此，在全面研判 DEM 可获性、模拟精度及模型运行效率等情况后，10 m 分辨率的 DEM 数据将更加有利于山洪淹没模拟、危险性评估、风险评估、预警预报及应对与防治工作。

第4章 河北省城市内涝风险研究

城市内涝是指在强降雨或连续降雨背景下，城市地面因积水成害的现象。城市内涝灾害一直是困扰城市发展的重大问题。近年来，随着气候变化和河北省城市化建设速度的加快，不透水面积随之加大，排水管网、河道行洪标准等不完善，导致径流系数提升，洪峰提前，积滞水频发，不少城市出现了“大雨大涝，小雨小涝”的现象。城市内涝灾害严重危及城市的运转和民众的正常生活，因此分析城市积水点分布和内涝成因及研究城市内涝的防治有着重要的意义。

地形地貌、水文气候、植被河流、下垫面、城市交通道路、城市排水防涝系统、灾害应急响应等多种因素，造成河北省各主要城市暴雨内涝灾害频发、多发。石家庄市、保定市、邢台市、邯郸市和廊坊市均属于平原城市。由于处在山区平原过渡带，水系汇到平原以后，坡度变缓，城市地势平缓、起伏不大，不利于防洪排涝，极易形成市内积水。5个城市是河北省内涝严重的城市，根据本书的梳理，石家庄市城区易积水点多达74处、保定市56处、邢台市30处、邯郸市47处、廊坊市51处。本章深入剖析河北省石家庄、保定、邢台、邯郸、廊坊5个主要城市历史内涝258个点（路段）的分布情况，并在城市内涝特征的基础上总结中心城区内涝成因和防治措施，为整体提升河北省城市内涝防控能力提供思路。

4.1 石家庄市内涝特征

4.1.1 自然概况

石家庄市作为河北省的省会城市，西部倚靠太行山区，东部是滹沱河冲积平原，区域地势整体呈西北高、东南低。石家庄市受地理位置和地理环境的影响，全年降水分布不均，年平均降水量为401.1~752.0 mm，其中，短时强降水主要集中在7月、8月。由于市域西部山区地势较高，东部平原区域地势平坦，当降水随河流由山区进入平原，流势由急变缓，往往导致河水宣泄不畅，增加市中心城区防洪排涝压力，而且石家庄市区暴雨分布不均，自西向东呈现出“多→少→多”的空间特征（倪丽丽，2019；魏军等，2021），极易造成城市内涝灾害。

石家庄城市核心城区大部分土地为建设用地，地面高度硬化；新建城区和城郊接合部的建筑密度较老城区小，土地利用中绿地和农田占比很大；城市西部老城区内部大面积绿地较少，主要为城市公园绿地等，而高新技术开发区东部市郊则仍保存了大量的自然绿地和水系。相比较而言，市中心的自然排水防洪能力低于东部开发区。城区用地类型包括居

民建筑、硬质地面、交通道路、排水明渠及绿地等。石家庄市主要道路包括京广铁路、石太铁路、石德铁路、朔黄铁路、货运专线、107 国道、307 国道、石黄高速、石太高速、原京港澳高速等。石家庄市主城区现状排水系统共划分为五支渠、桥西明渠、元村明渠、南栗明渠、石津南支渠、东明渠、总退水渠、滹沱河、东南环水系（包括环山湖）、汪洋沟、良村东部 11 个排水分区。

4.1.2　城市易涝点分布

改革开放以来，石家庄城市建设快速发展，然而，由于排水基础设施建设滞后，城市内涝积水问题频发，对市民生产生活以及城市正常运转造成不利影响。根据 2012—2021 年参考文献（李彦，2013；李婷等，2016；魏军等，2018；2019），结合新闻媒体报道资料，对易涝点进行空间定位，空间分布如图 4-1 所示，石家庄主城区存在 74 处易积水点（路段），详见表 4-1，具体如下：

点 33，中山西路地道桥，被淹至少 5 次。最严重的一次为“96.8”，中山路地道桥因地势低洼，降雨开始后附近涝水迅速向该处汇集，水深和流速均较大，造成中山路地道桥挡墙严重断裂，地道桥内积水深度超过 4.5 m。

点 20，胜利大街地道桥，被淹至少 3 次。最严重的一次为“96.8”，胜利大街地道桥下最大积水深度为 5 m；在 2016 年和 2017 年，该地道桥也出现过淹没深度在 3 m 以上的情况。

点 21 和点 22，建设大街地道桥和建华大街地道桥，也属于常常被淹没的区域，积水深度也大于 1 m。

点 23 和点 19，和平路地道桥和体育北大街地道桥，分别在 2016 年、2017 年，2010 年、2016 年出现过积水深度大于 1 m 的情况。

点 66，北高营地道桥附近，在 2019 年 6 月 13 日，积水深度达 1.3 m。该地区基本属于“逢雨必涝”，究其原因，除了本身地势较低外，分布在附近的污水井也是罪魁祸首之一。污水井不断外溢，使得长 100 m，宽大于 70 m 的地道桥成为一个天然的露天污水池。污水成河的情况经常出现的原因为地势低，新建小区人口增多，生活污水增多。主要解决方案是将污水井加高，但是由于多方面原因，仍然没有解决。

点 30 和点 67，体育北大街和古城东路交叉口，古城路体育大街西行至胜利大街两侧，“污水成河”情况也经常出现。石家庄市所有污水支管最后都会汇集到古城东路的主管网进入滹沱河污水处理厂，而古城东路只是一条二级公路，地下管道并没有进行雨污分流，只有一套合流管，平时用来排放污水，一旦下雨，雨水也会汇入污水管道一起排入滹沱河污水处理厂，使处理厂达到饱和状态。污水处理厂处理不了的污水将憋回管道通过地势较低的污水井跑冒到路面上，产生较深的臭积水。

点 53，建西街三简路石家庄北站附近；点 61，友谊大街和平路至滨华路整条路段；点 63，高东街高柱路；点 64，联盟路高东街；点 17、点 65，北城路泰华街；点 68，开泰街三简路。在 2016—2022 年，该片区域每逢降雨稍大都会发生相当严重的道路积水，一

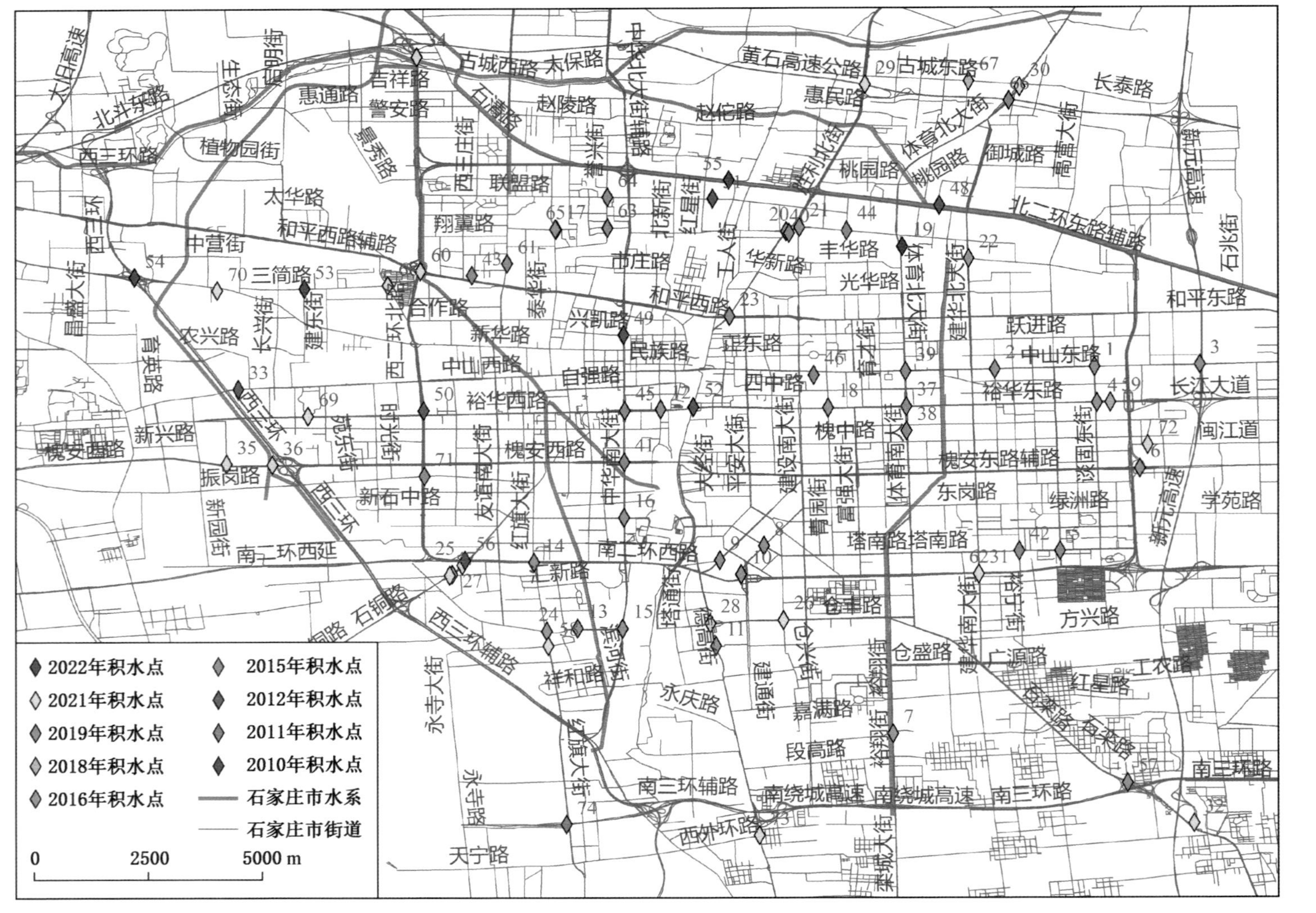

图4-1 石家庄市区主要积水点分布

表 4-1　石家庄市区积水点详情

编号	积 水 点	积涝时间	积水情况
1	中山东路（谈固大街—东二环）	2016-07-19	积水严重
2	中山东路（煤机街一测绘局）	2016-07-19	积水严重
3	中山东路（兴宁寺街一高速桥）	2016-07-19	积水严重
4	谈固大街（裕华路—中山路）	2016-07-19/2018-08-12	积水严重/积水严重
5	塔南翟营路口	2016-07-19/2015-08-30	积水严重/积水严重
6	东二环槐安路口以东 300 m 处	2016-07-19	积水断交
7	裕翔街（花卉市场一污水厂）	2016-07-19	积水严重
8	塔南建通路口	2016-07-19	积水严重
9	汇通路转盘周边	2016-07-19	积水严重
10	金利街汇通路口	2016-07-19	积水严重
11	107 国道（南二环一仓顺路）	2016-07-19	积水严重
12	南长街裕华路口	2016-07-19	积水断交
13	汇明路（民心河以西）	2016-07-19	污水成河
14	红旗大街（南二环以南）	2016-07-19	积水严重
15	清水街（南二环一汇明路）	2016-07-19	积水严重
16	新石中路中华大街口以西	2016-07-19	积水严重
17	泰华街北城路口东西向	2016-07-19	积水断交
18	裕华路（青园街—河北剧场）	2016-07-19	积水严重
19	体育北大街地道桥	2010-07-31/2016-07-19	积水严重/积水严重
20	胜利大街地道桥	1996-08-03/2016-07-19/2017-07-21	积水断交/积水断交/积水严重
21	建设大街地道桥	2016-07-19	积水断交
22	建华大街地道桥	2016-07-19	积水断交
23	和平路地道桥	2016-07-19/2017-07-21	积水断交/积水严重
24	红旗大街地道桥	2016-07-19	积水断交
25	南二环石铜路	2021-07-21/2019-07-16	积水严重、断交/积水严重
26	107 国道三环口	2021-07-21	积水断交
27	汇锦路石铜路交口	2018-08-15	积水断交
28	胜利大街仓丰路	2021-07-21	积水严重、断交
29	胜利大街	2021-07-21	积水严重、断交
30	体育北大街和古城东路交叉口	2021-07-21	多个污水外溢点
31	南二环建华大街西北角东向西辅路	2021-07-21	积水严重

表 4-1（续）

编号	积 水 点	积涝时间	积水情况
32	南三环 308 国道以东 300 m，卓达太阳城以北，新元高速桥西	2021-07-21	积水严重
33	中山西路地道桥	1996-08-03/2002-07-08/2021-07-21/2012-07-04/2022-07-02	积水严重/积水严重、断交/积水严重、断交/积水严重、断交/积水严重
34	植物园西地道桥	2021-07-21	积水严重
35	槐安路和上庄东街路口	2021-07-21	积水严重
36	槐安路西三环，往西方向	2021-07-21	积水严重
37	体育裕华路口	2015-08-30	积水严重、断交
38	省气象局	2015-08-30	积水严重
39	体育中山路口	2015-08-30	积水严重
40	运河桥客运站	2015-08-30	积水严重
41	中华槐安路口	2015-08-30	积水严重
42	翟营塔南路口	2015-08-30	积水严重
43	一建生活区	2015-08-30	积水严重
44	北城国际，沿东街与丰收路交叉口	2015-08-30	积水严重
45	裕华西路中华南大街立交桥	2015-08-30	积水严重、断交
46	市政府	2012-07-04	积水严重
47	汇锦路、汇丰路、石铜路、友谊大街	2021-07-21	断交
48	月季公园	2012-07-04	多路段积水严重
49	市政府（旧）	2012-08-11	多路段积水严重
50	裕西公园（西二环路段）	2012-07-29	西二环路段积水严重
51	石坊路地道桥	2012-07-04	积水严重、断交
52	裕华路地道桥	2012-07-04	积水严重、断交
53	建西街三简路石家庄北站附近	2022-07-02	积水严重、断交
54	西三环新华路地道桥	2022-07-02	积水严重、断交
55	中华北大街石黄高速桥北向南	2022-07-02	积水严重、断交
56	桥西区南二环石铜路交口附近路	2022-07-12	明显积水、交通拥堵
57	石家庄石栾大街南三环交口附近	2019-07-29/2022-06-29	积水严重、断交/积水严重
58	红旗大街学院路	2021-07-21	大量积水
59	裕华路谈固东街至东二环	2018-07-16	大量积水
60	西二环和平路桥	2021-07-19	断交

表4-1（续）

编号	积 水 点	积涝时间	积水情况
61	友谊大街和平路至滨华路	2019-07-29	整个路段积水严重
62	南二环西行方向建华大街主路	2019-07-29	整个路段积水严重
63	高东街高柱路	2019-07-29	整个路段积水严重
64	联盟路高东街	2019-07-16	整个路段积水严重
65	北城路泰华街	2019-07-16/2021-07-10/2016-07-19	均为积水严重、断交
66	北高营地道桥附近	2019-06-13	积水严重、断交
67	古城路体育大街西行至胜利大街两侧	2018-07-16	积水严重
68	开泰街三简路	2021-07-17	积水严重
69	裕西公园南门	2021-07-17	积水严重
70	石家庄新华路附近的油漆厂宿舍	2021-07-21	积水严重
71	槐安路振岗路出口	2021-07-21/2015-08-30	积水严重/积水严重、断交
72	槐安路与东二环交口处的金铺苑小区北边道路	2021-07-18	路面积水
73	107国道南位地道桥	2021-07-21	积水严重、断交
74	红旗大街南三环外	2010-08-23/2011-08-01/2021-07-21	积水严重/积水严重/积水严重

片恶臭并严重影响居民出行。泰华街北城路区域雨污水均通过泰华街雨污水管道排入和平路排水管道，由于泰华街过石太铁路只有一套合流管道，泰华街石太铁路以北的雨污水到达石太铁路都进入这套合流管道向南排放，导致该区域雨污水的排放形成“卡脖”现象。尤其是在此区域遭遇强降雨时，泰华街北城路区域大量雨污水无法及时排放到下游排水管道，造成泰华街北城路区域路面积水。处理方案是，遇有降雨时市城管局安排防汛人员重点值守，及时调配抢险设备加快雨水抽排来保障收水顺畅。为从根本上解决此问题，应按照新版雨水规划形成泰华街穿石太铁路雨水管道，从而解决泰华街排水“卡脖”问题。

点44，31，42，55，62，57，32，都在石家庄二环东南裕华区。石家庄总体上的地势为西高东低、北高南低，雨水需由西北向东南排放。东南部是省会排水管道的末端，雨水最终在这里汇集。因此，遇强降雨时，也容易在这里积水。在最近几年的暴雨中，积水点分布在东南方向的裕华区路段有6~7个。尤其是省会东南二环、东南二环交口（31，62，42，55），这里是最低点，排水管网却非常不畅。原因是这个区域排水主管网未建成，雨后路面雨水排入污水管网。由于污水管网排放不及时，经常会外溢到路面，并且这个路段仍然在施工，工程拦网也会影响排水。此外，已有的东南环水系主要为景观水体，渠底坡度平缓，排水路径较长，排水能力较弱。

点 25 和点 56，南二环石铜路；点 27，汇锦路石铜路交口；点 14，红旗大街（南二环以南）；点 8，塔南建通路口；点 10，金利街汇通路口；点 24，红旗大街地道桥；点 62，南二环西行方向建华大街主路；点 58，红旗大街学院路；以上路段每逢较大降水积水严重，主要原因是由于规划和资金问题存在“断头路”，如石铜路南二环互通工程，红旗大街南延工程等，有的区域甚至没有排水设施，导致积水直接排入附近农田。此路段位于新修的铁路桥下面，考虑到铁路与路面的高度比较低，便降低了路面高度，也在一定程度上造成了路面积水。

点 71、点 33、点 36，西二环及其以西的地区，出现积水的主要原因是地势低洼，排水不畅，西部退水明渠——四支渠部分渠段被占压。

除了上述常年出现的积水点外，也有一些积水点是 2021 年 7 月新出现的。这一方面是因为石家庄市 2021 年 7 月有持续降雨，降雨强度大，持续时间长，容易发生积水。另一方面，新出现的点地势低（如点 70，新华路附近的油漆厂宿舍），并且排水管道上涌，是积水点出现的重要原因。

总体看，石家庄市的主要积水点分布在石家庄城区北二环以南的石太铁路周边，南二环友谊南大街至建设南大街两侧，东南二环、东南二环交口，西二环附近。

结合上述，石家庄市的内涝原因主要是地势平、水面少、出路缺、基础差、标准低、排水系统缺乏规划。具体包括：

（1）由于中心城区建设较早且管线并未随城市发展而更新，仍采用原有管径较小的排水管道，导致过水能力相对较低，管网容易满负荷运行溢流，从而增加出现城市内涝的风险。

（2）部分排水管网受铁路、地道桥等分割较多，在城市建设时形成了部分低洼区域，其与周围地面的竖向标高相比较低，造成了降雨时的雨水汇集，从而导致城市内涝。

（3）由于降雨时污染物汇集在雨水口或者在排水管道中累积，造成排水系统的堵塞，使雨水不能及时通过排水系统排出，从而引发城市内涝。

（4）城市水系建设滞后，排水出路不完善。原有明渠改为暗渠，部分水系遭到填埋、盖板，完全丧失了排水能力，当前市区内主要依靠民心河进行排水。

（5）城市上凸式绿地并不能对其区域外雨水进行汇集和下渗，当遇到暴雨时，绿地径流可能会漫过其周围路缘，进一步加大地表径流，增加雨水管网的排水压力，加重内涝。

截至 2020 年，石家庄市二环内仅有两个已建成的雨水花园，分别是东环公园和体育公园，数量相对较少。2022 年 6 月 28 日，石家庄以海绵城市为特色的公园——裕翔公园（裕翔街仓盛路以东）开园，其充分利用场地原有地形地貌，通过营造花池台地、雨水花园、植草沟和景观湖等自然生态空间，增加透水铺装比例来吸纳和蓄滞雨水，有效控制场地内的地表径流，实现自然积存、自然渗透、自然净化的海绵城市发展方式，构建可持续的自然生态系统。老城区中的公园和呈碎片化的绿带现状，可以参考裕翔公园

进行改造。

4.2　保定市内涝特征

4.2.1　自然概况

保定市位于华北平原北部，即冀中地区。保定市境内地势是由西北向东南倾斜，境内地形是由山麓平原区向冲积平原区过渡。保定市山区主要集中在西部，市区内是平原，无明显地理高差。保定市年均降雨量 55 mm，年均径流量 2.45×10^{10} m^3，且自 2008 年之后保定市降雨有增加的趋势。总体来讲保定市气候稍干燥，冬春两季易旱且风沙较大，降水集中，夏季多暴雨，极易在市区内形成洪涝灾害，给城市居民生命财产安全带来损失。

4.2.2　城市易涝点分布

参考郭华（2014），吴桐（2017）等研究，结合各类新闻媒体资料，梳理保定市区的易涝点，并进行空间定位。保定市主城区存在 56 处易积水点/路段，根据其记录的时间进行分类，如图 4-2 所示，各积水点详情见表 4-2。总的来看，保定市易积水点主要分布在地道桥和十字路口处，有一些地区长年积水，如东苑街、百花路地道桥等。

保定市有 4 个常年被淹的点，分别是莲池南大街地道桥、西二环与北二环交叉口附近地道桥、东三环南二环交叉口附近龙门架和韩庄街地道桥，具体如下：

点 6，莲池南大街地道桥，被淹没四次。最严重的一次发生在 2020 年 8 月 5 日，莲池南大街地道桥积水 2 m 多深，有车辆被淹没，救援及时，没有伤亡。这个地方成为严重积水点的原因是其地势较低，排水能力差，莲池南大街的雨水排放进入南环堤河需要经过两次泵站提升，排水过程比较复杂且泵站能力有限。

点 9，西二环与北二环交叉口附近地道桥，被淹没 4 次。最严重的一次发生在 2016 年 7 月 20 日。当日早 7 时路面积水不断上涨，14 时仍然积水严重。

点 27，东三环南二环交叉口附近龙门架，被淹没 4 次。最严重的一次发生在 2020 年 8 月 12 日，龙门架因积水严重而断交。

点 33，韩庄街地道桥，被淹没 5 次。最严重的一次发生在 2020 年 8 月 5 日，韩庄街地道桥积水 1 m 深。这个地方成为严重积水点的原因是缺乏排水系统。

除了以上 4 个点是逢雨必涝点外，还有一些点在部分年份出现积涝：

点 5，军校广场东苑街，主要积水原因是排水管网能力不足，治理方法是通过主次干路整治提升工程，对五四东路雨水管网进行改造，并且对米家堤泵站进行扩建。

点 24，利民街。主要积水原因是排水管网能力不足，治理方法是新建太行路（利民街—朝阳大街）雨水管网。

点 4，复兴路地道桥，主要积水原因是泵站能力不足，治理方法是复兴桥泵站更换水泵，提高抽排能力。

点 1，瑞祥大街与北二环交口，主要积水原因是泵站能力不足。应急措施是架设移动泵车进行应急抽排；远期措施是新建恒祥大街临时雨水泵站。

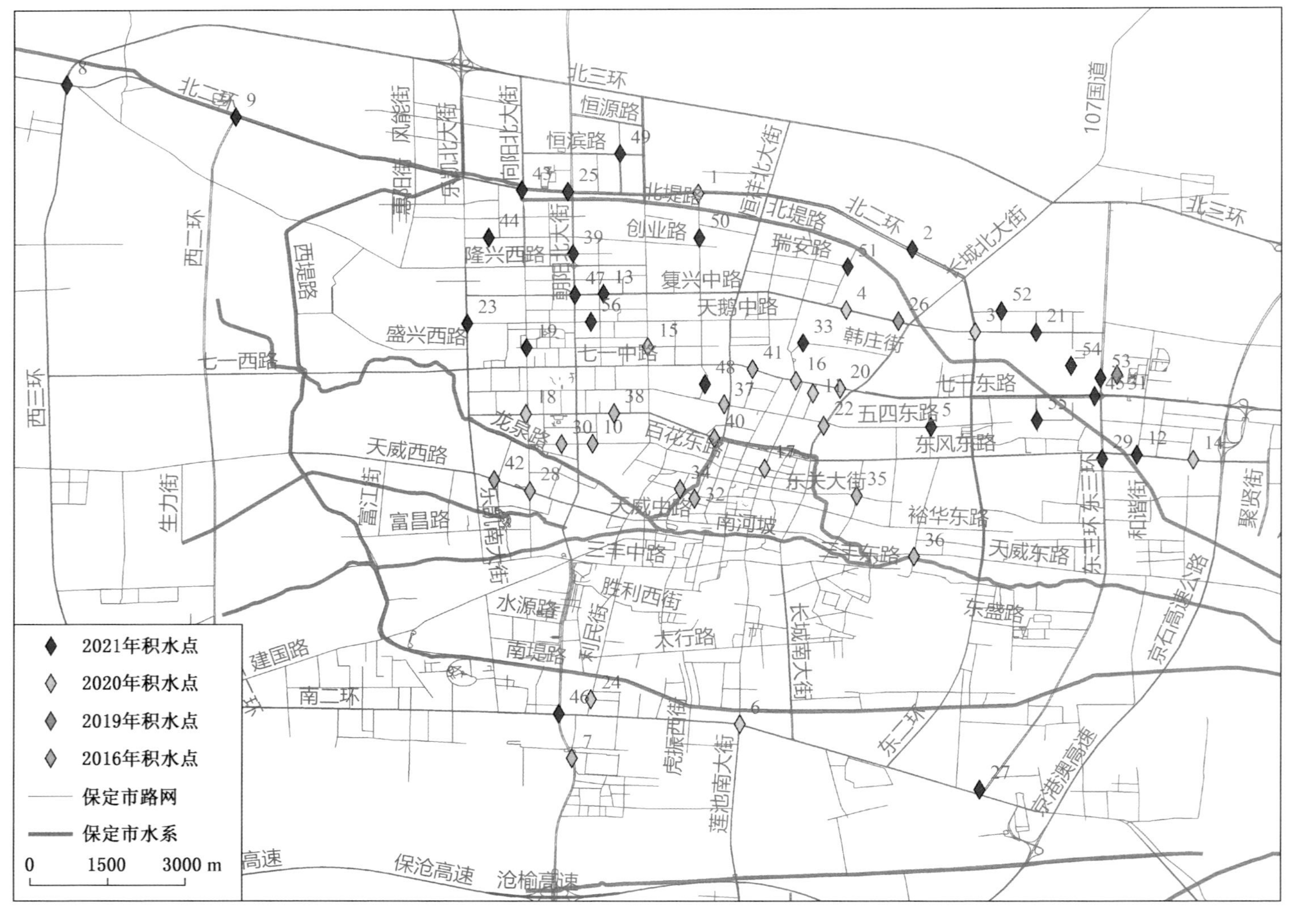

图4-2 保定市区主要积水点分布

表 4-2　保定市区积水点详情

编号	积 水 点	积涝时间	积水情况
1	瑞祥大街与北二环交叉口	2020-08-05	积水严重
2	北二环地道桥	2021-07-12/2020-08-12/2016-07-20	均存在积水、交通中断
3	复兴路东二环（前辛庄路段）	2020-08-12/2016-07-20	交通中断/积水严重
4	复兴路地道桥	2020-08-12/2016-07-25	交通中断/积水严重
5	军校广场东苑街	2021-07-12/2020-08-12	积水严重/交通中断
6	莲池南大街地道桥	2020-08-12/2020-08-05/2019-07-29/2016-07-20	交通中断/积水 2 m 多深/存在积水/交通中断
7	长城工业园区门口	2016-07-20	积水严重
8	保满路西三环附近地道桥	2021-07-12/2019-07-29	积水严重/存在积水
9	西二环与北二环交叉口附近地道桥	2021-07-14/2019-07-29/2016-07-25/2016-07-20	积水严重/存在积水/交通中断/交通中断
10	百花路地道桥	2016-07-25/2016-07-20	积水断交/积水严重
11	华电东门	2020-08-12	积水断交
12	东风东路凤栖街口	2021-07-12/2020-08-12/2016-07-20	积水严重/积水断交/积水断交
13	复兴路康泰国际附近	2021-07-14/2020-08-12	积水严重/积水断交
14	巨力大桥	2020-08-12	积水严重
15	阳光盛兴路口	2020-08-12	积水严重
16	七一路韩庄路口	2020-08-12	积水严重
17	莲池大街琅瑚街口	2020-08-12/2016-07-20	积水严重/积水严重
18	东风路玉兰影院门前	2020-08-12/2016-07-20	积水严重/积水严重
19	向阳盛兴路口	2021-07-12/2020-08-12	积水严重/积水严重
20	七一路司法警官学院门前	2020-08-12	积水严重
21	复兴路锦湖大街口	2021-07-12	积水严重
22	前卫路小学门口	2016-07-25	积水断交
23	天鹅路与乐凯大街交口	2021-07-12/2021-07-14	积水严重
24	利民街	2020-08-12/2016-07-20	积水断交/积水严重
25	朝阳大街与北二环交叉口附近	2021-07-12/2021-07-14	积水严重
26	复兴中路与长城北大街交口西行 350 m 路南	2019-07-29	存在积水
27	东三环南二环交叉口附近龙门架	2021-07-12/2021-07-14/2020-08-12/2019-07-29	积水严重/积水严重/积水断交/存在积水

表 4-2（续）

编号	积 水 点	积涝时间	积水情况
28	天威路向阳路街口	2016-07-25	积水断交
29	东风路东三环南口路西	2021-07-12	积水严重
30	百花路裕康街口	2016-07-25/2016-07-20	积水断交/积水严重
31	北市区学苑街	2019-04-27	存在积水
32	裕华路西下关北口 11、裕华路中医院门前	2016-07-20	积水严重
33	韩庄街地道桥（韩庄街/华电路路口附近）	2021-07-12/2020-08-12/2020-08-05/2016-07-25/2014-07-04	积水严重/积水断交/积水深 1 m/积水断交/积水深 80 cm
34	裕华路和西下关街路口	2016-07-20	积水严重
35	东关大街与红旗大街路口	2016-07-20	积水严重
36	天威路和玉兰大街路口	2016-07-20	积水严重
37	五四路地道桥	2016-07-25/2016-07-20	积水断交/积水严重
38	东风路朝阳大街至阳光路段	2016-07-20	积水严重
39	朝阳路和云杉路路口	2021-07-12/2021-07-14/2016-07-20	积水严重/积水严重/积水断交
40	东风路地道桥	2016-07-25	积水断交
41	七一路地道桥	2016-07-25	积水断交
42	天威路地道桥	2016-07-25	积水断交
43	向阳北二	2021-07-12/2021-07-14	积水严重/积水严重
44	创业路向阳大街至乐凯大街	2021-07-14	积水严重
45	东三七一口路北东西两侧	2021-07-14	积水严重
46	南二朝阳路	2021-07-14	积水严重
47	朝阳复兴	2021-07-14	积水严重
48	瑞祥大街五四路至七一路段	2021-07-14	积水严重
49	火炬横滨	2021-07-14	积水严重
50	瑞祥大街丽景蓝湾 C 区门口	2021-07-14	积水严重
51	瑞安明德街交叉口	2021-07-14	积水严重
52	天宁路创新街交叉口	2021-07-14	积水严重
53	东三环文兴路	2021-07-14	积水严重
54	文博街路中间	2021-07-12/2021-07-14	积水严重/积水严重
55	未来城小区	2021-07-14	积水严重
56	天鹅路朝阳大街至翠园街	2021-07-12	积水严重

除了上述常年出现的积水点外，也有一些积水点是 2021 年 7 月新出现的。这一方面是因为保定市 2021 年 7 月 12—14 日持续降雨，降雨强度大，持续时间长。另一方面，一些新出现的积水点在之前就有过污水长期上涌的记录，比如点 52，天宁路创新街交叉口，这里的污水上涌现象已经持续了半年，而污水问题是导致保定市很多积水点出现的重要原因。

点 50，瑞祥大街丽景蓝湾 C 区门口，从 2020 年 7 月底开始，只要在居民用水高峰期，马路上的污水就会溢出，在下雨时更会积水。积水原因是另一小区施工向沈庄路持续排水，而污水处理能力不足，加之瑞祥大街丽景蓝湾 C 区门口地势较低，且该地处于向两个污水处理厂输水管网的末端区域等多因素综合导致的。

造成保定市主城区容易发生内涝的自然因素包括保定市原本的气候特征和暴雨强度（徐燕锋等，2013），以及随着全球变暖导致的暴雨强度加大和雨岛效应的加剧。非自然因素则包括城市的硬化、排水管网的淤塞等（郭华等，2014；郭静，2021），具体包括：

（1）污水处理方面的不足。保定市部分排水管网雨污合流，且污水处理厂能力不足，导致一些待处理污水滞留于城区管道中，加大了排水压力。东苑街之前频发的积水事件就是保定市污水处理厂能力不足的集中体现。市区污水因为没有得到及时处理导致上溢，在低洼处易积水。这一方面对雨水的排放起到了负面影响，另一方面加剧了保定市部分路段的积水情况。

（2）保定市道路建设的失误也是导致部分路段成为积水点的重要原因。如主路高于两侧道路、在十字路口处形成低洼都会造成积水点。保定市阳光北大街北二环地段的主路比两侧高出 20 cm 左右，阻拦了雨水外流，导致这一路段积水频发。

（3）城市生活垃圾等淤塞管网。在城市扩张过程中存在建筑施工不规范，弃砂、土、垃圾等随意堆放，裸露地表未及时恢复植被等现象，致使雨季水土流失，从雨水口或污水口进入排水管网，引起管网淤塞。在部分老城区，市政基础设施不完善，生活垃圾投放混乱，阻塞雨水口，造成排水能力降低；部分垃圾随雨水进入排水管网并发生沉淀，造成管道淤积。

（4）老城区排水管网设计标准偏低。保定市新建市政排水管网雨水收集和排放系统按照《室外排水设计规范》规定的高限建设，但老城区的管网多为雨污合流，建成使用年限长，存在管网老化、设计标准偏低等问题。

4.3　邢台市内涝特征

4.3.1　自然概况

邢台市中心城区地处河北省中南部，太行山东麓，属东亚内陆季风区。邢台市西侧是山地，东侧是山前洪积扇。邢台市位于以沙河为扇顶的洪积扇北翼，在洪积扇上的地势是南西高、北东低。邢台市境内共有 21 条河流，重点防汛河道 5 条：澧河、泜河、七里河、北沙河、卫运河；行洪道主要有卫运河、滏阳河、留垒河、沙洺河、沙河、南澧河、北澧河-北澧新河、七里河-顺水河等 16 条。由于西南季风的输送，邢台市上空水汽主要来自其西边界，且7月西南季风水汽充沛，使邢台市出现最强的水汽辐合，充足的水汽来源是引发暴雨的主要原因之一。

邢台市市区城市用地类型主要包括居民建筑、硬质地面、交通道路、排水明渠及绿地等。主要道路有京港澳高速、大广高速、青银高速、太行山高速、邢衡高速、邢汾高速、邢临高速7条高速公路交织成网，同时有106、107、308、郑昔线、安新线、定魏线、平涉线、邢清线、邢左线等国道密布全市。

近年来，邢台市城市内涝积水问题频发，对市民生产生活造成不利影响。

4.3.2 城市易涝点分布

根据2012—2021年研究文献、新闻媒体资料报道，邢台市城区存在30处易积水点（路段），如图4-3所示，积水点详情见表4-3。

不同时期的30个积水点中，2012年的积水点如顺德路红星街至市一院（点19）、冶金路幸福源小学（点10）、钢铁路与八一大街交叉口（点24）等，在2013年7月仍然存在。这表明部分积水点经发现后并没有得到及时的解决，其中冶金路幸福源小学积水点甚至在2018年依然存在。

点5，邢州大道白塔村交叉口，2016年7月19日，邢台市遭遇自“96.8”后的最大暴雨洪水。强降雨导致邢台市区出现严重内涝，积水甚至冲开下水道井盖、淹没路面，并顺着路向地道桥流去，因此地道桥出现积水点的概率很高，行道桥水最深的地方达到了1.5 m，车辆根本无法通行，严重影响居民的日常出行。

点2，中兴东大街和英华大街与东华路交叉口，逢雨必积水，原因是邢台市开发区东华路、中兴大街、英华大街的雨水、污水管网均存在没有出路问题。由于东关河尚未形成，牛尾河下游河段治理工程从2018年开始实施，由此，造成中兴大街、英华大街雨水既无法按照规划排入东关河，也无法借道东华路雨水管网排入牛尾河。2022年以前每次降雨后，只能依靠临时抽排的方法将东华路等部位积水抽入人工湖，再排入牛尾河，但牛尾河下游水位升高后产生顶托现象，造成抽排不畅。2021年底，牛尾河已完成全面提升改造，昔日的一条污水河已被打造为“水清、岸绿、路通、人悦、景美”的城市生态绿廊。

2021年7月20日20时至21日14时，邢台市出现降雨，降雨区平均降雨量为33.7 mm，邢台市中西部降雨量超过50 mm（暴雨），其中邢台市中西部降雨量在100 mm以上（大暴雨），这使得城区出现了内涝情况。2021年8月7日，中兴东大街与顺德路交叉口处（点18）出现了严重积水，严重影响了居民的正常生活。

由表4-3可以看出，邢台市最频繁被淹的点为冶金路幸福源小学（点10）、团结大街与襄都路交叉口（点12）、襄都路与泉南大街交叉口（点13）、开元北路与泉北大街交叉口（点16）、钢铁路与八一大街交叉口（点24）。其中襄都路与泉南大街交叉口（点13）在两年内被淹了7次，且间隔时间较短，证明排水能力严重不足。在这5个积水点中襄都路出现了两次，最近一次出现在2020年8月19日，证明襄都路这一路段都有相似的问题

图4-3　邢台市区主要积水点分布

表4-3 邢台市积水点详情

编号	积 水 点	积涝时间	积水情况
1	建业路与建设大街交叉口	2018-08-19	少量积水
2	中兴东大街和英华大街与东华路交叉口	2018-04-22/2018-07-13	积水严重/大量积水
3	人民大街与豫让桥路交叉口	2020-08-12	出现积水
4	邢州大道与富民路交叉口	2018-07-13/2018-08-05	出现积水/井盖冒水
5	邢州大道白塔村交叉口	2016-07-19/2018-07-13/2018-07-14/2018-08-19	桥下积水最深处达到 1.5 m/出现积水/出现积水/出现积水
6	中兴大街与静庵路交叉口	2016-08-05	积水约 20 cm
7	泉南大街与开元路交叉口	2018-04-13/2020-08-06/2020-08-12	积水较多建议绕行/出现积水/出现积水
8	公园东街于拥军街交叉口	2018-06-26	积水完全覆盖路面无法通行
9	红星开元交叉口	2019-09-27	出现积水
10	冶金路幸福源小学	2018-04-13/2018-04-21/2019-08-04/2019-08-07/2019-09-27/2020-08-12	积水较多/水深 15 cm 积水严重/出现积水/道路积水车辆缓慢通行/出现积水/出现积水
11	钢铁路与团结大街交叉口	2018-04-13/2019-09-27	积水较多/出现积水
12	团结大街与襄都路交叉口	2016-07-04/2018-08-05/2018-07-13/2018-08-19/2019-09-27/2020-08-12	积水过车轮一半/积水严重/积水严重/通行困难/出现积水/车辆谨慎通过
13	襄都路与泉南大街交叉口	2018-07-13/2018-07-14/2018-08-05/2018-08-19/2020-08-06/2020-08-12/2020-08-19	大量积水/大量积水/积水严重/出现积水/非机动车道有积水、骑车无法通行/车辆谨慎通过/积水接近路缘石
14	新兴西大街与太行路交叉口	2018-07-13/2020-08-12	少量积水、缓慢通行/车辆谨慎通过
15	钢铁路与邢化街交叉口	2018-04-13	积水较多
16	开元北路与泉北大街交叉口	2016-07-04/2018-08-19/2020-08-06/2020-08-12	出现积水/大量积水/积水淹没脚面/车辆谨慎通过
17	新华路东门里交叉口	2020-08-12	出现积水
18	中兴东大街与顺德路交叉口	2020-08-06/2020-08-12/2021-08-07	车辆无法通行/车辆谨慎通过/积水严重
19	红星街与顺德路交叉口	2019-09-27/2020-08-12	出现积水/积水较大
20	新兴大街与车站南路口南口	2016-07-04	出现积水
21	冶金路与泉北大街交叉口	2019-09-27/2020-08-12	出现积水/积水较多

表4-3（续）

编号	积 水 点	积涝时间	积水情况
22	建设大街与育才街交叉口	2018-08-05/2018-08-19	出现积水且车辆缓慢通行/出现积水且水深大约30 cm
23	顺德路市第一医院门前路段	2019-09-27	积水较多
24	钢铁路与八一大街交叉口	2018-04-21/2018-07-13/2019-08-04/2019-09-04/2019-09-27/2020-08-12	水深20 cm、积水严重/积水已经淹了行人膝盖/出现积水/出现积水/出现积水/积水较深
25	冶金路达活泉西门北侧路段	2019-08-07	有少量积水但可以缓慢通行
26	兴达路与达活泉斜街交叉口	2019-09-27	出现积水
27	兴达路泉北大街交叉口	2020-08-12	车辆谨慎通过
28	守敬路与建设大街交叉口	2016-07-04/2018-08-05/2020-08-12	出现积水/污水外溢/车辆谨慎通过
29	守敬路的永辉花园门前	2016-07-04	出现积水
30	钢铁路与建设大街交叉口	2018-08-19	大量积水

导致积水。该路段积水的主要原因是附近道路在施工，部分下水道因为施工而被停用，导致雨水流出口减少，加上突然暴雨，使得已有出水口不能及时将水排出，导致这一路段积水严重。邢台市积水街道实景如图4-4所示。

(a) 团结大街与襄都路交叉口(点12)

(b) 襄都路与泉南大街交叉口(点13)

图4-4 邢台市区积水街道2018年8月5日实景

为防止内涝，避免道路断交，邢台市已经实施了就近入河工程项目。结合城区围寨河、小黄河、牛尾河、茶棚沟的地理分布以及河道周围地形标高情况，分别针对冶金路桥，牛尾河兴达路桥、知春桥，围寨河守敬路桥和平安路桥等点位进行了局部改造。通过工程改造，达到沿河雨水经管网或明渠直接迅速排入河道的效果，缩短路面积水时间、减轻城市雨水管网排涝压力。

4.4 邯郸市内涝特征

4.4.1 自然概况

邯郸市地处河北省南端，太行山脉东麓，地势自西向东呈阶梯状下降，高低悬殊，地貌类型复杂多样。以京广铁路为界，西部为中、低山丘陵地貌，东部为华北平原。邯郸市属暖温带大陆性季风气候，四季分明。

邯郸市地处晋冀鲁豫四省交界，是东出西联、通南达北的重要节点。境内铁路交叉、国道交会、高速纵横、机场通航，综合立体交通优势明显。境内铁路有京广铁路、邯长铁路、邯济铁路、邯黄铁路和京广高铁；干线公路有京港澳、大广、太行山、青兰、邯馆、绕城 6 条高速公路，106、107、309 等 7 条国道及 17 条省道，形成了纵横交错的国省干线公路网。

近年来，邯郸市发展迅速，然而因为排水基础设施建设滞后，城市内涝积水问题频发，对城市正常运转造成不利影响。

4.4.2 城市易涝点分布

收集整理 2012—2022 年相关文献、新闻媒体资料，对易涝点进行空间定位，如图 4-5 所示，积水点详情见表 4-4。邯郸市主城区存在 47 处易积水点路段。

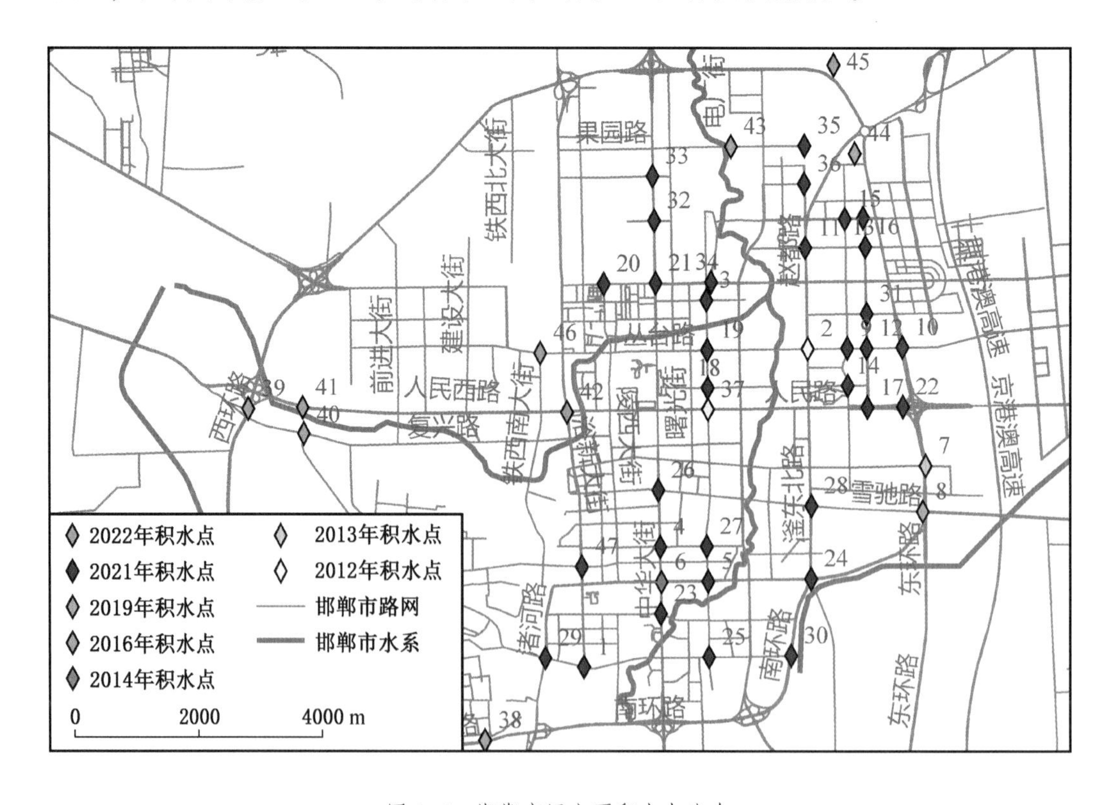

图 4-5 邯郸市区主要积水点分布

表4-4 邯郸市区积水点详情

编号	积水点	积涝时间	积水情况
1	浴新大街和学院北路交叉口	2021-07-22	出现积水
2	滏河北大街和丛台路交叉口	2012-07-31/2016-07-20	积水近40 cm/出现积水
3	光明大街与望岭路交叉口	2013-08-08/2014-07-05	积水严重/出现积水
4	中华大街和农林路交叉口	2014-07-05/2016-07-20	出现积水/积水断交
5	光明南大街和渚河路交叉口	2013-08-08/2014-07-05/2016-07-19	积水严重/出现积水/积水严重
6	中华大街和渚河路交叉口	2014-07-05/2016-07-20	出现积水/积水断交
7	东环路和和平路交叉口	2013-08-08/2016-07-19	积水严重/积水断交
8	东环路和雪驰路交叉口	2013-08-08/2016-07-20/2019-08-04	积水严重/出现积水/积水严重
9	丛台路与广泰街交叉口	2021-07-22	出现积水、水深约50 cm
10	丛台路地道桥	2013-08-08	积水严重
11	滏东路与油漆厂路交叉口	2021-07-22/2016-07-20	积水严重/出现积水
12	东柳大街和丛台路交叉口	2012-07-31/2021-07-22	积水深近20 cm/水深过膝
13	东柳大街和油漆厂路交叉口	2016-07-19/2021-07-22	积水最深达到1 m/水深齐腰
14	广泰路与广厦路交叉口	2021-07-22	出现积水
15	北仓路和广泰街交叉口	2016-07-19/2021-07-22	积水最深达到1 m/出现积水
16	北仓路和东柳大街交叉口	2016-07-19	出现积水、水深最深达到1 m
17	人民路与东柳大街交叉口	2013-08-08	积水严重
18	光明大街和展览路交叉口	2012-07-31/2013-08-08/2014-07-05/2016-07-19/2022-06-22	积水近30 cm/积水严重/出现积水/积水严重/积水深50 cm
19	光明大街和丛台路交叉口	2013-08-08/2014-07-05/2021-07-21	积水严重/出现积水/积水严重
20	陵西大街与联纺路交叉口	2021-07-21/2013-08-08	积水严重/出现积水
21	联纺路与中华大街	2014-07-05	出现积水
22	人民路107地道桥交叉口	2013-08-08	积水严重
23	水厂录和中华大街交叉口	2014-07-05/2021-07-22	出现积水/积水严重
24	滏东北路和渚河交叉口	2013-08-08/2016-07-20	积水严重/出现积水
25	光明南大街和学院北路交叉口	2013-08-08/2014-07-05	积水严重/出现积水

表 4-4（续）

编号	积水点	积涝时间	积水情况
26	陵园路和中华大街交叉口	2014-07-05/2021-07-22	出现积水/积水严重
27	光明大街和农林路交叉口	2013-08-08/2014-07-05	积水严重/出现积水
29	雪驰路和滏东大街交叉口	2016-07-19	积水严重
28	邯磁路和学院北路交叉口	2016-06-15	出现大量积水
30	107 国道与学院北路交叉口	2013-08-08/2016-07-20	积水严重/出现积水
31	东柳大街与丛台北路口	2012-07-31/2016-07-19	积水深近 50 cm/积水严重
32	中华大街与北仓路交叉口	2014-07-05/2016-07-20	出现积水/积水断交
33	中华大街与丰收路交叉口	2014-07-05	出现积水
34	光明大街与联纺路交叉口	2013-08-08/2014-07-05/2016-07-20	积水严重/出现积水/积水断交
35	滏东大街与果园路交叉口	2021-07-22	出现积水
36	滏东大街与富强路交叉口	2021-08-19	积水严重
37	人民路和光明大街交叉口	2012-07-31/2013-08-08/2014-07-05/2016-07-20	积水深近 20 cm/积水严重/出现积水/积水严重
38	南环路京广铁路桥	2016-07-21	出现积水
39	西环邯长铁路桥下	2016-07-21	积水深 0.5 m
40	古城北立交桥	2016-07-21	积水深 0.5 m
41	西环邯武桥西侧	2016-07-21	积水深 0.6 m
42	京广铁路下凹式地道桥	2016-07-21	出现积水
43	滏阳北大街（月亮湾）	2016-07-21	出现积水
44	天泽园	2016-07-21	出现积水
45	旺峰嘉苑	2016-07-21	出现积水
46	赵苑南门岗—丛台桥	2022-06-27	积水深 1.7 m
47	浴新大街和邯钢路铁道桥	2016-07-20	出现积水

尤其是 2021 年 7 月 20 日，邯郸市出现暴雨到大暴雨，局地特大暴雨天气。截至 7 月 22 日 7 时，国家级气象站平均降雨量为 148.3 mm，峰值最大为 275.2 mm，市区为 168.8 mm。在此暴雨期间图 4-5 中的 47 个积水点中有 12 个积水点被波及。

点 18，光明大街和展览路交叉口，出现 5 次积水（2012 年、2013 年、2014 年、2016 年、2022 年），其中 2012 年积水深度大约达到了 0.3 m；2016 年积水最为严重，积水深

度大约达到了 0.5 m，严重影响了附近居民的生活和行人的出行。2022 年这个地点仍然有积水，说明其排水条件在 10 年当中未有基本改善。

点 8，东环路与雪驰路交叉口，在近年也发生 3 次积水，其中有 2 次积水较严重，原因是邯郸市雪驰路与东环路附近地势较低，存积了大量的雨水，会给过往车辆带来很大的不便。

点 19，光明大街和丛台路交叉口；点 2，滏河北大街和丛台路交叉口；点 9，丛台路与广泰街交叉口；点 12，东柳大街和丛台路交叉口；点 10，丛台路地道桥，均位于丛台路两高（京广—京港澳）之间。该路段屡次发生积水问题，原因是高速西明渠段（丛台路—友谊路）因涉及拆迁问题未修建，加上丛台路两高之间地势低洼，几乎与高速西明渠段底持平，雨水无处排放。邯郸市于 2022 年完成了高速西明渠整治及北延工程，2023 年开始实施高速西明渠拓宽提级，这是解决主城区东北部内涝问题的关键之举。

点 38，南环路京广铁路桥，2016 年 7 月 21 日，积水深度可达 0.4 m，轿车通行困难。积水原因主要是南环路（赵王城—渚河）原雨水排水出路被填埋、占压，无法恢复。解决方案是沿京广铁路西侧修建排水出路，排入渚河，但涉及赵王城文物保护问题审批程序复杂。

点 39，西环邯长铁路桥下，2016 年 7 月 21 日，该地积水深度在 0.5 m 左右，主要积水原因是沁河现状河底高于邯长铁路西环桥下路面，导致桥下雨水无法自流排放。

点 40，古城北立交桥下，积水原因为主城区京广铁路以西地势高、坡度大、雨水汇流时间短，大量外围雨水汇入桥下，造成立交泵站抽升不及时，导致桥下积水。

点 41，西环邯武桥西侧，2016 年 7 月 21 日，该地积水深度达到成年人腰部，主要积水原因是邯武桥西侧路南的排水边沟堵塞、收水设施损毁。

点 42，京广铁路下凹式地道桥，积水原因为主城区京广铁路以西地势高、坡度大、雨水汇流时间短，大量外围雨水汇入桥下造成立交泵站抽升不及时，导致桥下积水。

综上所述，邯郸市主要积水点主要位于京广铁路以西，京广铁路至京港澳高速之间的低洼老城区，以及城区滏阳河以东的三大区域。

邯郸市内涝的原因主要有以下几个方面：

（1）邯郸市内涝的主要原因是城市雨水排放不畅。因雨水管道排放出路的河道、沟渠能力不足，导致城市积水严重。邯郸市的滏阳河城区上游段治理达标，但城区下游段淤积、狭窄，泄洪能力严重不足，是影响邯郸市排洪的重要原因。另一原因是雨水排放无出路或无临时出路。受城市规划和建设计划的制约，部分道路下的雨水管道随道路建设而铺设，但雨水管道的下游未建设、不成系统，雨水管道是断头管、无出路，造成雨水无法排放。邯郸市东北部的邯临沟、新开河等都属于无出路情况（张家铭，2016；陈锐，2020）。

（2）管网老化严重。主城区的中华大街、浴新大街、人民路等路段排水设施运行时间长，加上经费不足，不能定时维修，将直接影响排水情况。

(3) 排水边沟堵塞、收水设施损毁。

(4) 海绵城市建设程度低。地表径流也对城市排涝起重要作用。近年来，随着城市的迅速扩张，城市不透水面积增大，使得雨水渗透能力大大降低。对新区开发、旧城改造未执行雨水径流控制目标，新建小区开发后雨水径流量大于开发前，这些都增加了城市管网的排水负担。下凹绿地、雨水调蓄设施、透水路面、河、湖、池、塘建设不足导致较大降雨时只能积在路面上形成内涝。

(5) 各部门联动机制不完善造成气象部门预警不提前，水利部门河道提闸不及时，交警部门疏导交通不到位，媒体发布信息不及时。

4.5 廊坊市内涝特征

4.5.1 自然概况

廊坊市位于河北省中部偏东。廊坊市地下水资源匮乏，没有水库，长期以来，市区深层水处于超采状态，水位持续下降。受地质构造的影响，廊坊市大部分处于凹陷地区，地貌比较平缓单调，以平原为主，平均海拔 13 m 左右。夏季（6—8 月）季平均降水量 406.2 mm，占全年总水量的 73.1%，是大雨、暴雨最集中的时段，降水高度集中容易造成资源利用率不高，同时因降水强度大，往往积涝成灾（任福玲，2006）。2000—2012 年，廊坊市共发生 24 次城市洪涝灾害，平均每年发生 1.8 次，造成经济损失近 20 亿元（王清川，2013）。

廊坊市位于海河流域中下游，俗称九河下梢，廊坊市地表水系中仅洵河、潮白河以及白沟河常年有水，其余水系均为季节性。中心城区主要排水出路为大皮营引渠、八干渠、北排渠、管董排干渠、东排渠、五干渠等；开发区排水渠道有南营排渠和九干渠；万庄区排水渠道有无名渠和六干渠。

在 2007—2011 年这 5 年间，廊坊市将所有街路全部挖开一遍，建设了可以抵御 50 年一遇暴雨的排水管网。这里也是全国第一个在全市范围内实施雨污分流的城市。这些举措成效显著：在“7·21”暴雨中，廊坊市无人员伤亡，全市主城区未出现大面积积水，当暴雨停止的两个小时后，全市的主要街路都已经恢复如初。

虽然廊坊市曾经在内涝防范上取得了很好的成绩，但在 2011 年后，廊坊市的排水管网没有得到应有的维护。再加上城市扩张、道路硬化面积增加等对排水的压力，曾经能够满足廊坊市排水需求的环城水系，在防洪蓄洪上的弊端也逐渐显示出来。近些年来廊坊市的内涝状况反而越发严重，每逢暴雨，居民就能在家“看海”。

4.5.2 城市易涝点分布

通过对 2012—2021 年网络新闻的查找和整理，廊坊市共出现过至少 51 个积水点。金光西道和银河北路交叉口附近是易积水点分布最密集的地区；廊坊市的几座铁路桥，尤其是解放桥，几乎是逢雨必涝；广阳道和国际饭店门口的路段也经常出现积水。廊坊市区积水点空间分布如图 4-6 所示，积水点详情见表 4-5。

图 4-6　廊坊市区积水点空间分布

表 4-5　廊坊市区积水点详情

编号	积 水 点	积涝时间	积水情况
1	银河路	2012-07-21/2012-07-22	积水深度 1 m 以上/积水严重
2	新华路与解放道交叉口	2012-07-21	积水深度 1 m 以上
3	和平路六中	2012-07-21	积水深度 1 m 以上
4	国际饭店	2012-07-21/2020-08-23	积水深度 1 m 以上/积水严重
5	解放桥	2012-07-21/2013-08-07/2016-07-20/2018-07-13/2018-07-24/2019-05-21/2020-08-23/2021-07-18	积水深度达 4.5 m/积水最深时达 3.3 m/积水深度已达 1.4 m 左右/存有深积水/主路断交/积水深度 2.5 m/积水严重/积水深度可没过车身
6	金光道与银河北路交叉口	2012-07-22	积水深度过膝
7	百货大楼	2012-07-22	积水深
8	少年宫	2012-07-22	积水深
9	银河北路距长征医院 200 m 处	2013-08-07/2021-07-18	积水断交/水深可没过车身
10	东安路与广阳道交口	2013-08-07	积水没过膝盖
11	广阳道中心血站门前	2016-07-20/2018-07-24/2021-07-18	水深已达 65 cm/积水深度 30 cm 以上/水深可没过车身
12	民心桥	2016-07-20	积水比较严重
13	建设路	2016-07-20/2021-07-18	积水较深/水深可没过车身

表 4-5（续）

编号	积 水 点	积涝时间	积水情况
14	新开路	2016-07-20	积水较深
15	和平街与祥云道交口	2016-07-20	积水较深
16	和平街与金源道交口	2016-07-20	积水较深
17	金光道与文明路交口	2016-07-20	积水较深
18	广阳道与裕华路交口	2016-07-20	积水较深
19	广阳道与永兴路交口	2016-07-20/2018-07-24	积水较深/积水深度 30 cm 以上
20	新华路与建国道交口	2016-07-20	积水较深
21	新华路与光明道交口	2016-07-20	积水较深
22	新源道	2016-07-20	全段积水 20 cm
23	七中门前	2016-07-20/2018-07-24	有积水/积水深度 30 cm 以上
24	北凤道	2016-07-20	有 15 cm 积水
25	艺术大道	2016-07-20	有积水
26	永华道与永兴路交口	2018-07-16/2018-07-24	积水深度超过 30 cm/积水深度 30 cm 以上
27	常青路五小路段	2018-07-16/2018-07-24	积水深度超过 30 cm/积水深度 30 cm 以上
28	瑞丰路与常青路交口	2018-07-16/2018-07-13	有积水/积水深度超过 30 cm
29	金光道与银河路以西	2018-07-16	积水深度超过 30 cm
30	金光道与永兴路交口	2018-07-16	积水深度超过 30 cm
31	广阳道与新开路口	2018-07-16	积水深度超过 30 cm
32	北凤道与银河路口	2018-07-16	积水深度超过 30 cm
33	北凤道与永兴路口	2018-07-16	积水深度超过 30 cm
34	永兴桥	2016-07-20/2018-07-16	积水深度比较严重/积水深度超过 30 cm
35	永华道常甫路以西	2018-07-16	积水深度超过 30 cm
36	东安路与爱民道交口	2018-07-24	积水深度 30 cm 以上
37	光明西道与常甫路交口	2018-07-24/2018-07-13	积水深度 30 cm 以上/有积水
38	西昌路与北凤道交口	2018-07-24	积水深度 30 cm 以上
39	广阳道与丰盛路交口	2018-07-24	积水深度 30 cm 以上
40	银河北路与曙光道交口	2018-07-24	积水深度 30 cm 以上
41	廊万路与裕华路交口	2018-07-24	积水深度 30 cm 以上
42	新华路明珠大厦门前	2018-07-24	积水深度 30 cm 以上
43	永华道	2018-07-24	积水深度 30 cm 以上
44	瑞丰道	2018-07-24/2018-07-13	积水深度 30 cm 以上/有积水
45	辛庄道	2018-07-24	积水深度 30 cm 以上
46	新源道紫金华府北门	2018-07-24	积水深度 30 cm 以上

表 4-5（续）

编号	积 水 点	积涝时间	积水情况
47	丰盛路南头	2018-07-24	积水深度 30 cm 以上
48	爱民桥	2012-07-21/2013-08-07/2018-07-13/2019-05-21/2020-08-23	积水深达 4.5 m/积水最深时达 3.3 m/存有深积水、主路断交/积水深度 1.5 m/积水严重
49	爱民道	2021-07-18	水深可没过车身
50	永兴路	2021-07-18	水深可没过车身
51	迎春路	2021-07-18	水深可没过车身

廊坊市有三个地点极易积水，解放桥（点 5），爱民桥（点 48）和广阳道中心血站门前（点 11）。

点 5，解放桥，2012—2021 年间有 8 次积水记录，2012 年积水最严重，水深达 4.5 m，交通中断，当年有 200 多辆汽车在解放桥和爱民桥抛锚，造成损失很大。在几乎所有年份的积水记录中都有解放桥，且解放桥的积水程度都很严重，动辄断交。廊坊市解放桥历史悠久，解放桥两侧多为老旧小区，道路坑洼不平，排污系统老化，排水能力差，这加大了解放桥的排水压力，导致解放桥极易积水。

点 11，广阳道中心血站门前，2016—2021 年间有 3 次积水记录。2016 年积水最严重，水深达 65 cm，有不少轿车在这里熄火。广阳道八干渠雨水泵站建成后，广阳道中心血站门前的积水状况仍然没有明显改善，2021 年该地积水没过车身。

点 48，爱民桥，2012—2020 年间有 5 次积水记录。2012 年积水最严重，和解放桥一样，积水深达 4.5 m。2017 年，廊坊市新建了爱民道大皮营引渠泵站，之后爱民桥的积水情况有所缓解。2019 年 5 月 21 日降水，爱民桥积水深度只有 1.5 m，而解放桥积水深度达 2.5 m，表明积水点整治有了很大的进展。

点 6、9、29、51，集中于金光西道和银河路交叉口，是廊坊市易积水点分布最为密集的区域。原因是这里离廊坊市主城区的排水通道大皮营引渠、八干渠还有龙河都很远，缺乏排水通道。

点 4，国际饭店。国际饭店门口处道路中心高程低于国际饭店出口约 40 cm，为和平路路段最低点。降雨时道路两侧地块及和平路上雨水通过自流均汇入国际饭店门前，而且此地的下游排水不畅，排水能力不满足，致使积水严重。廊坊市于 2021 年 5 月 26 日启动和平路（国际饭店门口）整治项目，将国际饭店门前积水点处雨水口进行封堵。通过调整道路坡度，将最低点调整至绿化带两侧，避开出入口，在绿化分隔带两侧新建多个雨水口，整治工作缓解了此路段易积水的状况（刘少宇，2021）。

点 22，新源道。2017 年，廊坊市实施市区四座泵站项目建设，新建广阳道八干渠雨水泵站和爱民道大皮营引渠泵站，并对永丰道泵站、益民道泵站进行改造，新增防汛排水能力 6.3 m^3/s，截至 2022 年新源道配套路网等新建道路已经建成，和平路雨水泵站也投入使用，新源道的积水问题会得到大幅缓解。2023 年 9 月新源道雨水泵站在加紧建设。

点 19、点 26、点 30、点 33、点 34、点 48、点 50 均位于永兴路段，永兴路段是市区积水最严重的区域之一。2021 年 7 月 21 日，永兴路出现严重积水，水深可没过车身。廊坊市也采取了一些措施，如增加下游雨水泵站的数量，提高标准新建雨水管道以增大排水容量。永兴路段顶管工艺地下双排直径 3 m 管道施工已于 2021 年底完成，是廊坊市直径最大的顶管工程，投入使用后，将极大缓解汛期永兴路路面积水问题。

调查结果显示，廊坊市内涝频发有自然原因，但更多的是人为原因。夏季过多的暴雨和廊坊市大部分在地质构造上属于凹陷地区是导致城市内涝的自然原因。过度开采地下水、排水通道设计不合理以及对城市基础建设的投入不足等是廊坊市雨季多积水的人为原因。人为原因具体为：

（1）地面沉降日益严重，形成多处低洼地，雨水管道下沉，出路被阻隔。廊坊市地下水资源匮乏，市区深层水长期处于超采状态，水位持续下降。地下水位的下降导致城市中出现不同程度的地面沉降、塌陷等。地面沉降不仅降低城市局部区域的地面高程，形成多处低洼地，影响雨水径流的地面收集，增加地表积水的概率，还有可能造成雨水管道下沉，管体基础及结构的破坏，管道淤积、堵塞现象严重，甚至改变管道的原有坡向，导致雨水的出路被阻隔，大大降低雨水排水系统的行洪能力（张炜，2012）。

（2）缺乏排水通道，河道行洪能力低。廊坊市中小河流众多，但是廊坊市城区却无河流穿过，也无贯穿主城区的排水明渠，绝大部分地区没有自流排水条件，积水主要靠泵站抽排，排水管道水流条件复杂，存在环流、回流、压力流等多种情况。当遇到超出设计标准的强降雨时，必然导致排水不畅，形成积涝（王清川，2013）。廊坊市主城区的主要排水渠为大皮营引渠和八干渠，都在主城区的边缘地带，且它们起于北京市大兴区，在夏季发生大范围降水时，来自上游的雨水使得行洪通道水位上涨，下游河道会关闸控制水位，顶托城区积水，使得廊坊市主城区内涝频发。

（3）规划标准偏低。按 0.5 年或 1 年一遇水平防洪标准规划，缺乏宏观性、系统性和整体性。

（4）廊坊市北部新区路网和各种市政措施（雨水排水设施）相对滞后，排水泵未能同步建设，部分区域雨水排放缺少下游出路。

（5）没有充分利用道路绿地，部分绿地阻挡了河道和道路的连通性。

4.6 河北省城市内涝原因与防治措施

4.6.1 河北省城市内涝主要特征

河北省城市内涝具有以下特点：

（1）由于降雨、地形等原因，河北省 5 个主要城市的城区都存在严重的内涝现象，年均 20 余个积水点。2012—2022 年，积水点数量呈波动增加趋势，尤其在 2016 年、2021 年，由于降雨量偏多，城市内涝点增加明显。

（2）河北省城市内涝治理效果显著，5 个城市积水点的空间分布随时间变化明显，大多数旧积水点在 2020 年后不再出现积水，说明这些点已基本治理完成。但近几年，5 个城市又有新的积水点出现，主要分布在新开发的地区，或者地势低洼、排水能力中下水平的地区。

（3）河北省 5 个城市都存在着 3 年次以上的易涝点，长久易涝点多是地势低洼和排水设施建设等多因素作用的产物，治理相对困难，需要多部门协作共同治理。

4.6.2　中心城区内涝成因分析

河北省 5 个易涝城市的成因分析见表 4-6，有相同之处，也有不同之处，主要包括：

表 4-6　河北省主要易涝城市的内涝情况及成因分析

城市	地形	湖泊	排水管网	防洪条件	水系	
石家庄市	东南低西北高，海拔差距较大	市区西北部有水库，地势相对较高	持续推动了市政老旧管网更新和雨污分流改造，市政排水管网基本完成雨污分流	防洪标准低	石家庄市北郊区有 4 级支流，城区有人工河经过	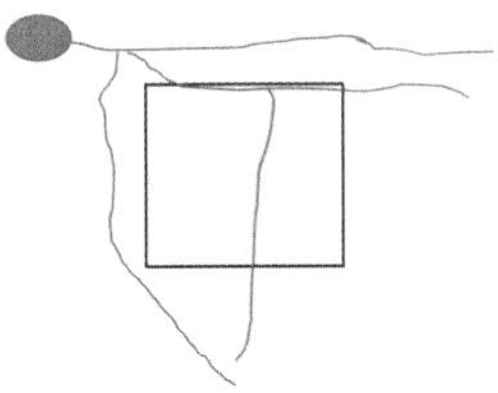
保定市	地势低缓，城区地势在 6~32 m 左右，西高东低	市区西部有水库，地势相对较高	83.73% 的管道达不到 0.25 年一遇的标准，改造进行中	有护城河，防洪标准低	多条 5 级水系，城区有河流经过	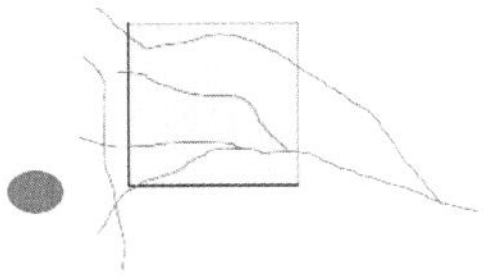
邢台市	西高东低，城区海拔在 40~140 m 之间	无水库	雨污分流改造、老旧管网改造进行中	防洪标准低	中心城区无河流经过，西郊河南郊有河流经过	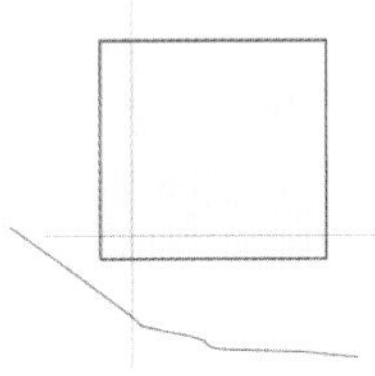
邯郸市	南高北低、西高东低，城区海拔在 55~140 m 之间	市区西部有水库，地势相对较高	雨污分流改造进行中	防洪标准低	城区有河流经过	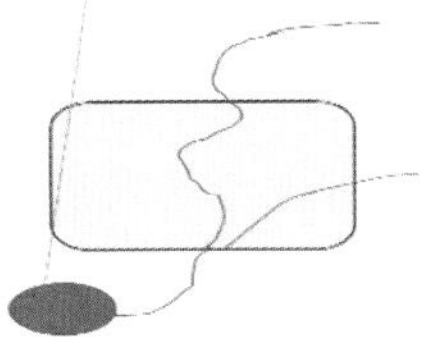
廊坊市	地貌平缓，城区海拔在 5~26 m 左右	无水库	2021 年底，市区主管网雨污分流改造已全面完成	防洪标准低	主城区东西有河流经过	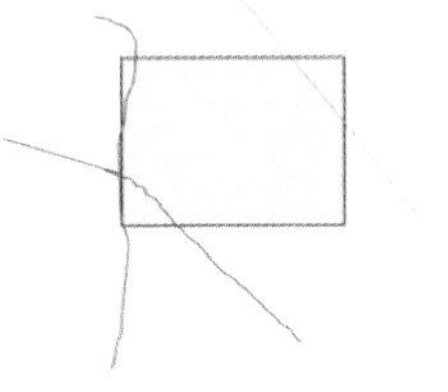

（1）中心城区地形地貌平缓、均为平原城市，年均降雨量也相对最高，且降雨集中在夏季，极易造成暴雨洪涝灾害。全球气候变暖导致短时极端强降雨频发，不透水面积比例增大，城市排水不及时。

（2）中心城区地表水系退化，甚至消失，导致排涝体系损坏。河北省城市化水平仍在不断提高，雨水管道都是依路而设，城区空间扩展过程中，改变了之前顺应地势分担积水的河道和水渠的分布格局。原先的水渠和排水通道被填埋、占用和堵塞，在这5个平原城市表现得很明显。排水防涝系统低效，排水分区不合理，雨水下游出路单一，排涝依赖管道。石家庄市城区西部四支渠被占用，邢台市排水渠道远离城区，邯郸市城区东北部高速西明渠未建设完成，廊坊市城区东部排水渠也只有一条。

（3）过度依赖城市管网，但排水管网老化淤积，基础差，排涝能力低。石家庄等5座城市当前的雨水排水管网能力较低，排水防涝设施不全，排水管网存在设计缺陷问题。部分城市市政系统雨水与污水管道内混流严重，尤其在一些比较老旧的城区或者城中村中。虽然这些城市雨水排放管网已经初步形成规模，但在部分路段上，由于实际的污水管网管径过小，可能导致对于污水的收集过程不完善，发生流淌至雨水管网中的现象，也可能导致污水不能及时送到净化处理厂，或者一些管道的错连、乱接堵塞原有的流水排水渠道。虽然各个城市已经陆续开展措施，使城市管网与城市发展相匹配，但是排水工程有建设成本高、施工难度大、周期长的特点，且日常检修难度大。

（4）主城区雨水管道系统达不到规范要求，难以完成就近排入水体。中心城区内基本为自流排放，雨水排放口较多。然而，受市区河道标高限制，部分管道埋深较小，管道坡度达不到规范要求，排水能力受到影响。而这5个城市建成区外围区域均为泵站强排系统，暴雨来袭，城区河道水位持续上涨，水位过高导致雨水泵站排水受阻，造成城区部分铁路道桥及地势低洼的易积水路段积水撤排时间有所延长。

（5）城市水系排水和城市内水体景观功能区分不明确。这5个城市城区均有多个公园和道路绿化，但是生态调蓄能力低下，绿地地面一般都高于周边路面，雨水径流大部分直接由绿地到路面进入排水系统，下渗的径流量较小。例如石家庄城区的东湖公园、保定市东风公园和龙潭公园、邢台市达活泉公园、邯郸城区丛台公园和龙湖公园、廊坊市自然公园等，由于这些市区内公园建设较早，而我国雨水花园、海绵城市的建设研究起步较晚，并没有将雨水回收利用设施运用到公园的建设中，导致多数雨水通过排水管网流入市政排水管，增大了排水管道的压力，加重了城市内涝。

（6）市民防汛减灾意识薄弱。很多市民没有防汛减灾意识。平时很多人把生活垃圾随手就扔进河道、下水道等，很容易造成排水不畅，以至于少量的雨水就形成积水现象。

（7）城市内涝防治管理体制不健全，排水排涝管理体制不顺，管理部门职责不明确。除承德市、衡水市和邯郸市防汛排涝工作在水务部门外，其他区市均由住建部门负责。城市水系管理工作则更为复杂，分别涉及住建、水务、园林等部门，且各个管理部门职责交叉，衔接不顺，配合不足。

（8）城市内涝风险预警工作十分薄弱。河北省城市内涝预警服务工作还处在起步阶段，预警服务能力尚较为薄弱，且因信息化管理水平需要提高，管网资料需补充完整。

4.6.3　城市内涝防治对策

城市需要建设更加完善、更具韧性的系统化内涝防治体系，以抵御城市内涝带来的危害。如何加强防涝基础设施建设，减轻内涝损失，已经成为我国防涝工作的难点和重点（李彦，2013；全春林等，2021；戢英，2021）。自 2013 年始，国务院、国家发展和改革委员会、住房和城乡建设部等部门先后出台各项政策，要求各城市制定城市排水防涝设施建设规划，形成排水防涝工程体系，老城区历史上严重影响生产生活秩序的易涝积水点全面消除，新城区不再出现“城市看海”现象。具体防治对策包括：

（1）提高雨水管渠排水能力，整改旧、小、废管道，完善城区排涝泵站建设。对于已经修建好的老城区，全面改造市政管网难度较大，但是可以对容易积涝的地段进行局部改造。在今后的城市道路建设和旧城改造中，排水管网一定要与道路建设同步实施改造。河北省各市已经开始针对部分排水管网进行改进，通过完善区域雨水管道等排水设施等，进一步提升城区排水能力。

（2）加快雨污分流改造。石家庄市、保定市和邢台市污水处理能力的不足是造成部分路段积水的重要原因。雨污分流可提高城市市政管网收集、输送雨水的能力，可减少暴雨造成的局部积水，降低城市内涝风险。

（3）拓展城市排水出路。排水出路主要是指用于排除城市雨水的内河水系，针对部分河段狭窄影响城区防汛安全和部分沿河路不贯通等问题，石家庄市西部应恢复四支渠系统；中部建议连接石津南支与东部退水明渠；整治汪洋沟；东部新建高速公路西明渠等排水水系，东部降低绿化带高度（张伟等，2016）。采用具有较强吸水性的泥土，可参考美国利用雨水营造雨水景观的成功案例，如“雨水花园”和“绿色街道”工程，适时适地建立“雨水花园”；抬高道路标高，降低绿地标高；减少硬地，增加绿地；建造生态型驳岸；营建绿色屋顶。城市广泛使用透水路面，利用城市路面的地下空间来收集局部区域内雨水径流，不仅可以减小暴雨洪峰流量，减轻市政排水压力，解决道路积水和城市防洪排涝等问题，还可以控制径流污染，缓解城市水危机，改善城市生态环境，从而实现道路建设和水资源的可持续发展利用。

（4）地道桥、铁道桥等局部内涝点的解决应结合管网改造、泵站提升、调蓄设施建设等进行综合整治。地道桥汇水区重在通过合理的管网系统和适当的竖向调整控制桥区客水量的汇入，同时，建设智慧排水系统，实时观测下穿桥等易积水点地区的水位并为车辆提供预警。

（5）完善防汛体系，重视退水工作。明确各管理部门的职责权限，使工作人员在管理过程中有章可循；其次，完善预报预警工作机制，科学制定治理内涝工作的应急预案；建立公共事件预警信息发布系统，随时做好超标雨水的预警。

第5章 大清河流域暴雨洪涝灾害危险性评估研究

大清河流域是我国七大河流之一海河流域的重要组成部分。海河水系是我国华北地区的最大水系，由海河干流和北运河、永定河、大清河、子牙河、南运河五大支流组成。海河水系各支流河床上宽下窄，进入平原后，又因纵坡减缓、河床淤塞，河道泄洪能力大减，洪水季节，河堤易溃决。因此，河北平原是洪、涝、旱、碱经常发生的地区。中华人民共和国成立后，海河得到根治，情况有所转变。但是，全球变化背景下，强降水等极端气候事件多发频发，海河流域尤其是大清河流域，短历时暴雨明显增多，洪涝风险加剧。本章以长时间序列降水和水文观测数据为基础，计算不同重现期下大清河流域的极端降水和径流量，分析大清河流域暴雨洪涝特征，评估大清河流域的暴雨洪涝危险性，旨在为大清河流域缓解洪涝灾害、有效应对降雨引发的内涝灾害提供科学支持。

5.1 大清河流域概况

大清河所流经的京津冀地区是我国北方经济规模最大、最具活力的地区。国家级新区——雄安新区处于海河流域的中下游区域，所管辖的白洋淀属大清河南支水系的湖泊，是保定市、沧州市交界143个相互联系的大小淀泊的总称，总面积366 km^2，平均年蓄水量1.32×10^{10} m^3，是河北省最大的湖泊。

大清河流域位于海河流域中部，西起太行山区，东至渤海湾，北界永定河，南临子牙河。大清河流域地跨山西、河北、北京、天津，流域面积43060 km^2（图5-1）。其中，山区面积18659 km^2，占比43.3%；平原面积24401 km^2，占比56.7%。大清河流域上游支流繁多，至流域中游汇集成为南北两大支流，两大支流都发源于太行山，并向东由海河汇入渤海。北支主要包括拒马河、小清河、琉璃河、中易水、北易水等支流。其中拒马河最长，来自太行山东麓，发源于涞源县的涞山，且在北京市房山区张坊镇之后又分为南、北拒马河，小清河和北拒马河在东茨村之后称白沟河，南拒马河在北河店纳中易水后，与白沟河在白沟镇汇合，始称大清河。在此以下大部分水流由新盖房分洪道入东淀，少量经白沟河引入白洋淀。南支主要包括潴龙河、唐河、清水河、府河、漕河、瀑河等支流，来自恒山南麓。其中唐河及潴龙河较大，潴龙河由磁河和沙河等汇集而成，各河向东汇入白洋淀。南支河水汇入白洋淀后，经调蓄再由赵王新河汇入白洋淀东淀。白洋淀东淀出口汇流至海河干流和独流减河，为大清河入海尾闾。

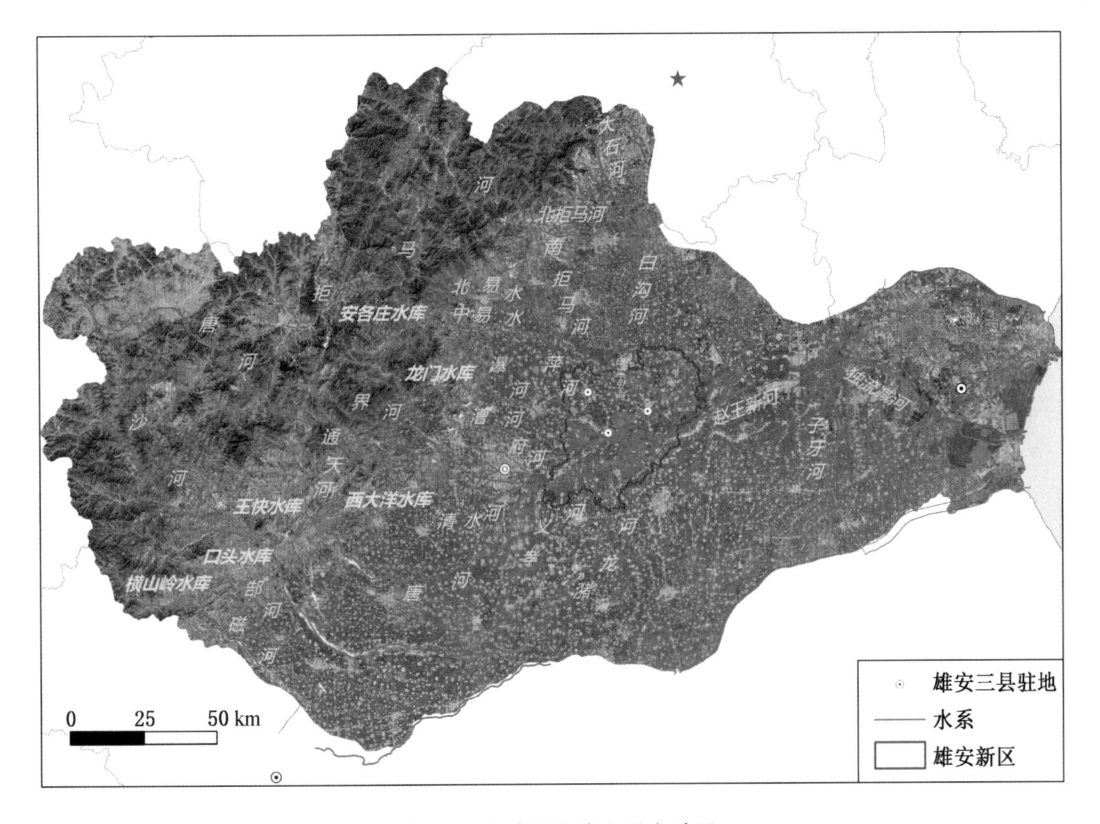

图 5-1　大清河流域主要水系图

受自然环境变化和水利工程建设的影响，大清河流域干流和支流在历史上常有变动，特别是明代以来，大清河南系在河网结构和河道位置方面发生了巨大演变。清代以来，中游平原区建设了大规模的堤防工程，同时结合开挖引河、清淤浚河等各项工程措施来改造水系环境。中华人民共和国成立以后，流域上游地区开始修建水库，中下游地区进行水利枢纽和蓄滞洪区建设，下游地区开挖引河、减河等。到 20 世纪 70 年代后期，流域水利工程体系基本完善。目前，大清河流域上游山区以蓄水工程为主，由大型、中型、小型水库构成，各型水库总库容 3.69×10^{10} m^3。除去界河与拒马河，主要河道均有水库控制，控制山区面积为 11470 km^2。其中，大型水库有 6 座，库容共 3.43×10^{10} m^3，包括位于唐河上的西大洋水库、沙河上的王快水库、漕河上的龙门水库、郜河上的口头水库、中易水上的安各庄水库、磁河上的横山岭水库；中型水库有 8 座，包括龙潭水库、瀑河水库、燕川水库、红领巾水库、旺隆水库、垒子水库、宋各庄水库和马头水库；此外，还有小型水库 115 座。6 座大型水库的防洪设计标准为 100~500 年一遇，校核标准为 500~2000 年一遇。中下游地区有白洋淀、兰沟洼、东淀、贾口洼、文安洼等主要蓄滞洪区。

白洋淀流域属海河流域大清河流域的一部分，涉及山西、河北、北京等省市，流域广大，其中河北省占 81.04%，山西省和北京市分别占 11.85% 和 7.11%。淀区四周以堤为界，东至清河口，西至四门堤，南至千里堤，北至安新北堤，淀周堤长 215 km（任丘境内 23.9 km）。淀区东西长 39.5 km，南北宽 28.5 km。位于太行山前的永定河和滹沱河冲积扇交汇处的扇缘洼地上，从北、西、南三面接纳瀑河、唐河、漕河、潴龙河等九条较大的河流入湖，并通过湖东北方向的泄洪闸及溢流堰经赵王新河汇入大清河。2017 年以前，白洋淀为河北省保定市及沧州市共辖，2017 年 4 月 1 日，中共中央、国务院决定在雄县、安新县、容城县设立河北省雄安新区。至此，白洋淀大部为雄安新区所辖，按雄安新区建设规划，湖区将大部划入新区，成为雄安新区发展的重要生态水体。

白洋淀是海河流域大清河水系中游的缓洪滞洪区，位于九河下梢，承担九条河流的洪涝调蓄。随着海河治理工程的建设完成，入淀河系已发生变化：新盖房水利枢纽工程的兴建和白沟引河的开挖，使原来不入淀的大清河北支也经由此入淀；唐河新道的建成，切断了金线河与清水河的入淀通道；府河清污分流，清水入淀，污水排入唐河污水库。孝义河、萍河属于平原河流，常年干枯断流。因此白洋淀实际有六条河流入淀。在入淀的各河流上，修建了许多防洪、除涝、调节、灌溉工程。据统计有百万立方米以上的大、中、小型水库 53 座，千亩以上灌区 36 处，大、中型扬水站 44 个，灌溉面积 440 万亩，流域的水资源入淀径流量逐渐减少。下游由枣林庄闸和赵北口溢流堰控制泄洪，自赵王新河入大清河。流域降雨集中在 7—8 月，约占年降雨总量的 60%，是洪涝灾害发生的主要时段。白洋淀上游支流的山区洪涝和中游平原区的集中降雨易引发洪涝灾害（陈婷等，2021）。

大清河流域防洪调度直接关系到北京市、天津市以及河北省安全问题。在大清河综合防洪体系中，以白洋淀为中枢的洪涝管理与调控集中区域是整个防洪体系的核心。直属的 3 大枢纽工程（枣林庄枢纽、新盖房枢纽、王村分洪闸）和 28 座中小型水利工程就坐落在此核心区域内，担负着保卫雄安新区、天津市、京九铁路、津浦铁路、华北油气田、大港油田及下游广大地区人民生命财产安全任务。白洋淀上游来水南支有龙门、西大洋、王快、横山岭四大水库（总控制面积 9100 km^2）下泄水量及四大水库以下至白洋淀区间（集水面积 11954 km^2）由降雨产生的洪涝，北支有临近淀区的白沟引河来水。白洋淀在防汛上占有很重要的位置，围绕淀区东南的千里堤是保卫冀东平原的防洪屏障。淀区出口建有枣林庄泄洪枢纽工程，当汛期遇到大洪涝时，则根据洪涝预报及工程运用等情况进行防洪调度，以确保千里堤、冀东平原及天津市的防洪安全。

随着白洋淀生态修复和综合治理工程快速推进，核心区周边南拒马河右堤等防洪工程建设如期进行，各类工程建设相继展开，新区建设进入一个崭新的阶段。雄安新区紧邻白洋淀，地处大清河流域的缓洪滞洪地带，确保雄安新区及白洋淀流域的防洪安全是大清河系防洪的重要任务。由于上游河道不发育，行洪能力不足，流域在防洪安全、水资源保障和生态环境建设方面与新区的建设要求存在一定差距。

2021 年 IPCC 第一工作组报告《气候变化 2021：自然科学基础》指出，人类活动引起了全球平均表面温度升高。相较工业化前水平（1850—1900 年），2010—2019 年人类活动引起的全球平均表面温度升高约为 1.07 ℃（0.8~1.3 ℃），其中，自然强迫影响的温度变化仅为-0.1~0.1 ℃（IPCC，2021）。报告还指出人类活动影响下的全球气候变暖

加剧，直接致使气候系统变化的幅度加大。具体可体现在极端高温事件、海洋热浪、强降水的发生频率和强度增加，部分区域出现农业和生态干旱等。随着《气候变化 2022：影响、适应和脆弱性》《气候变化 2022：减缓气候变化》报告的陆续发布，国际社会日益意识到气候变化对人类福祉和地球健康的威胁日益增加，对人类当代及未来生存空间的威胁和严重挑战（IPCC，2022）。

根据气候模式预估结果，到 21 世纪末，中国气候变暖趋势继续，高温热浪会更加频繁。在东亚夏季风的增强阶段，中国夏季雨带向北推移，北方降水量及降水强度增加，最大增幅将会达到 30%；最大降雨量将由现在的 50 年一遇变为 12 年一遇，100 年一遇的 1 小时降水变为不足 30 年一遇。在这样的背景下，到 2050 年，雄安新区及其周边地区气温将升高（艾婉秀等，2019），降水略有增加，强降水日数增多近 1 天，连续干旱日数将减少近 2 天；年均小风日数增加，大气自净能力有所降低，冬季尤为明显。此外，城市热岛效应也将进一步凸显，城区气温升高的速率可能更快，降水更加集中，大清河流域、雄安新区的短时强降雨和阶段性干旱风险更加突出。

5.2　基于重现期的危险性评估方法

气象要素重现期是指大于或等于某一阈值出现一次的平均间隔时间，为该气象要素发生频率的倒数，也就是 n 年一遇（年遇型）。基于 GEV 理论，不同重现期（Return Period，简称 RP）的不同持续时长降雨量最大值计算方法为

$$RP = \frac{1}{EP} = \frac{1}{F(x)} \tag{5-1}$$

$$F(x) = P(X \leqslant x) = \int_{-\infty}^{x} f(x)\,\mathrm{d}x \tag{5-2}$$

式中　RP——重现期；

EP——超越概率；

X——随机变量；

$P(X \leqslant x)$——随机变量 $X \leqslant x$ 的概率；

$F(x)$——变量 x 的累积分布；

$f(x)$——变量 x 的密度分布；

x——持续时长降雨量最大值。

在水文气象统计学中，对于降雨量重现期拟合计算常用的分析方法有 GEV 分布、对数正态分布、韦伯（Weibull）分布、皮尔逊Ⅲ（Pearson-Ⅲ）分布、耿贝尔（Gumbel）分布、指数（Expo-netial）分布、韦克比（Wakeby，简称 WAK）分布等。基于研究区范围内的气象站点数据，进行不同概率分布方法拟合计算降雨量，比较发现 GEV 分布的拟合效果最佳（张玉虎等，2015），故本章选用此方法进行不同持续时长降雨量的重现期拟合计算。

自20世纪90年代以来，在全球气候变化背景下，中国极端天气事件发生的频率加剧。极端降水事件因地而异，例如对于干旱的中国西北地区，部分台站历史上从未出现过暴雨甚至大雨，而这些区域一场中雨往往会造成山体滑坡等危害。所以，对于不同地区，极端降水事件是不能完全用统一固定的日降雨量来简单定义的。

国际上通常采用重现期定义极端降水阈值，超过这个重现期阈值就被认为是极值，该事件就可以认为是极端降水事件，进而计算超过阈值的降雨量或日数等，对极端降水事件进行分析探讨。这种极端降水阈值的定义消除了地域和季节因素，使计算出的降水指数有利于增强少雨地区和多雨地区强降水事件变化的时间趋势和空间可比性，具有较弱的极端性、噪声低、显著性强等特点，可以更好地表征极端降水事件的区域和季节特征，更客观地分析极端降水的气候特征和变化趋势。

极端降水指数在区域极端气候演变分析中得到广泛应用（邹磊等，2021；高文德等，2021）。建立对社会经济发展及人民福祉安康有重要影响的降水事件监测指标体系和极端判别标准是科学评估极端天气气候事件的重要工作基础，是制定重大气象灾害社会防御标准的依据。本章在国际气象组织推荐的27个极端气候指数中选取最大1日降雨量（各年日降雨量最大值），选择我国极端降水检测指标中的极端过程降水监测指标（过程最大连续3日降雨量；过程最大连续7日降雨量）(Kiktev D et al.，2003；马梦阳等，2019；孙惠惠等，2019；贾丽红等，2019)，对大清河流域的极端降水进行危险性分析。

基于已有的水文站点观测数据，并考虑到大清河流域的特征以及子流域的分布情况，选择流域内的北郭村、北河店、倒马关、东茨村、清水河、唐河、石门、紫荆关、落宝滩、阜平、西大洋和王快水文站共12个站点的历史流量等相关数据（表5-1），计算不同年遇型下的极端径流量，评估未来大清河流域的暴雨洪涝危险性。

表5-1　大清河流域水文站点及水文数据年份

水文站	北郭村	北河店	倒马关	东茨村	清水河	唐河
时段	1921—1979年	1961—2001年	1957—2017年	1951—2017年	1961—2017年	1961—2017年
水文站	石门	紫荆关	落宝滩	阜平	西大洋	王快
时段	1957—1971年	1950—1955年	1955—1970年	1959—1965年	1963—1971年	1961—1978年

通过Matlab编程处理数据，统计84个气象站点的最大1日降雨量、最大3日降雨量、最大7日降雨量，以及12个水文站的日最大径流量。再利用广义极值分布（Generalized Extreme Value，简称GEV）理论进行重现期的计算，得出各站点不同年遇型水平下的最大1日降雨量、最大3日降雨量、最大7日降雨量以及日最大径流量，进行反距离权重空间插值，得到致灾因子危险性的空间分布格局。

5.3　大清河流域不同重现期的极端降水分布

基于大清河流域及周边共84个气象站点的长时间序列降水资料，计算流域内不同重

现期的极端降水结果。重现期分别取 10 年、20 年、50 年、100 年、200 年、300 年、500 年、1000 年、10000 年，降水指标分别取 1 日、3 日、7 日。

5.3.1　最大 1 日降雨量

图 5-2 为大清河流域不同年遇型暴雨致灾强度分布图（最大 1 日降雨量），为了便于对比，地图的图例采用统一图例，有的图上没有相应的等级。

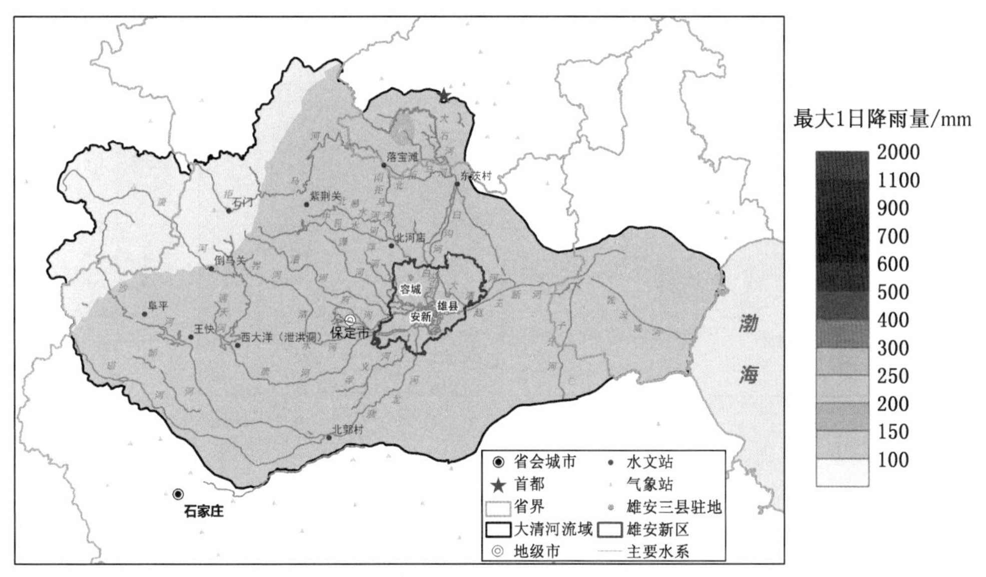

(a) 10年一遇

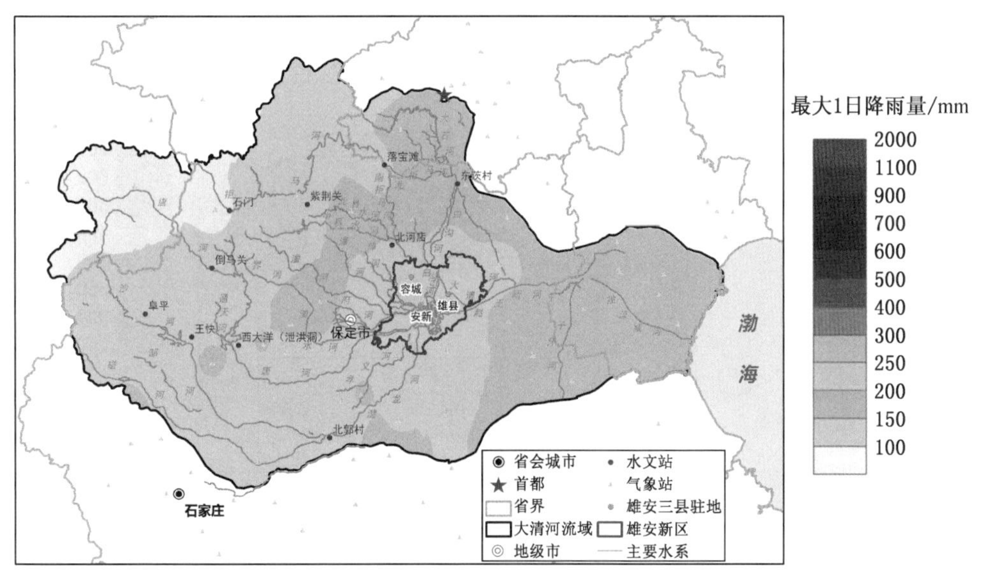

(b) 20年一遇

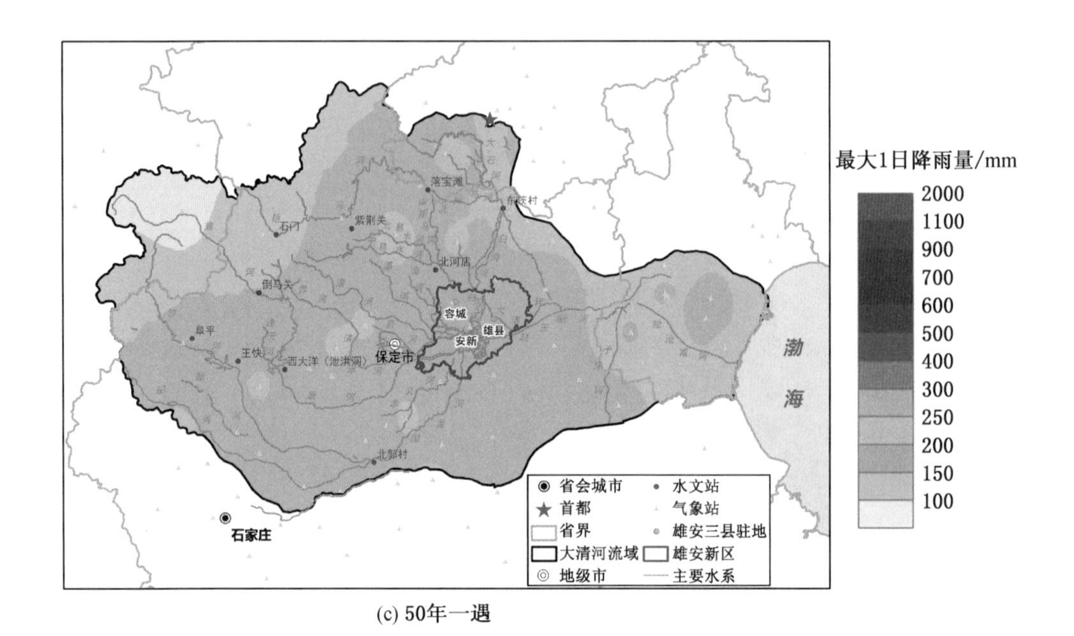

(c) 50年一遇

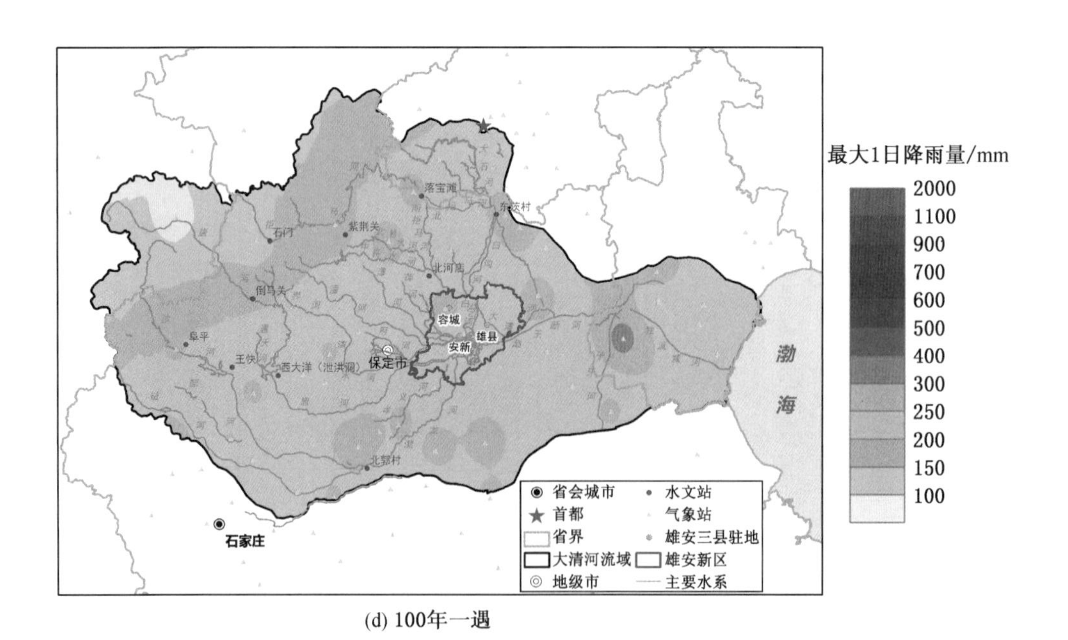

(d) 100年一遇

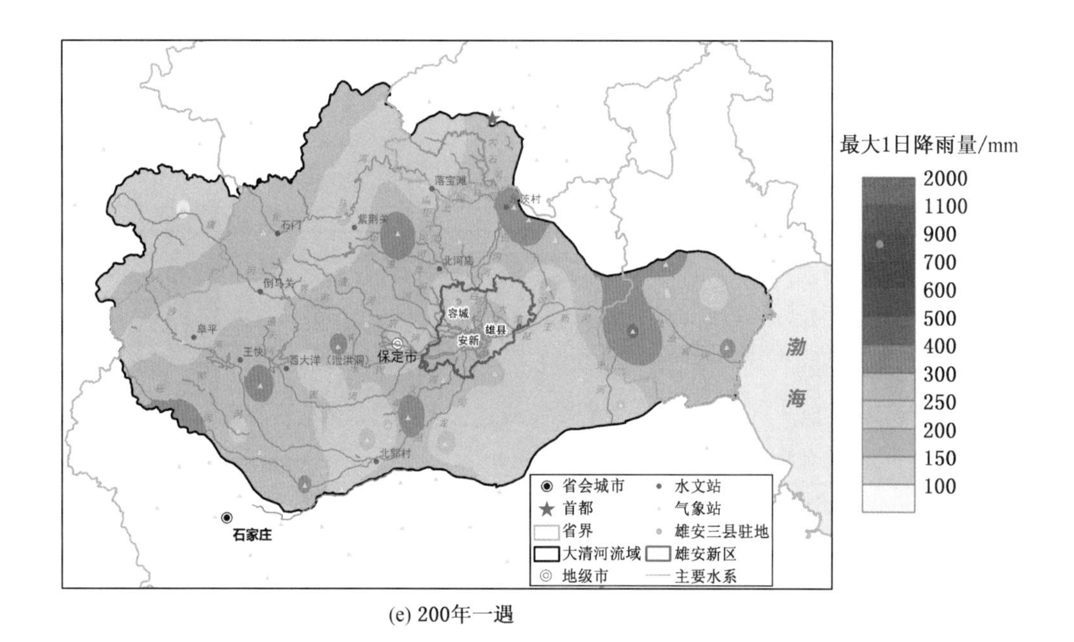

(e) 200年一遇

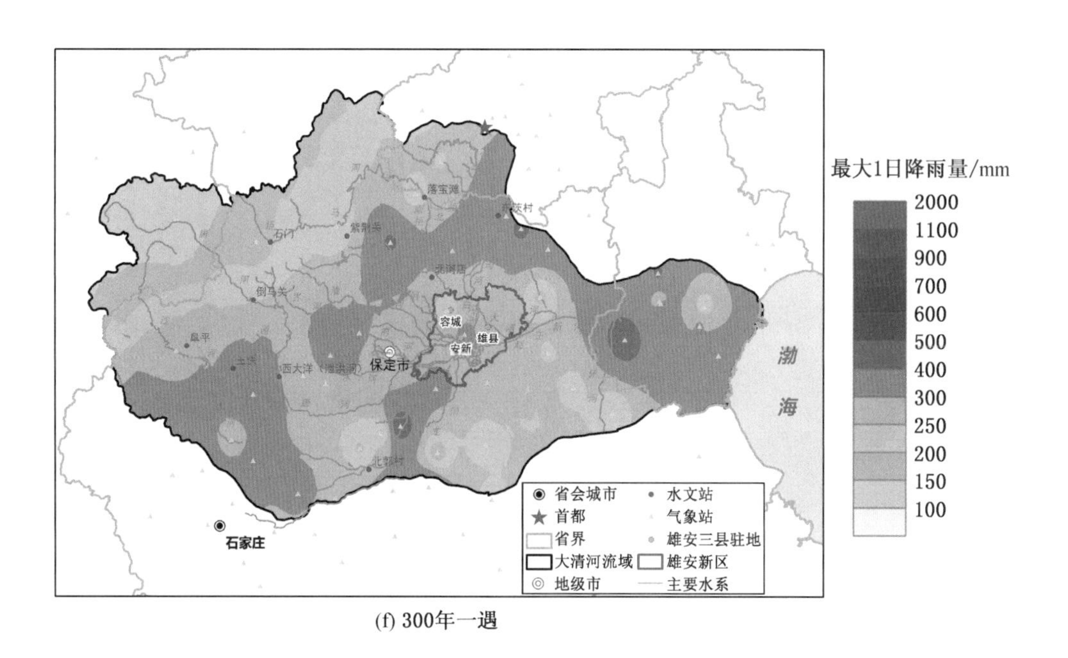

(f) 300年一遇

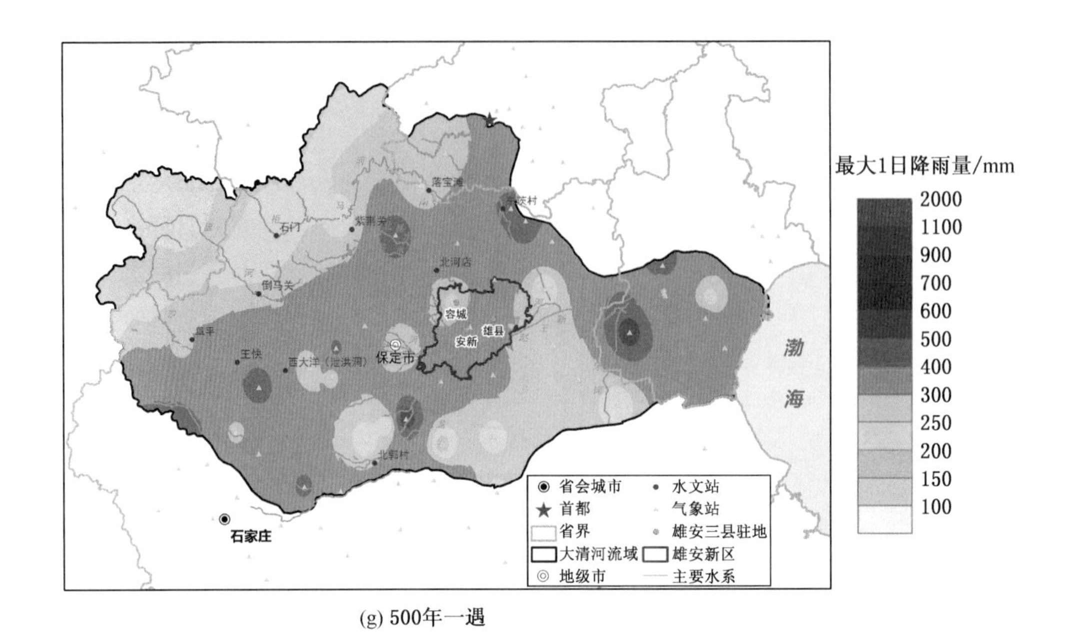

(g) 500年一遇

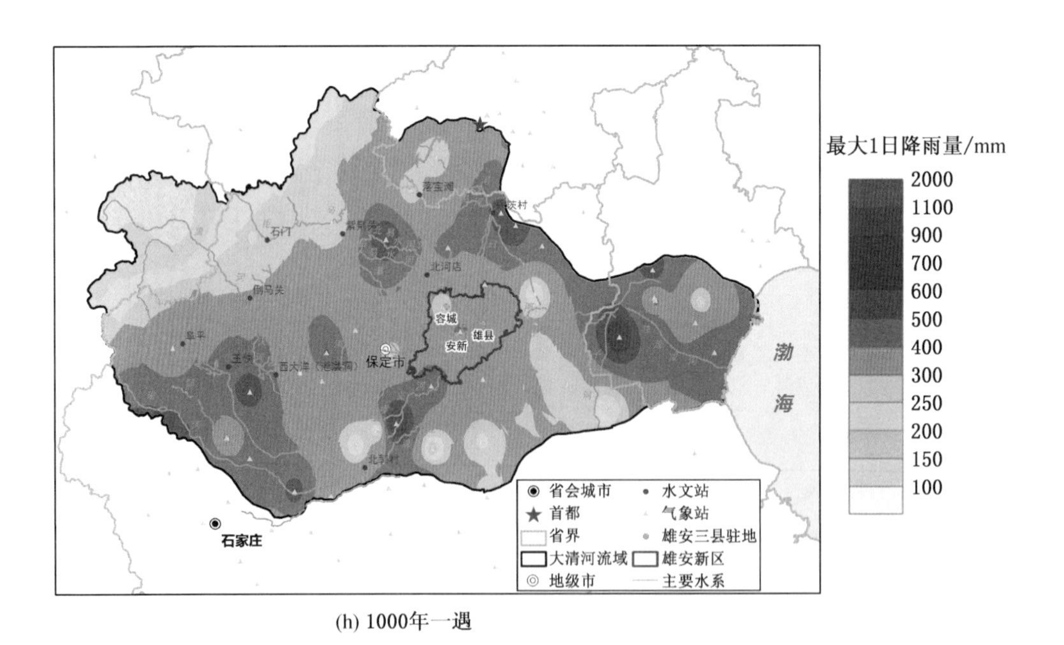

(h) 1000年一遇

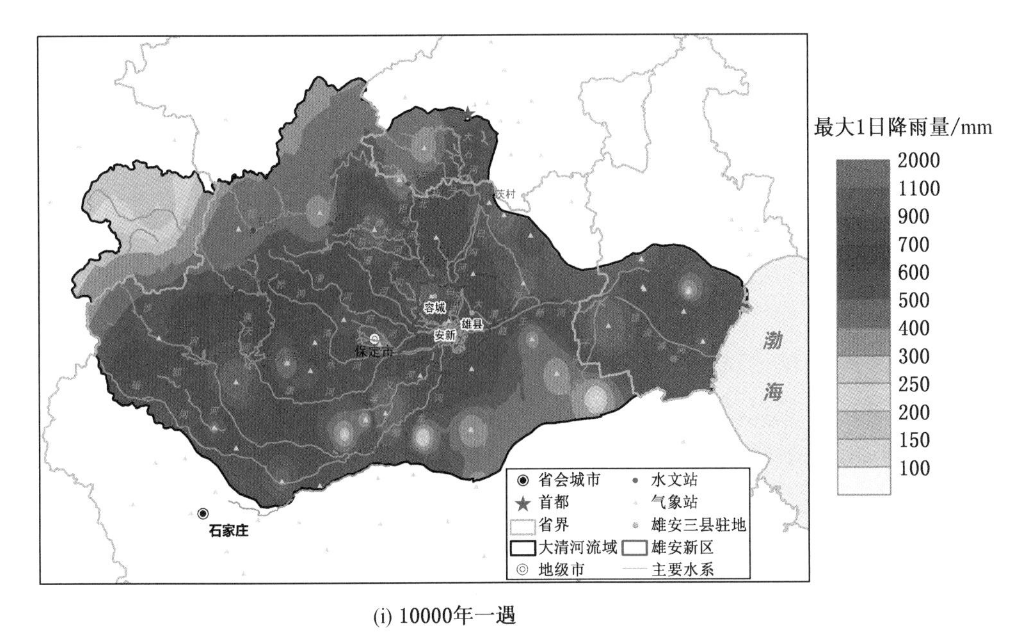

(i) 10000年一遇

图 5-2　大清河流域不同年遇型暴雨致灾强度分布图（最大 1 日降雨量）

在 10 年一遇、20 年一遇、50 年一遇的重现期情景下，大清河流域大多数地区的最大 1 日降雨量保持在 100~200 mm，达到大暴雨的级别。空间上，大暴雨的发生区域主要分布在北拒马河支流大石河上游（北京市房山区霞云岭附近）、大石河流域和府河流域内满城地区附近以及下游天津地区。降水集中在这些区域的原因是：大清河下游地区紧邻海洋，受东南季风或风暴潮影响，气候湿润，降水较多；大石河上游多雨是因为其位于山区，暖湿气流受到地势抬升，气温降低，水汽从不饱和状态趋向于饱和，在某一高度形成降水。

100 年一遇、200 年一遇、300 年一遇的重现期情景下，流域内部分或大部分区域的最大 1 日降雨量超过了 215 mm，达到特大暴雨的水平。历史上大清河流域内“1996. 8”暴雨洪涝事件的 1 日降雨量最高达 256 mm，在保定西部中易水安格庄水库附近有 1 个小的暴雨中心，基本达到了 100 年一遇的水平。中游地区的洪涝危险性增加明显，严重威胁雄安新区及天津地区。山区发源的重要支流（如北拒马河、易水河、沙河、磁河、潴龙河等）均汇入白洋淀，因此在未来极端强降水达百年一遇情景下，白洋淀防洪压力剧增，极大威胁城市安全及淀区生态环境。

500 年一遇、1000 年一遇、10000 年一遇的重现期情景下，最大 1 日降雨量普遍达 300 mm 以上。历史上“2012. 7. 21”暴雨洪涝的中心（北京市房山区大石河的河北镇）日降雨量 307 mm（拒马河流域），达到了 500 年一遇的水平。在万年一遇的极端降水情景下，流域中部沿太行山脉的多雨带和大清河北支（中易水、北易水）以及南支水系（沙河、郜河、孝义河、磁河、潴龙河）将暴发洪涝灾害。一旦作为最后一道安全防线的白洋淀对上游来水无法控制，对中下游地区将会形成毁灭性的灾害影响。

短历时的强降水致灾成害机制：受到水汽、地形等因素的影响，区域内发生暴雨、特大暴雨，具有短历时、高强度的特点。雨水降落到地面，经过截留、蒸发，下渗到土壤当中，当降水入渗土壤后，包气带会对降水进行再分配作用；此时，由于降雨强度大于土壤的下渗强度，包气带土壤含水量在未超过蓄水容量（土壤前期含水量少或包气带较厚）时直接在地表产生坡面径流，累积并顺地势下流汇入河道。当河流径深漫过河岸或安全水位时发生淹没，对房屋、道路、农田及生命产生影响，形成较大损失。

总体而言，大清河流域中上游的 1 日极端降水高值主要分布在清水河中游的顺平和曲阳县附近，磁河中下游以及潴龙河中上游地区，孝义河定州附近。万年一遇的重现期情景下，北拒马河支流大石河流域（北京市房山区），大清河北支（中易水、北易水）以及南支水系（沙河、郜河、孝义河、潴龙河）会达到 900 mm 以上降雨量。对于下游地区，上游来水会对下游地区产生一定的影响，尤其清水河中游、潴龙河下游、孝义河上游及大石河汇入白沟河，下游入白洋淀，途经之处均要注意监测径流水位流量。

5.3.2 最大 3 日降雨量

图 5-3 展示了大清河流域不同年遇型暴雨致灾强度分布图（最大 3 日降雨量）。

在 10 年一遇、20 年一遇、50 年一遇重现期的情景下，流域内最大 3 日降雨量极值区超过了 250 mm。流域大部分地区 20 年一遇的最大 3 日降雨量在 174 mm 以上，流域中部形成一个东北-西南走向的多雨带，主要是受到山脉走向的影响。这一多雨带位于山前迎风坡及地势低洼处，再加上季风的影响，容易形成降水。历史上“1988. 8”暴雨洪涝事件中，沙河上游王快水库附近的 3 日降雨量为 125 mm，为 20 年一遇的水平。

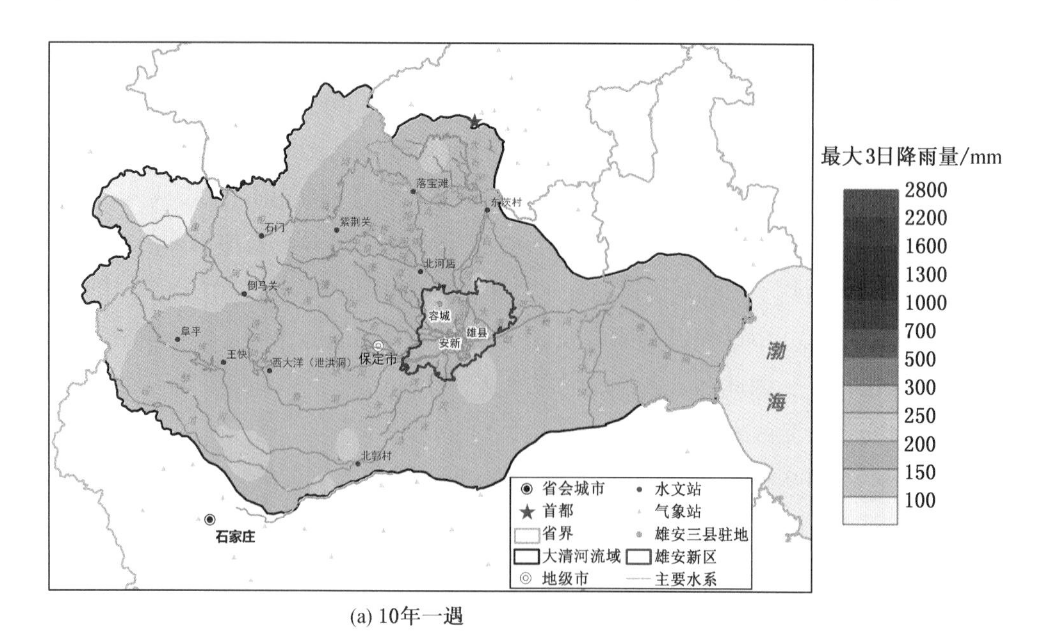

(a) 10年一遇

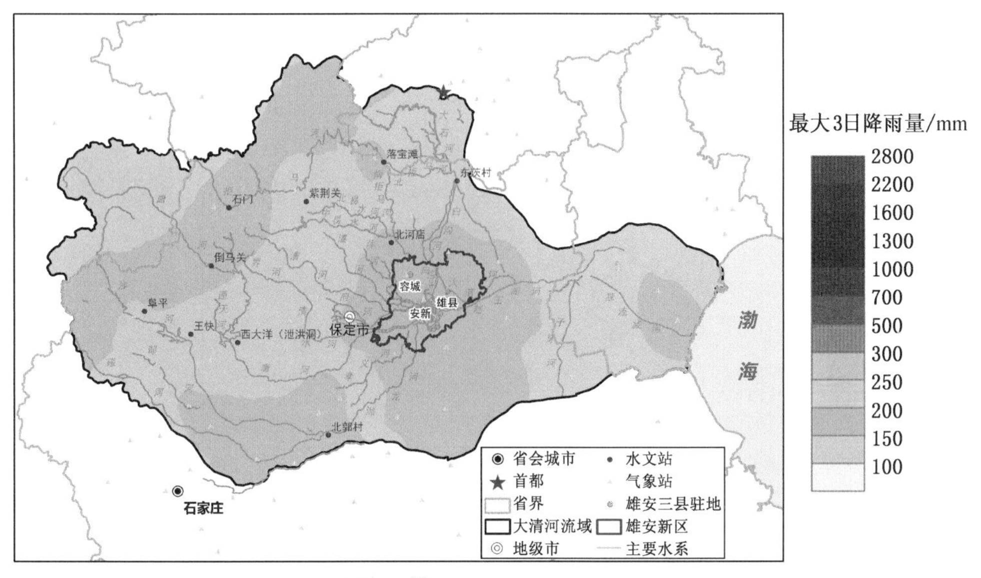

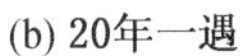
(b) 20年一遇

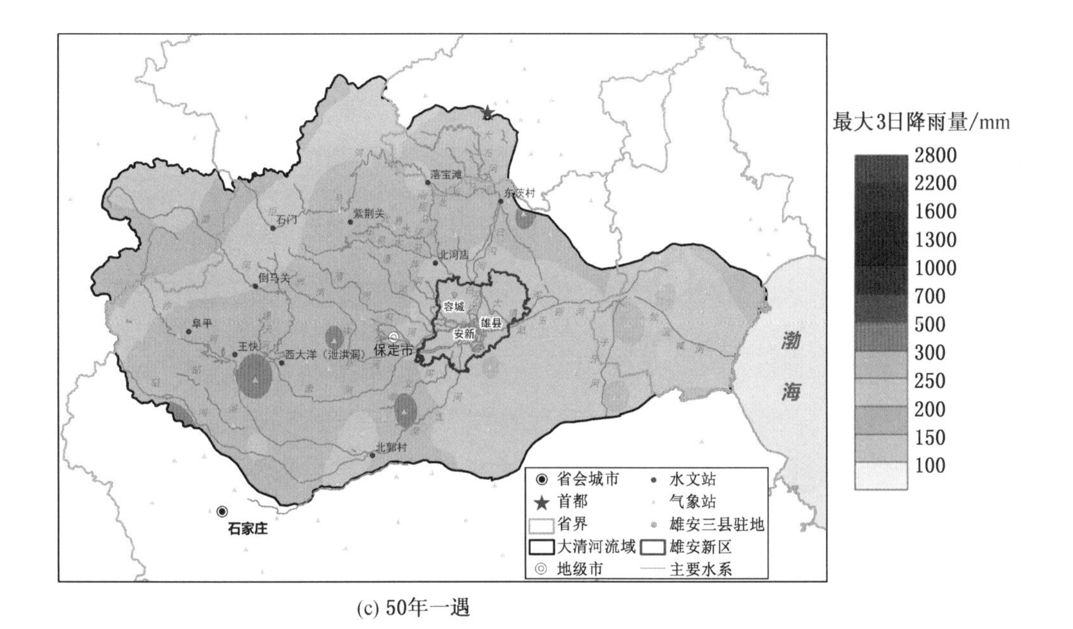

(c) 50年一遇

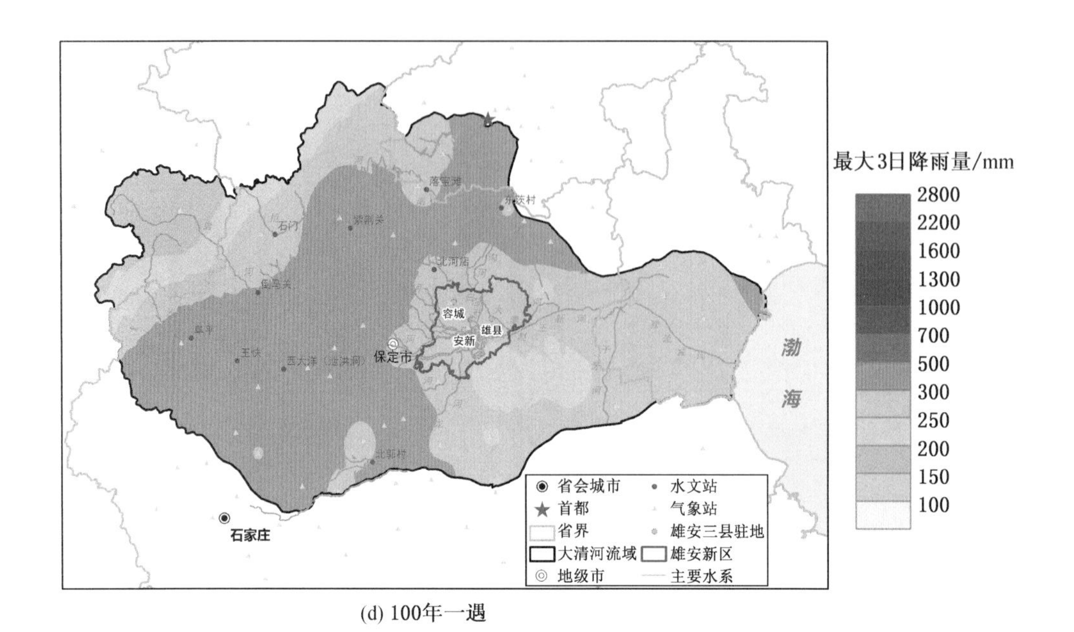

(d) 100年一遇

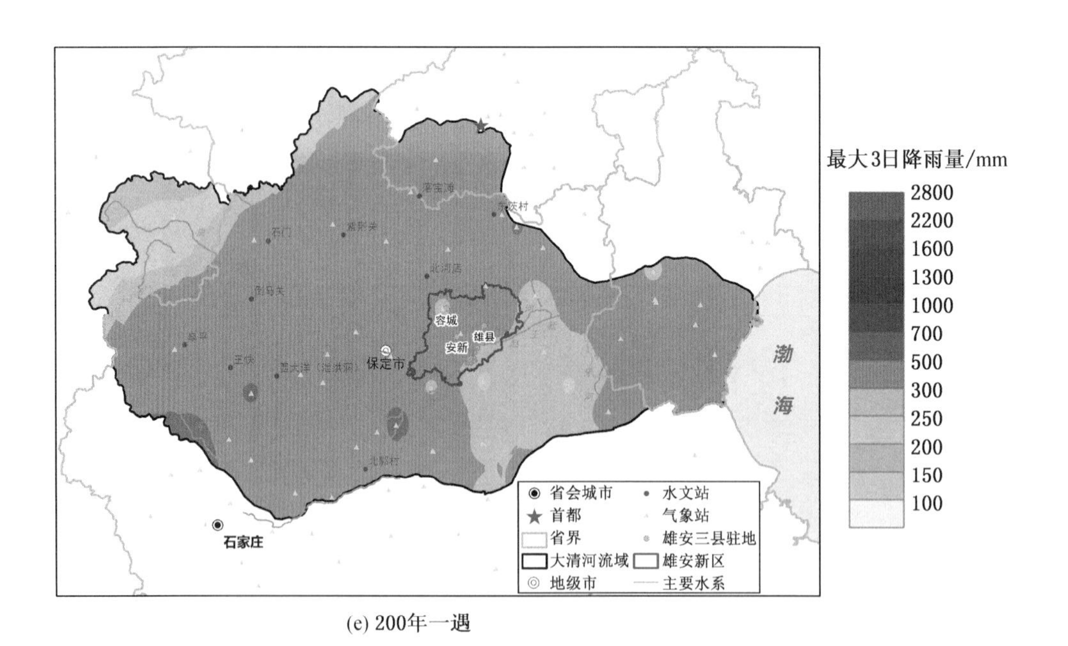

(e) 200年一遇

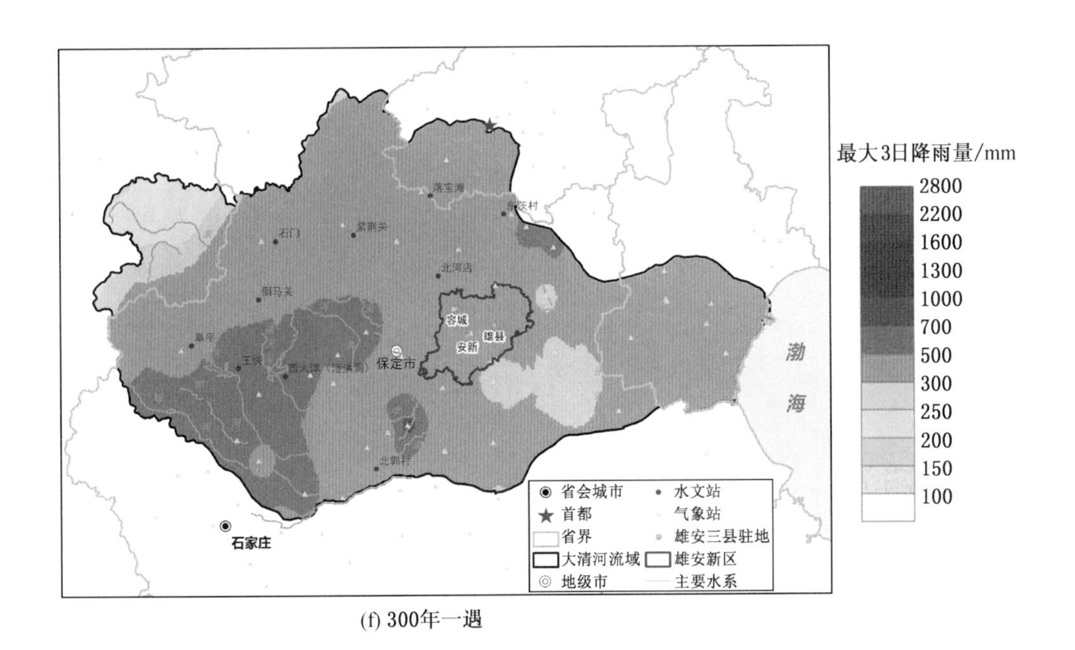

(f) 300年一遇

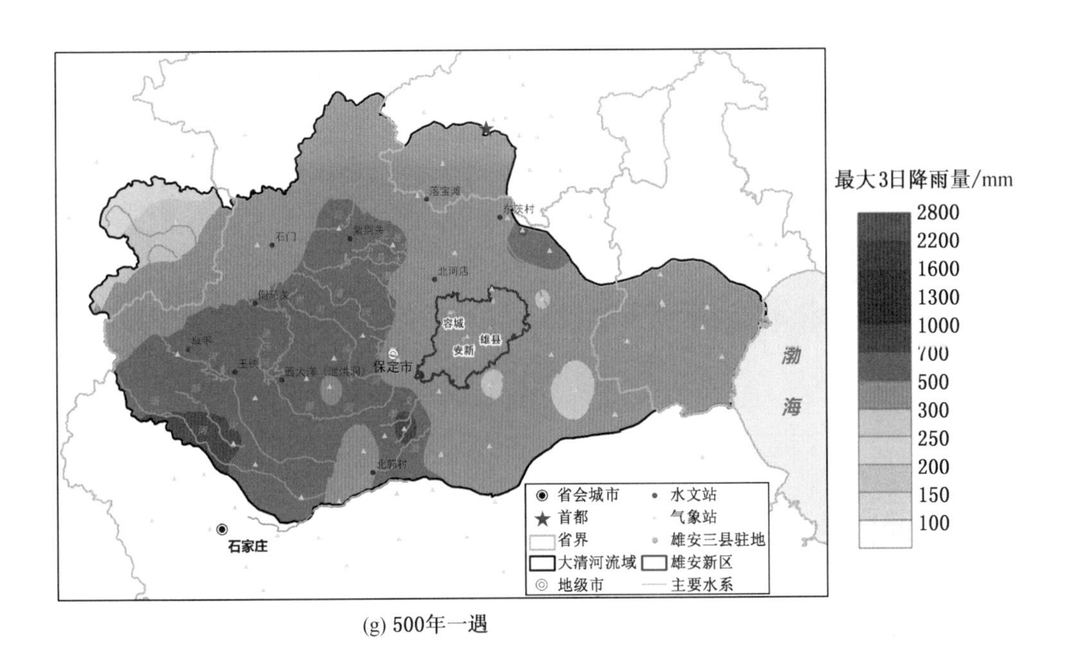

(g) 500年一遇

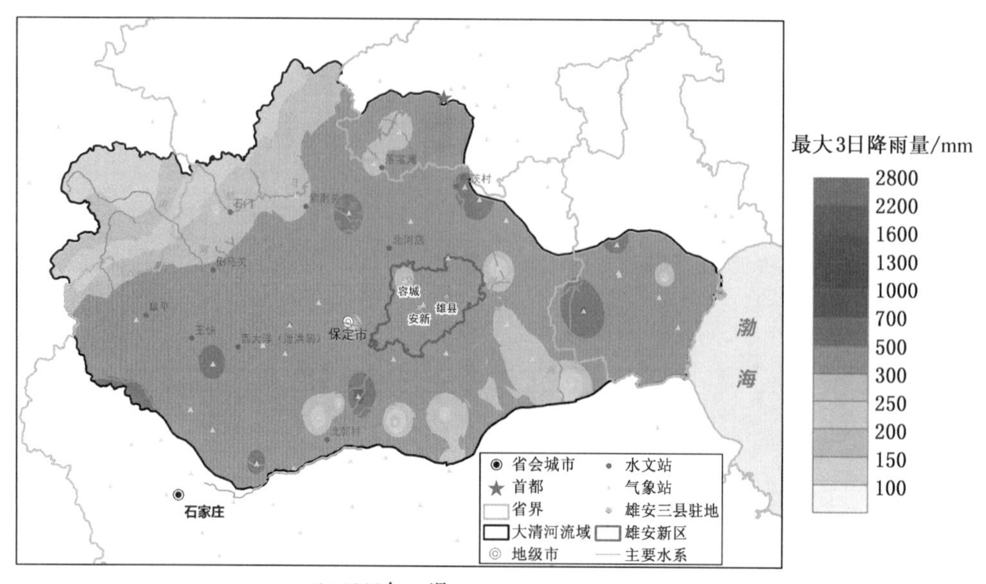

(h) 1000年一遇

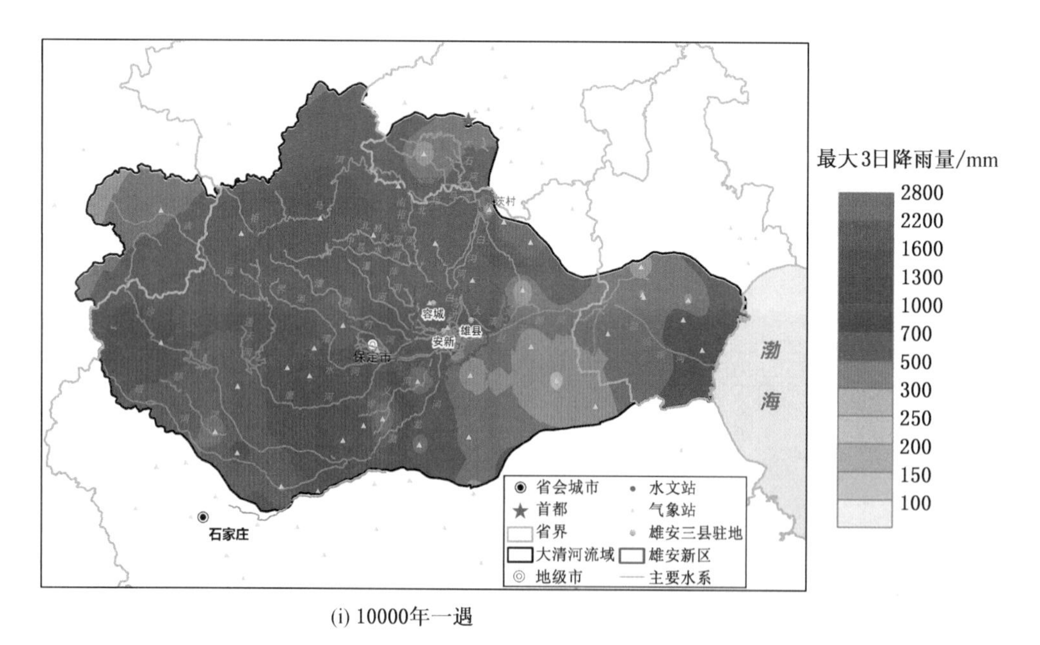

(i) 10000年一遇

图 5-3　大清河流域不同年遇型暴雨致灾强度分布图（最大 3 日降雨量）

100 年一遇、200 年一遇、300 年一遇的重现期情景下，流域内最大 3 日降雨量大部分在 300 mm 及以上。“1996. 8” 暴雨洪涝事件中，降雨中心在磁河下游，北支白沟河附近，3 日最大降雨量在 518. 8 mm（井陉）左右，达到 100 年一遇的水平。上述年遇情景下，整个流域内大部分区域均在较长历时降雨过程的覆盖范围内，洪涝灾害的风险整体上升。极值地区一是北拒马河支流大石河附近东茨村水文站；二是磁河上游陈庄镇附近；三是清水河中游顺平，以及孝义河定州附近。白洋淀拦截这些支流来水对保障雄安新区和下

游天津市的安全很重要。

500 年一遇、1000 年一遇、10000 年一遇的重现期情景下，流域内 3 日降雨量普遍超过 500 mm。历史上著名的“1963. 8”暴雨洪涝事件中，降水高值区有唐河、沙河、拒马河等，3 日最大降雨量在 623 mm（唐县）左右，达到了 500 年一遇的水平。在万年一遇的极端降水重演下，流域南支的沙河王快水库以下、磁河中下游地区孝义河定州附近以及潴龙河中部的降水高值中心突出，高于北拒马河。该地区未来发生由较长历时降雨导致的暴雨洪涝灾害的概率很大，下游入淀，对雄安新区会形成很大威胁。

较长历时降雨过程致灾成害的机制：主要受地理位置和台风等影响，区域内发生较长历时、强度不小的降水，降落到地面，经过截留、蒸发，下渗到土壤当中。当降水入渗土壤后，包气带会对降水进行再分配作用；此时，由于充足的水量来源，包气带土壤含水量在超过蓄水容量（达到田间持水量）后剩余雨量形成地表径流，汇入河道。当河流径深高于河岸及周边地区时，发生淹没，形成大规模洪涝灾害。

流域内 3 日极端降水高值区主要分布在沙河及磁河中下游附近（阜平东部），清水河中游顺平附近，潴龙河中上游及北拒马河支流大石河上游（北京市房山区）地区，以及孝义河定州附近，并且在万年一遇的重现期情形下，流域南支的沙河与磁河中下游地区，以及潴龙河中上游的降水高值中心突出，高于北拒马河。较长历时且具有相当强度的降水，入淀河流上游形成一定的地表径流，从而影响河流沿岸及下游地区的安全。因此，上游降水与中下游地区的径流实时监测能够有效预警，防范暴雨洪涝灾害。

5. 3. 3　最大 7 日降雨量

图 5-4 展示了大清河流域不同年遇型暴雨致灾强度分布图（最大 7 日降雨量）。

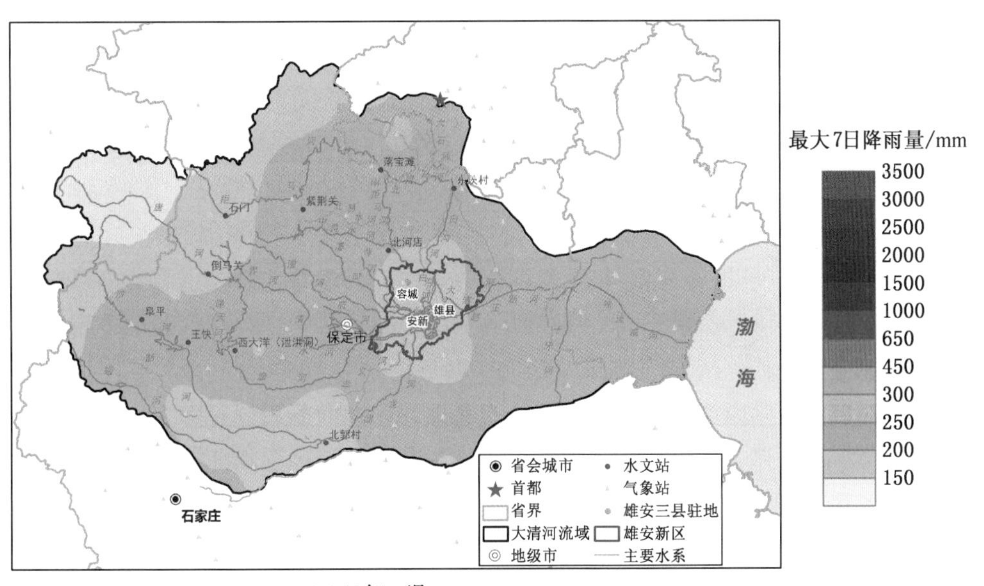

(a) 10年一遇

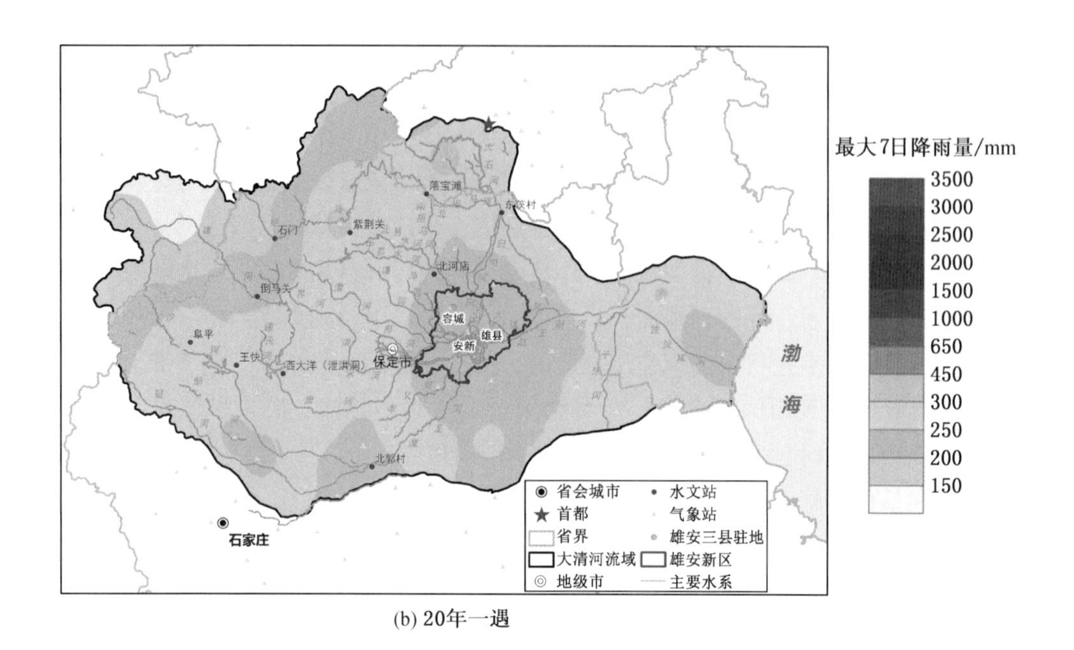

(b) 20年一遇

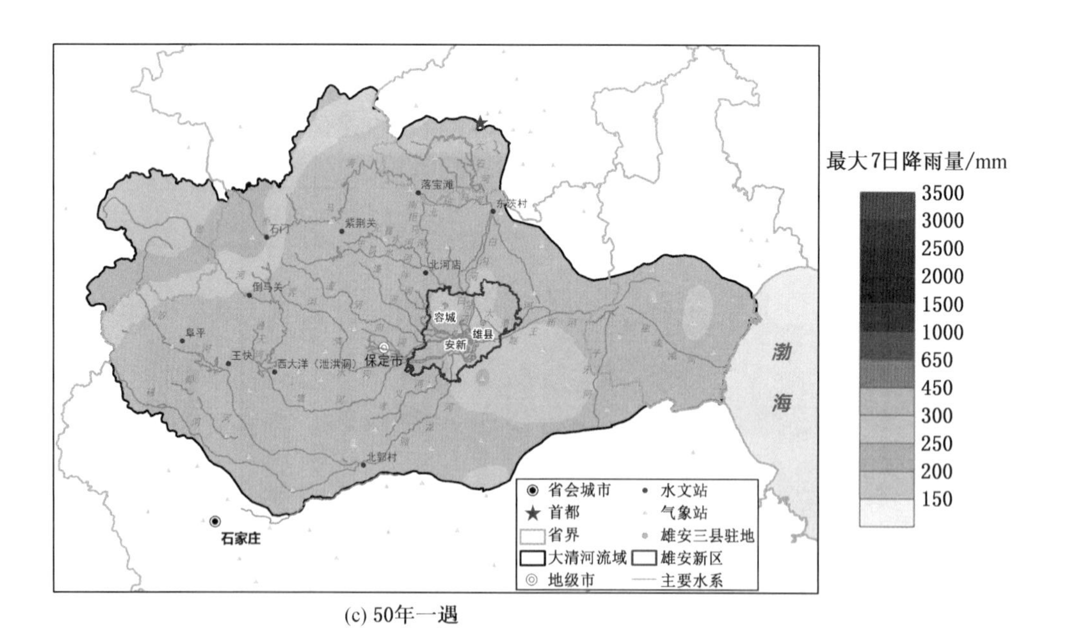

(c) 50年一遇

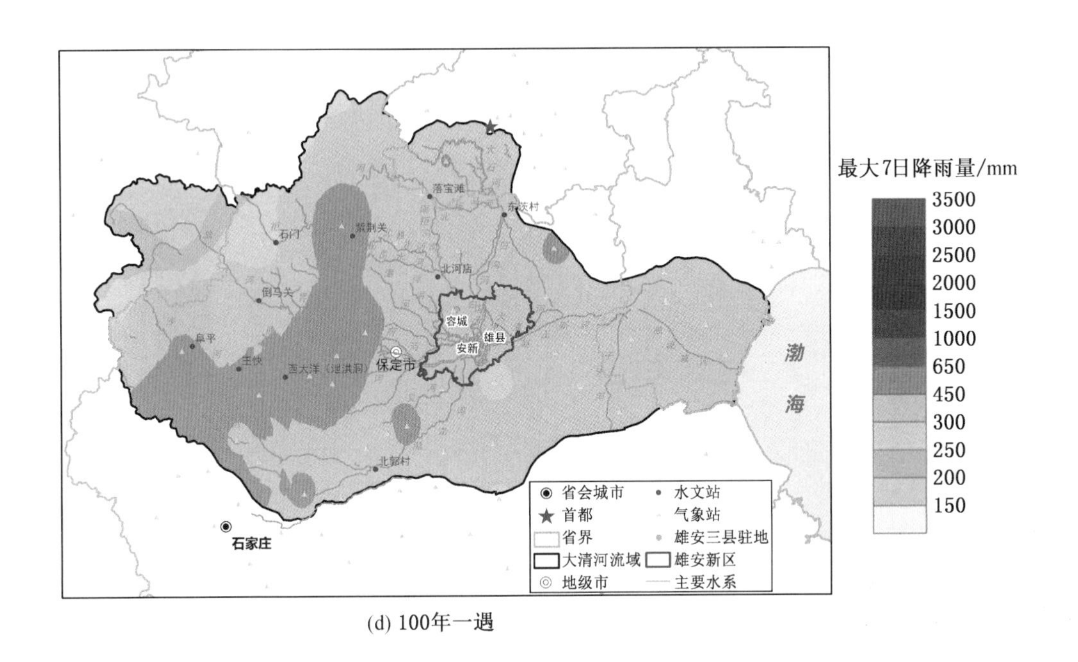

(d) 100年一遇

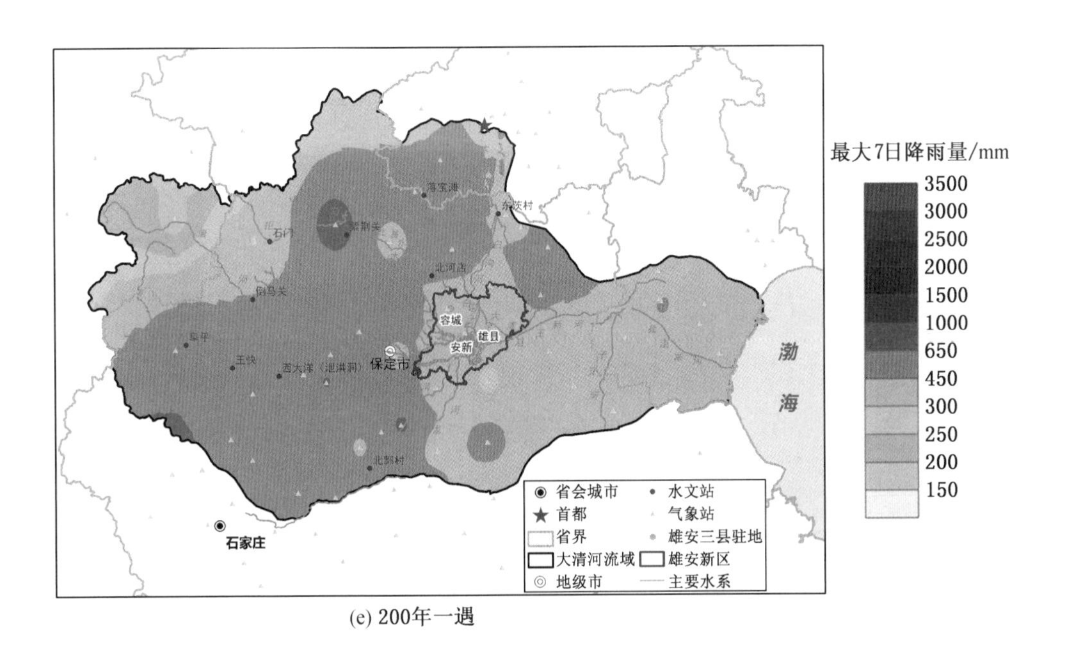

(e) 200年一遇

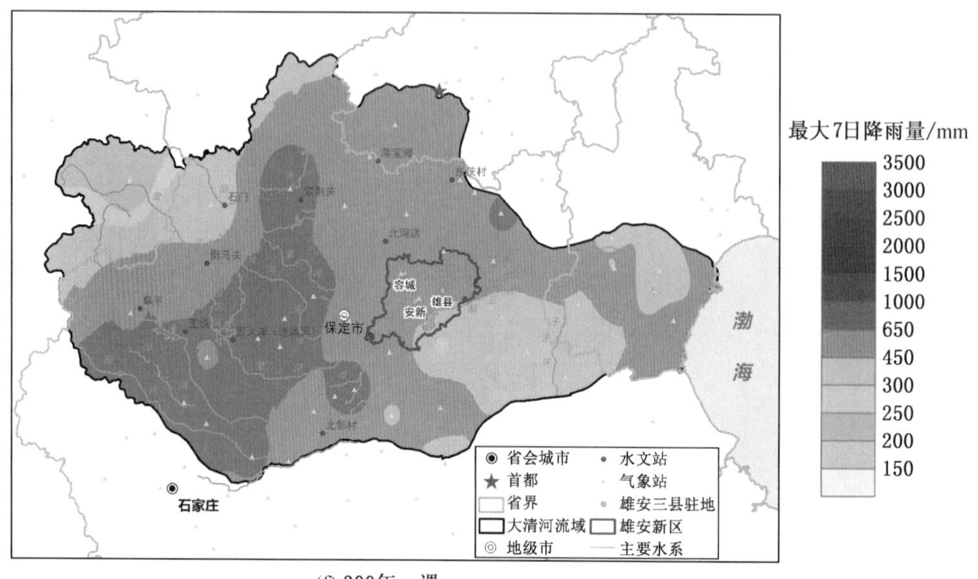

(f) 300年一遇

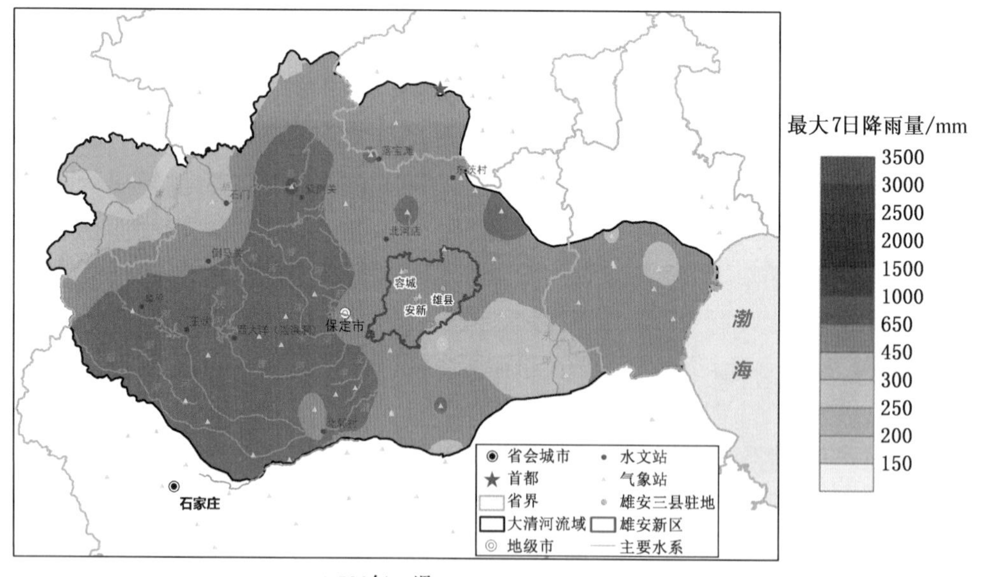

(g) 500年一遇

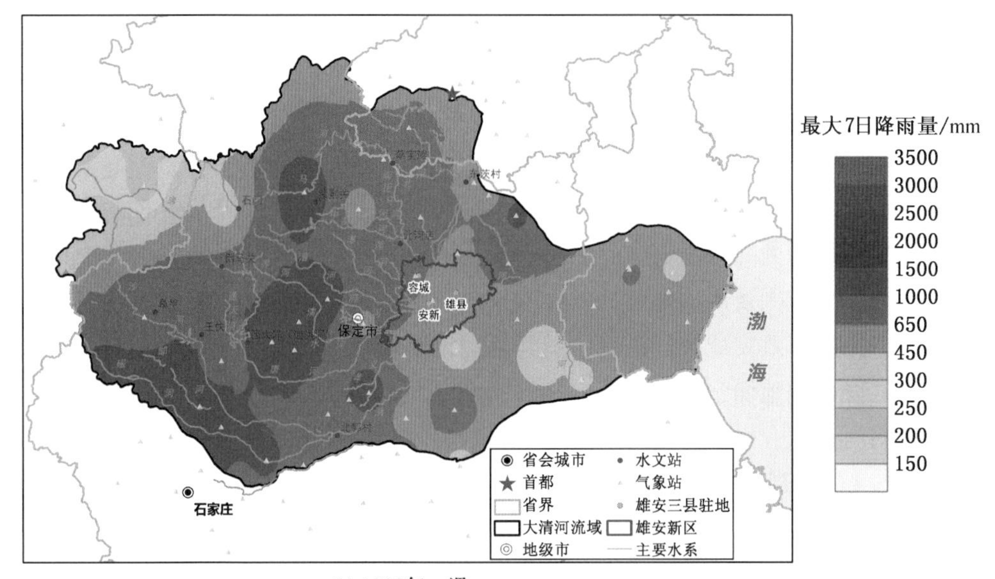

(h) 1000年一遇

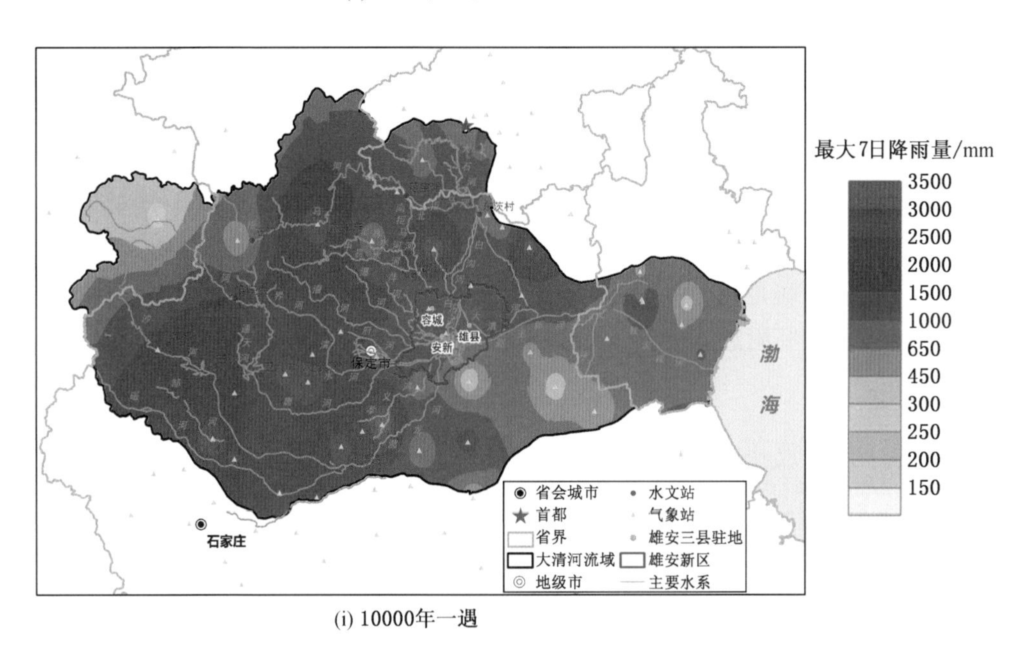

(i) 10000年一遇

图 5-4　大清河流域不同年遇型暴雨致灾强度分布图（最大 7 日降雨量）

在 10 年一遇、20 年一遇、50 年一遇的重现期情景下，流域内最大 7 日降雨量最高可达到 270~500 mm。降雨极值区主要分布在拒马河中游及北京市房山区霞云岭附近。

100 年一遇、200 年一遇、300 年一遇的重现期情景下，流域内最大 7 日降雨量普遍可达 450 mm 以上。流域内大部分区域均处于长历时降雨过程的覆盖范围内，洪涝灾害的风险上升明显。在流域中部的东北-西南走向的多雨带上，拒马河、漕河、清水河及唐河中部靠近白洋淀的区域为降雨的极值区。未来这些地区受到长历时降雨过程的影响很大，是防洪的重点区域，同时对白洋淀及下游地区安全的威胁加剧。

500 年一遇、1000 年一遇、10000 年一遇的重现期情景下，流域内 7 日降雨量普遍可达 650 mm 以上，降雨极值区可达到 1000 mm，极端降水的空间分布格局基本保持不变。“1963. 8” 暴雨洪涝事件中，顺平站 7 日累计降雨量达 880. 1 mm，属 500 年一遇的水平。在万年一遇的极端降水情景下，流域北部的拒马河上游、高碑店附近、南部磁河、郜河上游、孝义河定州附近的降水高值中心突出。该地区未来发生由长历时降水导致的洪涝巨灾概率很大，对于该范围及周边地区的巨灾监测防范工作尤为重要。

长历时降雨过程致灾成害的机制：受到地理位置和台风及季风等影响，区域内发生长历时的降水，降落到地面，经过截留、蒸发，下渗到土壤当中。当降水入渗土壤后，包气带对降水进行再分配。由于长时间降水的累积，水源充足过量，包气带土壤含水量远远超过蓄水容量（超越田间持水量），流域达到饱和之后，剩余雨量形成持续较大的地表径流，汇入河道，发生淹没，形成洪涝巨灾。

流域内 7 日极端降水高值区主要分布在拒马河中上游地区（紫荆关附近），流域中部的东北-西南走向的多雨带，以及拒马河、漕河、清水河及唐河中部靠近白洋淀的区域。万年一遇的重现期情景下，拒马河中上游、孝义河定州附近，南部磁河、郜河上游的降水高值中心突出。长历时的持续性降水导致较大的地表径流，上游来水给九河下梢的白洋淀产生了很大的泄洪压力，威胁雄安新区及下游天津地区的安全。因此，全流域降水径流的实时动态监测对于大规模的暴雨洪涝灾害预警是非常必要的。

综上，从不同重现期的 1 日、3 日、7 日历时极端降水的空间分布格局看，短时强降雨需要重点关注的区域是北支拒马河紫荆关附近以及中部的漕河和清水河，南支的磁河和郜河上游、孝义河定州附近；长历时降水重点关注的区域主要是流域中部东北-西南走向的山前多雨带。

5.4 大清河流域不同重现期的极端径流量分布

流域内洪涝灾害的强度取决于最终形成的径流大小。因此，除了预估极端降水外，还需要对极端径流的重现作出预估，从而更加准确地判断防洪的重点关注区域。大清河流域降雨-径流关系的影响因素分析结果表明不同区域驱动因素各异，人类活动对降雨-径流的影响逐渐增大。

图 5-5 展示了大清河流域不同年遇型日最大径流量的分布图。

10 年一遇、20 年一遇重现期的情景下，大部分地区的日最大径流量在 500～1500 m^3/s；50 年一遇重现期的情景下，大部分地区日最大径流量保持在 1000～1500 m^3/s 左右。日最大径流量 2000 m^3/s 以上的地区位于沙河王快水库以上地区，以及沙河下游与潴龙河交会北郭村水文站附近。拒马河流域日最大径流量在 1500～2000 m^3/s 左右。沙河与磁河汇入潴龙河，潴龙河是大清河南支的主要行洪河道，现状过流能力 1800 m^3/s，未来在 50 年一遇的水平下，该处将达到 2000 m^3/s 的流量，行洪压力增加，这与同年遇型

强度的最大日降雨量的空间分布格局不一致，降水量的极值区域分布在流域的东部地区，这与流域的地形、产汇流特征有关。

100 年一遇、200 年一遇、300 年一遇重现期的情景下，日最大径流量最高可超过 5000 m^3/s。极值区凸显，包括沙河上游阜平、与潴龙河交汇处的北郭村，以及南北拒马河分流处的落宝滩水文站附近。这些区域的地形地势有利于流域的产汇流，是未来降水监测及径流监测重点关注的区域。

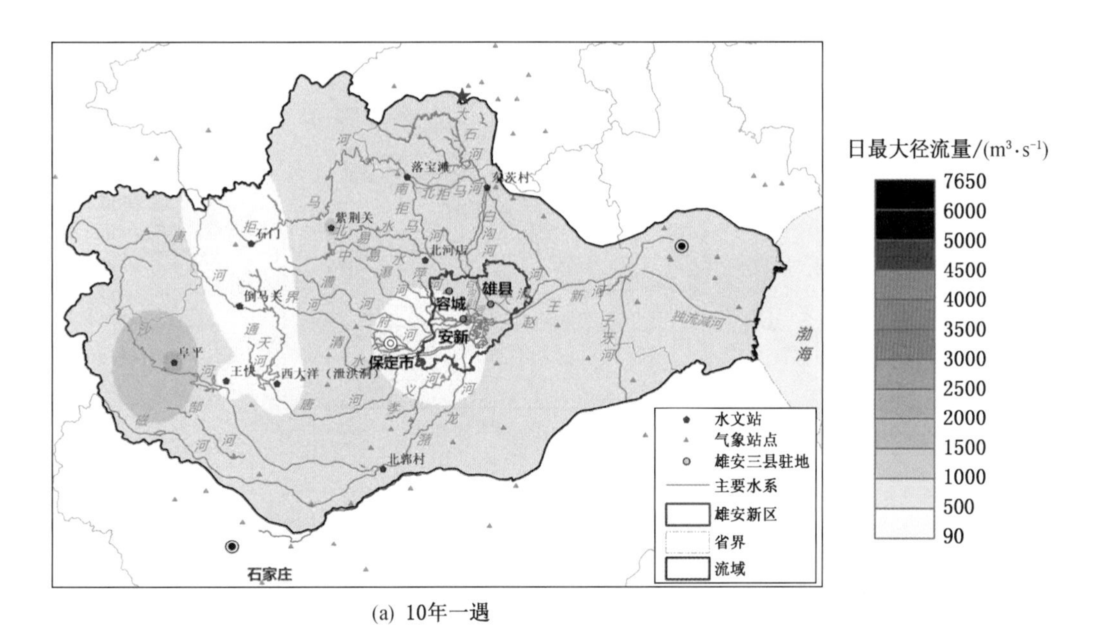

(a) 10年一遇

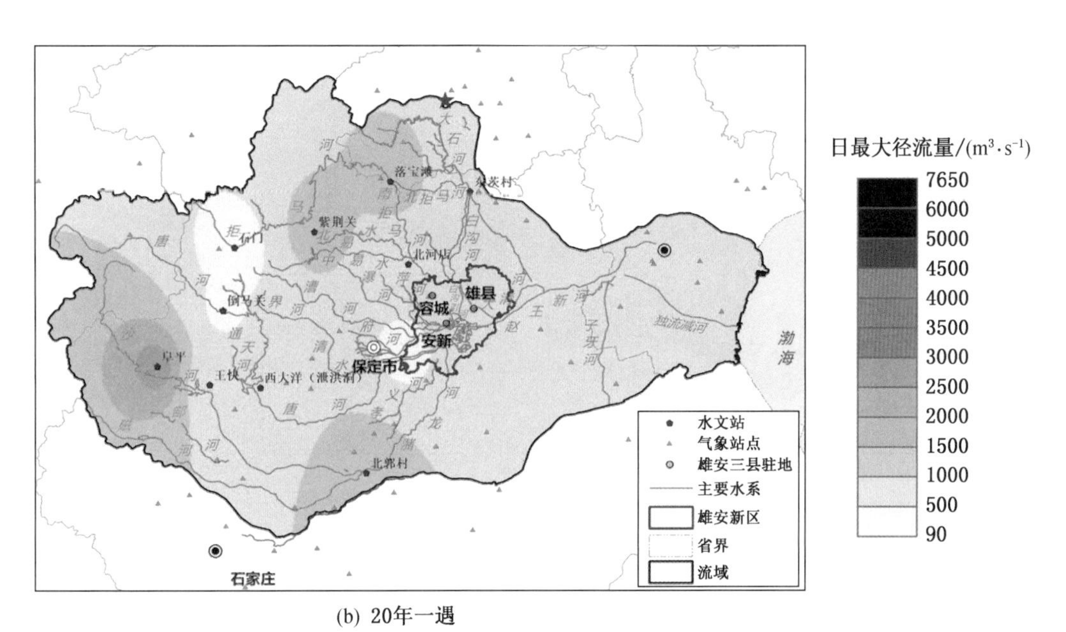

(b) 20年一遇

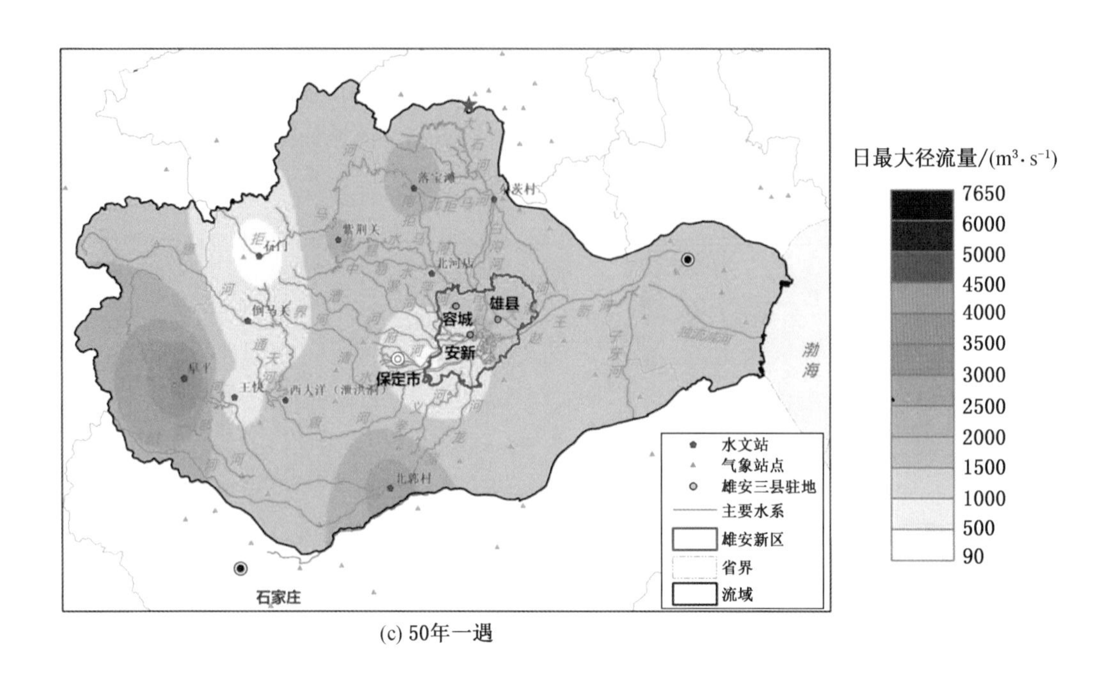

(c) 50年一遇

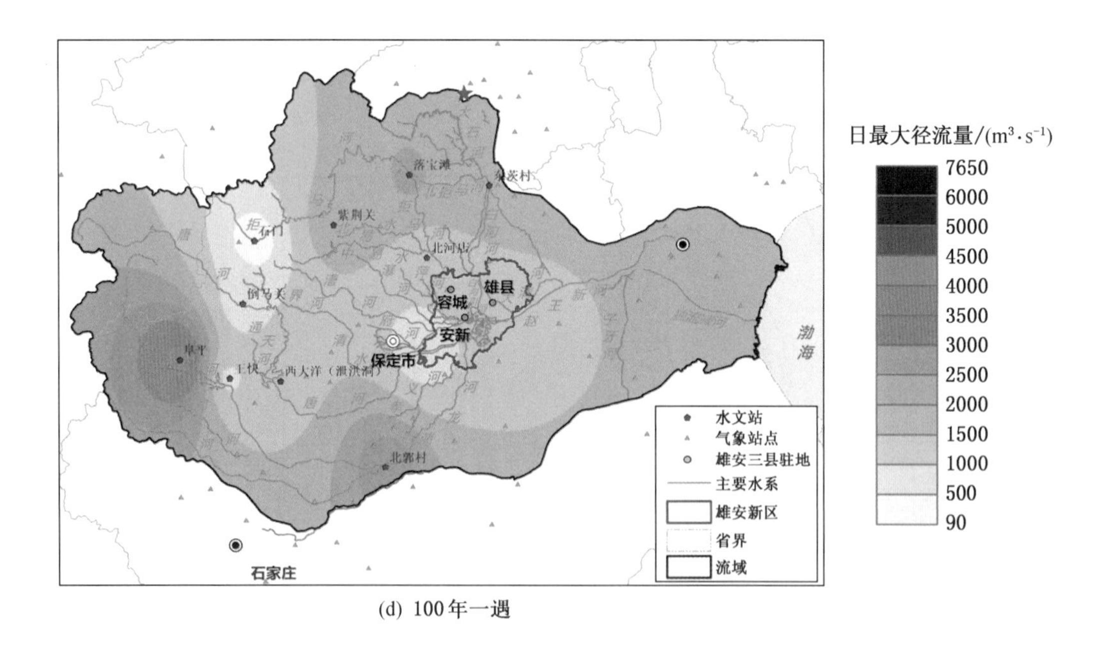

(d) 100年一遇

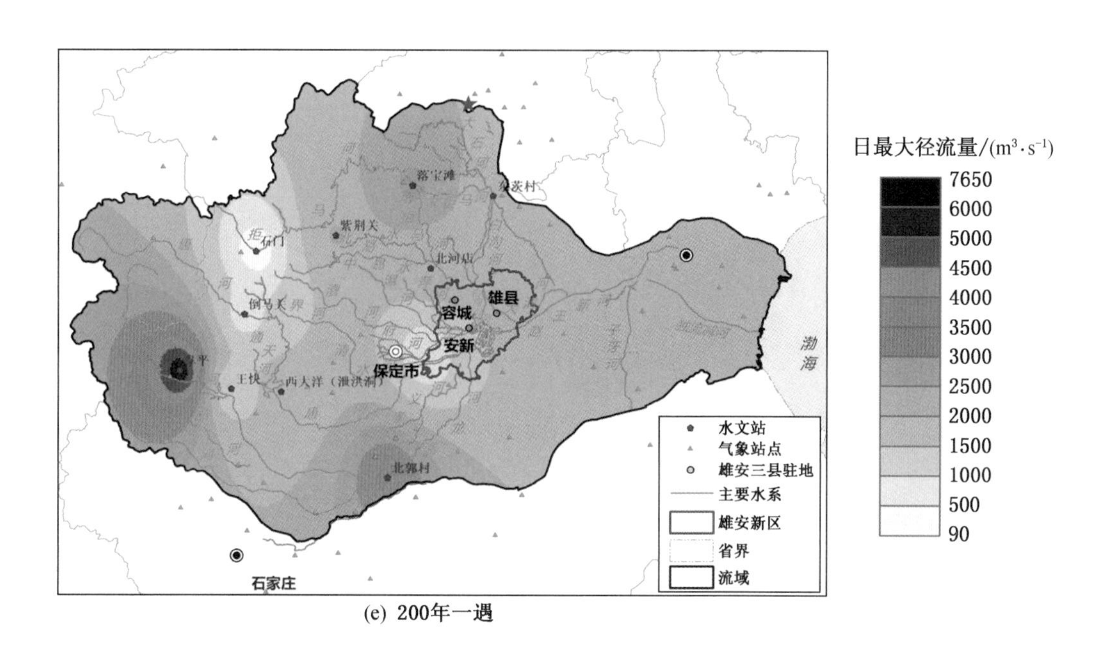

(e) 200年一遇

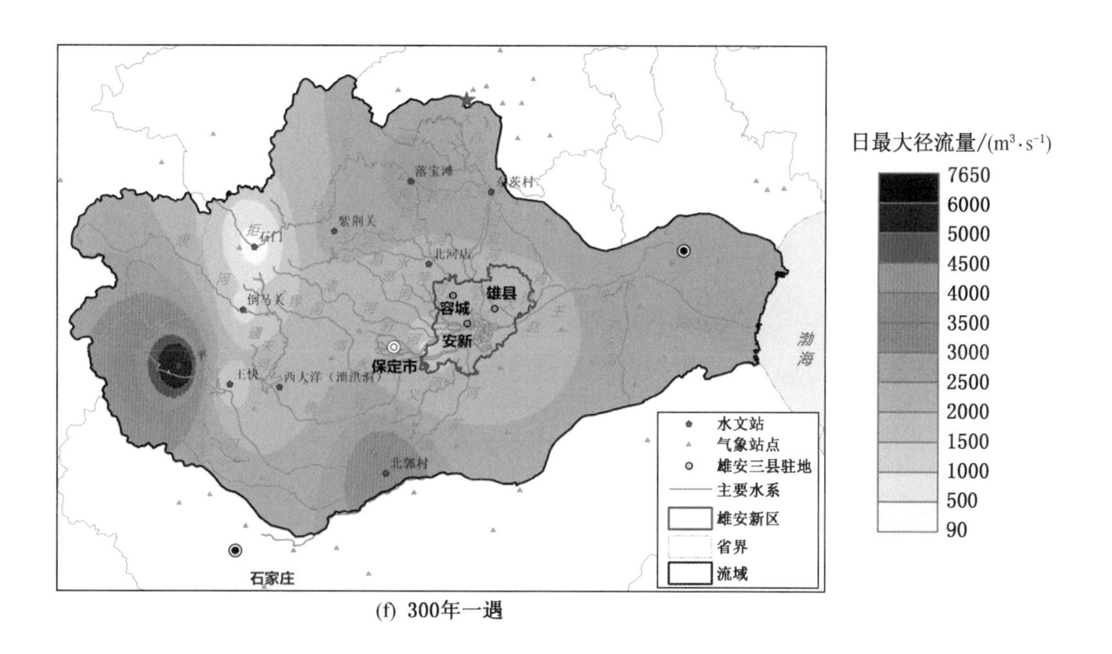

(f) 300年一遇

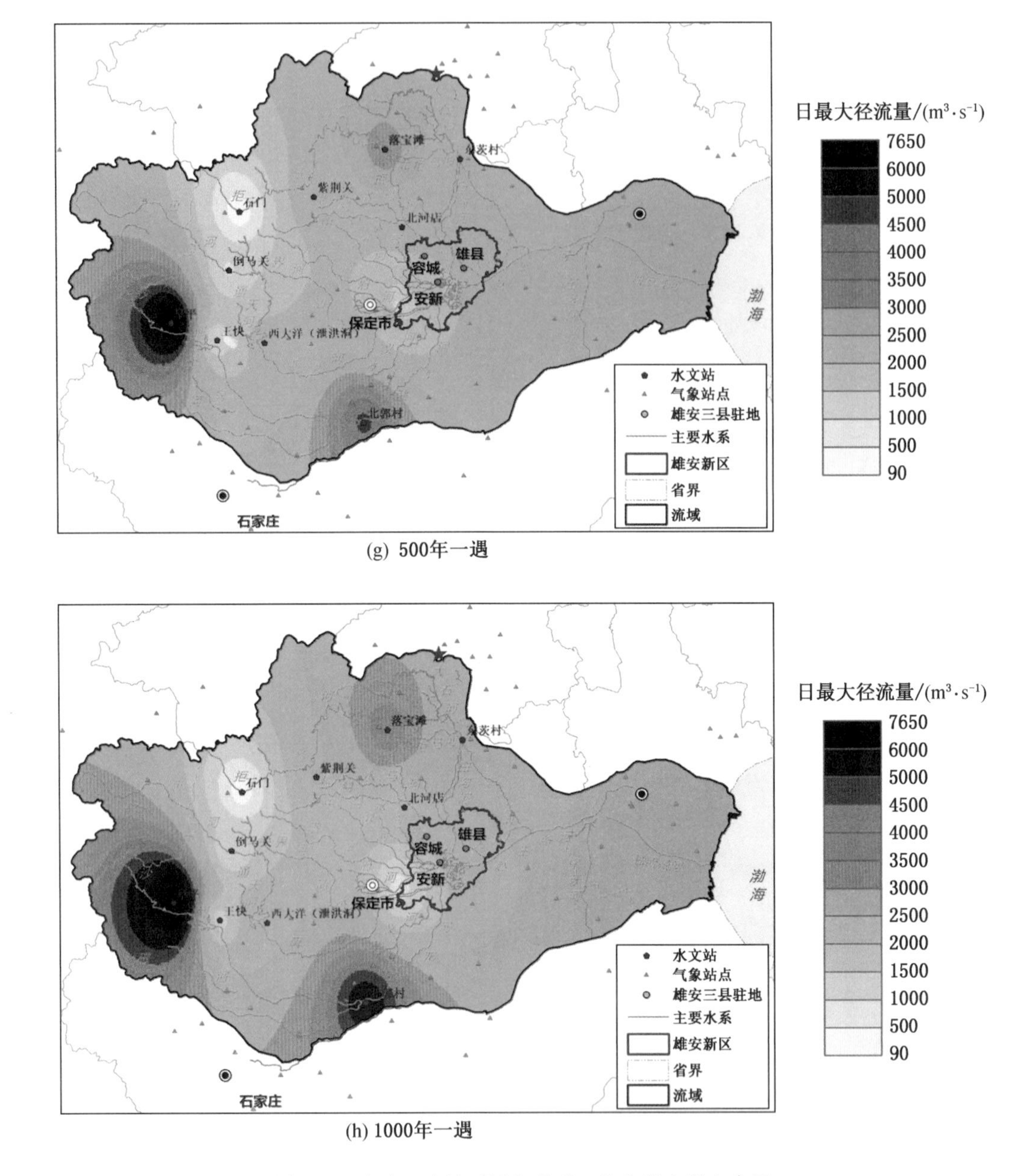

(g) 500年一遇

(h) 1000年一遇

图 5-5 大清河流域不同年遇型日最大径流量分布图

500 年一遇、1000 年一遇重现期情景下，千年一遇的日最大径流可以突破 6000 m^3/s，极值区依然是沙河上游阜平及与潴龙河交汇处的北郭村附近。

从日最大径流的空间分布格局看，未来的大规模洪涝灾害主要出现在拒马河落宝滩、沙河上游阜平及下游与潴龙河交汇处北的郭村附近。这三地会出现较大的极端径流量，给沿岸周边地区及最后的防洪屏障——白洋淀形成威胁。开展降水监测、河流断面监测，以及人类活动影响下垫面等因素的监测是保障大清河流域防洪安全的重要前提。

5.5　暴雨洪涝巨灾的灾情传递放大效应

海河流域降水时空分布不均匀，汛期 6—9 月雨量占全年雨量的 75% ~ 85%，局部地区多暴雨，短时间内容易产生大量径流。流域内上游支流水系众多、面积大，下游干流单一、面积小，河流的山区与平原区之间的过渡带较小，使得洪水容易集中、互相顶托，河流进入平原区后宣泄不畅，容易造成决溢改徙，尾闾间更是宣泄不畅，导致局部或大范围的洪灾（刘宏，2007）。流域内暴雨洪涝灾害发生次数频繁、影响范围广、危害严重，给人类生命和社会经济造成了重大损失并产生深刻的影响。有些影响的效应可能只是短期的，有些则可能长期存在，并影响到后续的社会发展。暴雨洪涝灾害影响涉及人口系统、生产系统、经济系统和工程设施等方面（张兰生和方修琦，2017），本节按雨情和水情→直接灾害损失→灾情放大三个传递环节，对 1963 年 8 月海河流域特大暴雨洪涝灾害在社会经济系统中的传递过程进行分析，如图 5-6 所示。

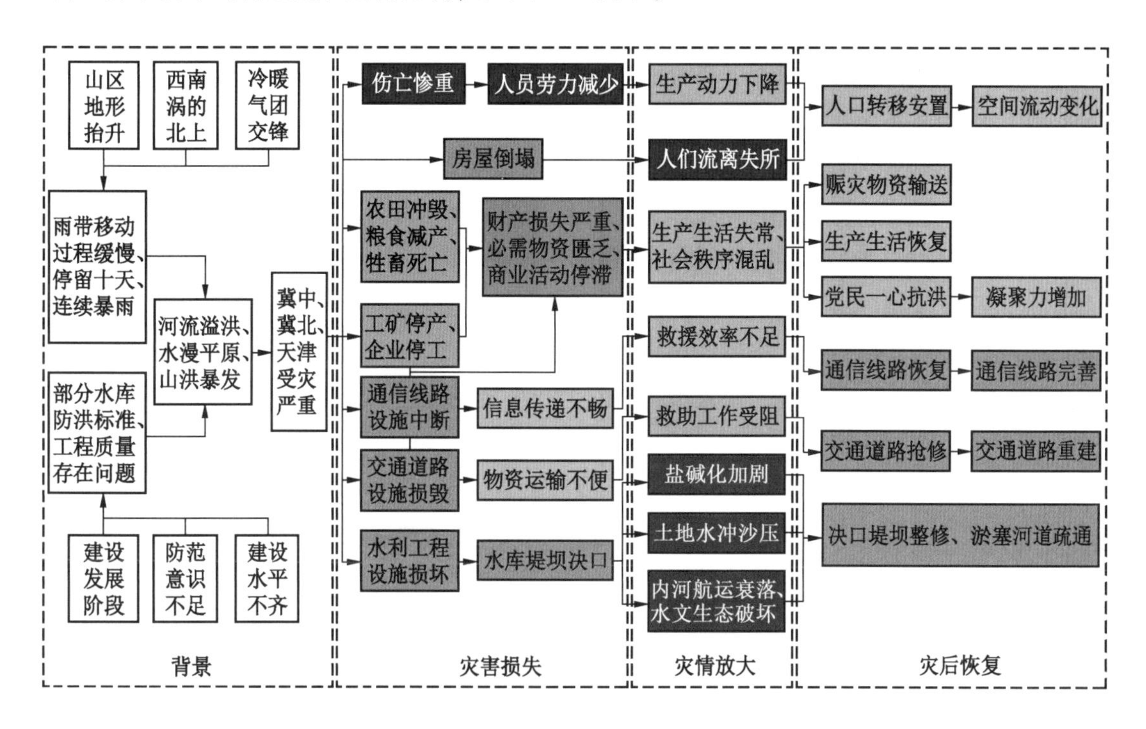

注：绿色表示设施系统、深蓝色表示人口系统、浅蓝色表示生产系统、红色表示经济系统、黄色表示社会系统、棕色表示生态环境系统、灰白色表示背景信息。

图 5-6　1963 年海河流域暴雨洪涝巨灾的灾情放大效应过程

1. 雨情和水情

1963 年 8 月海河流域受到较强低压系统的控制，西太平洋副高北上，最终在河北省和山西省交界地带，冷暖气团交锋。与此同时西南涡天气系统北上，两者叠加，在太行山脉的地形抬升作用下，海河流域降下大暴雨。此次大暴雨，由于雨带移动缓慢，在区域内停留10余天，创下4个河北省历史暴雨极值。

（1）24小时雨量。8月4日邯郸市降雨量518.5 mm，内丘獐么（水文站记录）865 mm。

（2）3天雨量。8月3—5日邯郸市降雨量748.1 mm，内丘獐么（水文站记录）1458 mm。

（3）5天雨量。8月2—7日邯郸市降雨量866.9 mm。

（4）7天雨量。8月3—9日邯郸市降雨量1015 mm，内丘獐么（水文站记录）2501 mm。

中华人民共和国成立以后，国家开始在海河流域兴修水利工程，但当时水利建设正处于发展阶段，整体对重大洪涝灾害的防范意识不足，加之区域间经济建设水平参差不齐，导致部分水库仍存在防洪标准低、工程质量差等问题。加上此次暴雨洪涝强度历史罕见，因此造成了海河流域河流溢洪、水漫平原、山洪暴发的特大暴雨洪涝灾害。

2. 直接灾害损失

特大洪涝对工程设施的影响：房屋倒塌，冲毁桥梁和道路等各种交通基础设施，冲毁堤坝、水库、灌溉及排水等水利工程，造成输电线路、邮电等通信设施中断。对生产系统的影响：产生冲毁农田，粮食大量减产，牲畜死亡，工矿企业停产等事件。对经济系统影响：间接影响商业活动和物资运输，不利于社会救灾和秩序稳定。

3. 灾情的放大效应

（1）此次流域降雨量强度很大，特别是海河南系，其降雨径流量相当于1939年洪灾的两倍多，为1956年洪灾的1.9倍，伤亡惨重，全省100多万人失去住所，等待转移安置。灾害后，区域内由于伤亡而导致的劳动力减少，会对区域生产建设力量产生一定的影响。水灾造成的人口伤亡、房屋倒塌直接影响人口子系统，进而产生灾区人民流离失所、大规模灾民转移安置等问题，使人员在空间上产生流动变化，引发了天津市的生产生活秩序混乱甚至社会动荡。

（2）洪水冲毁农田，损毁水利设施，造成粮食大量减产和牲畜死伤，直接影响农业生产子系统；工矿企业被迫停产，国营商业等损失严重直接影响工业生产子系统。这些巨大损失导致人民生产生活失常，社会秩序混乱。但由于设施及经济损失严重，工农业恢复周期较长，洪水退去后的土地盐碱化加剧。为应对粮食短缺的问题，全面号召“以粮为纲”，该措施保障了粮食安全，但使得正在实行的山区绿化工作遭受一些阻碍，还出现伐木种田等破坏生态环境的错误做法（吕志茹和李永强，2015）。

（3）由于道路交通、输电线路、通信设施被冲毁，灾区的物资供给、输送和商业活动受到严重影响，造成救援信息传递不及时，进而影响灾害救援和救助的效率。

（4）大量的水利工程设施遭到破坏，如水库垮塌、堤坝决口、河流淤堵等，使得周围及下游平原地区土地被淹没。

通过对1963年海河流域暴雨洪涝巨灾案例的梳理，总结推演出大型都市暴雨洪涝灾害的灾情放大传递过程（图5-7）。可以看到，一场极端降雨最终会严重影响本区域的民生、经济，甚至灾情外溢，造成周边社会的不稳。

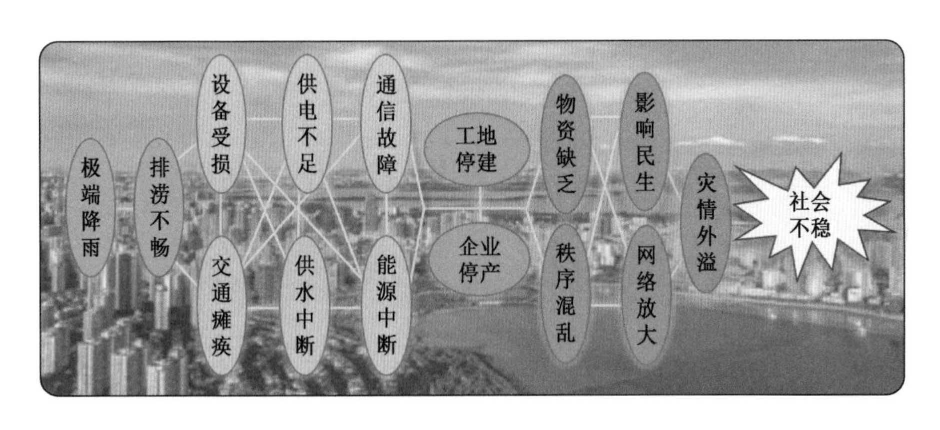

图 5-7 大型都市暴雨洪涝灾害的灾情放大传递图

根据雄安新区规划，新区在 2035 年中期将达到 300 万人口，远期到 21 世纪中叶将达到 500 万人口，规划建设区人口密度为 10000 人/km^2左右。起步区通过承载北京非首都功能疏解，有效吸引北京人口转移，将成为高校、总部企业、金融机构、科研院的“集散地”。2022 年，雄安新区计划安排重点项目超过 200 个，年度计划投资超 2000 亿元，高密度和高强度的工程建设意味着更高的暴露度和脆弱性。局地强降水、大风、降温等恶劣天气对施工质量产生不利影响，使建设工期不确定性增加。地下管廊式市政基础设施生命线工程极易遭受暴雨内涝的威胁，对地下施工安全影响极大，易造成重大人员伤亡。在高度集约共享模式下，综合管廊式生命线工程系统各要素联系密切，一旦当中某个环节出现问题，极易产生连锁反应，甚至导致城市瘫痪。因此，未来雄安新区暴露度和脆弱性明显增加，因气象灾害所带来的风险也日趋提高，城市的高度复杂性、集成性为气象灾害出现“连锁性”效应提供了条件。

政府间气候变化专门委员会（IPCC）第六次评估报告指出，全球气候变暖在提速，极端天气事件频次和强度持续增加。吴婕等（2018）的研究表明在 21 世纪中期，雄安新区年平均气温升幅均在 1.6 ℃左右，年平均降水将增加 8%左右，极端降水（最大日降雨量）将增加 16%左右，据此分析最大日降雨量将大幅超过 300 mm。因此，雄安新区未来极端天气事件的频次和强度也将增加，重大气象灾害风险也持续增加。

雄安新区未来将成为我国乃至全球举世瞩目的闪亮名片，是高标准的国际一流城市，具有高敏感性地位，备受关注。因此，公众对其风险容忍度极低，一旦发生任何灾害事故，若处理不当，就容易引发舆论危机和社会负面影响，有效防范气象灾害等各类突发事件的政治意义重大。雄安新区及大清河流域的相关风险防控工作必须高度重视。

第6章　河北省暴雨洪涝灾害综合风险评估及防控对策

风险评估是防灾减灾工作的重要基石，是区域制定洪涝灾害防治对策的科学依据。本章基于自然灾害系统综合风险评估理论，通过建立河北省暴雨洪涝灾害风险评估数据库，对河北省暴雨洪涝灾害开展风险评估工作。从气象监测预报预警、区域灾害风险防范体系等方面为河北省暴雨洪涝灾害风险防控工作提供思路与建议。

6.1　河北省暴雨洪涝灾害风险评估数据库构建

根据暴雨洪涝灾害的形成机理及风险评估需要，建立暴雨洪涝灾害风险评估数据库，具体包括以下内容。

1. 暴雨洪涝灾害承灾体数据库

农作物、人口和经济是河北省暴雨洪涝灾害的三大主要承灾体，其空间分布与暴露度是承灾体数据库的主要内容，具体包括：

（1）河北省1 km×1 km网格旱地分布数据（2015年）基于第一次全国地理国情普查数据（河北省）获得。

（2）河北省1 km×1 km网格的县级农作物单产数据（2015年）基于《河北经济年鉴》（2016年）县级农作物产量及县级行政区面积数据计算获得。

（3）河北省1 km×1 km网格人口密度数据（2015年）、地均GDP数据（2015年）基于《中国科学院资源环境科学数据中心》平台的2010年数据，并结合2011—2015年河北省年末总人口、总GDP等数据，按年均增长率计算得到。

2. 暴雨洪涝灾害致灾因子数据库

暴雨和连续性降水是洪涝灾害的主要致灾因子。构建包括河北省142个国家地面气象观测站点和1142个河北省地面气象自动监测站点的日降雨量数据作为致灾因子数据库的主要内容。其中，国家地面气象观测站点的时间尺度为1984—2015年（32年）；河北省地面气象自动监测站点的时间尺度略短，为2006—2015年（10年），因其建站时间较晚，致使数据的时间序列略短。

3. 暴雨洪涝灾害灾情数据库

暴雨洪涝灾害灾情数据库是指河北省1984—2015年县域暴雨洪涝灾害灾情统计数据，主要字段包括灾害开始时间、结束时间、发生地点、灾情描述、天气过程描述等。

6.2　河北省暴雨洪涝灾害风险评估技术路线

6.2.1　暴雨洪涝灾害风险评估流程

风险是指不同重现期的致灾因子作用下各类承灾体损失的可能性，即损失的期望值。河北省暴雨洪涝灾害风险评估技术流程如图 6-1 所示。首先评估河北省暴雨洪涝致灾因子危险性，承灾体脆弱性和承灾体暴露度；然后计算河北省各个承灾体的暴雨洪涝灾害风险；最后绘制河北省农作物、人口及经济暴雨洪涝灾害风险系列图谱。

其中，暴雨洪涝灾害风险评估公式：

$$R(t) = V[H(t)] \times E \tag{6-1}$$

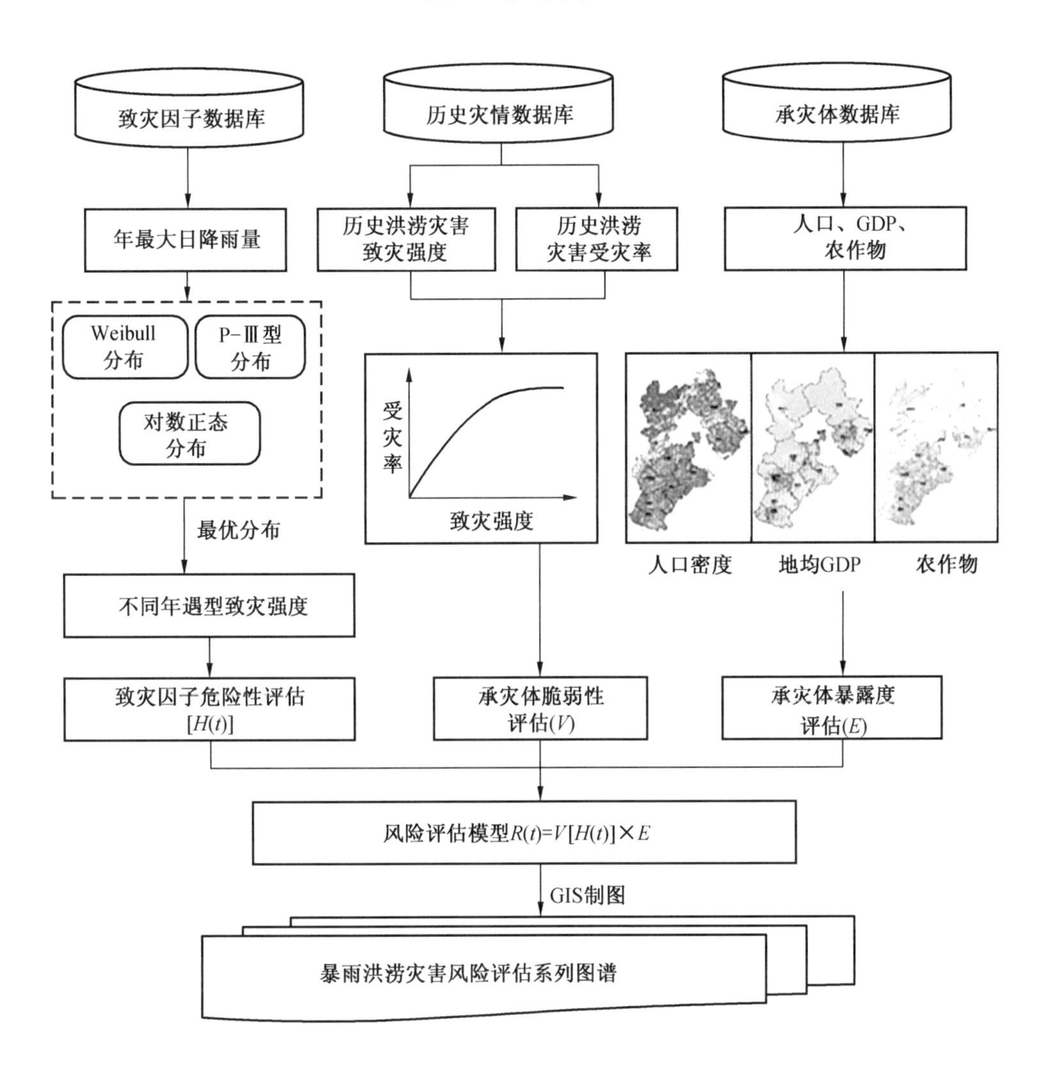

图 6-1　河北省暴雨洪涝灾害风险评估技术路线

式中 $R(t)$——t 年一遇的风险，t 为重现期；

$H(t)$——t 年一遇的致灾因子强度；

V——承灾体脆弱性函数；

E——承灾体的价值。

6.2.2 致灾因子危险性评估

综合考虑各项降雨指标的可获得性、时间序列的长度等因素，选取年最大日降雨量作为暴雨洪涝灾害致灾因子危险性评估指标。

不同重现期下年最大日降雨量的计算主要采用极值分布理论进行重现期拟合（Coles S et al.，2001）。根据极值分布理论，极端事件或样本尾部数据的概率分布符合特定的规律，按照年最大取样（Annual Maximum，AM）的数据可用P-Ⅲ型分布、Weibull分布、对数正态分布等进行拟合。本章从逐日降雨数据中提取年最大日降水数据作为极端降水样本，再采用P-Ⅲ型分布、Weibull分布、对数正态分布等对各个站点的样本进行分布拟合，以AIC指数选择各个站点的最优拟合分布，进而通过反函数计算不同重现期（Return Period，RP），即10年、30年、50年、100年一遇型暴雨洪涝灾害对应的降水量。最后通过IDW空间插值得到上述重现期下年最大日降雨量的空间分布图。

6.2.3 承灾体脆弱性评估

承灾体脆弱性是指根据河北省暴雨洪涝灾害历史灾情数据，采用“致灾强度指数-受灾率”进行暴雨洪涝灾害承灾体脆弱性评估。选择线性、多项式、指数、logistic等曲线分别对“致灾强度指数-人口受灾率”“致灾强度指数-直接经济损失率”“致灾强度指数-农作物受灾率”关系进行拟合，最终选择残差平方和（SSE）和剩余标准差（RMSE）较小、回归系数（R^2）较大，且形式简单的函数来拟合。

二次多项式函数形式为

$$LR = ax^2 + bx + c \tag{6-2}$$

式中 LR——承灾体的受灾率；

x——暴雨洪涝灾害的致灾强度指数，即将年最大降水数据归一化的值；

a、b、c——参数。

指数函数形式为

$$LR = ae^{bx} \tag{6-3}$$

式中 LR——直接经济损失率；

x——暴雨洪涝灾害的致灾强度指数，即将年最大降水数据归一化的值；

a、b——参数。

6.3 河北省暴雨洪涝灾害风险评估

6.3.1 致灾因子危险性评估结果

图6-2为河北省不同重现期最大日降雨量分布图，重现期分别为10年一遇、30年一

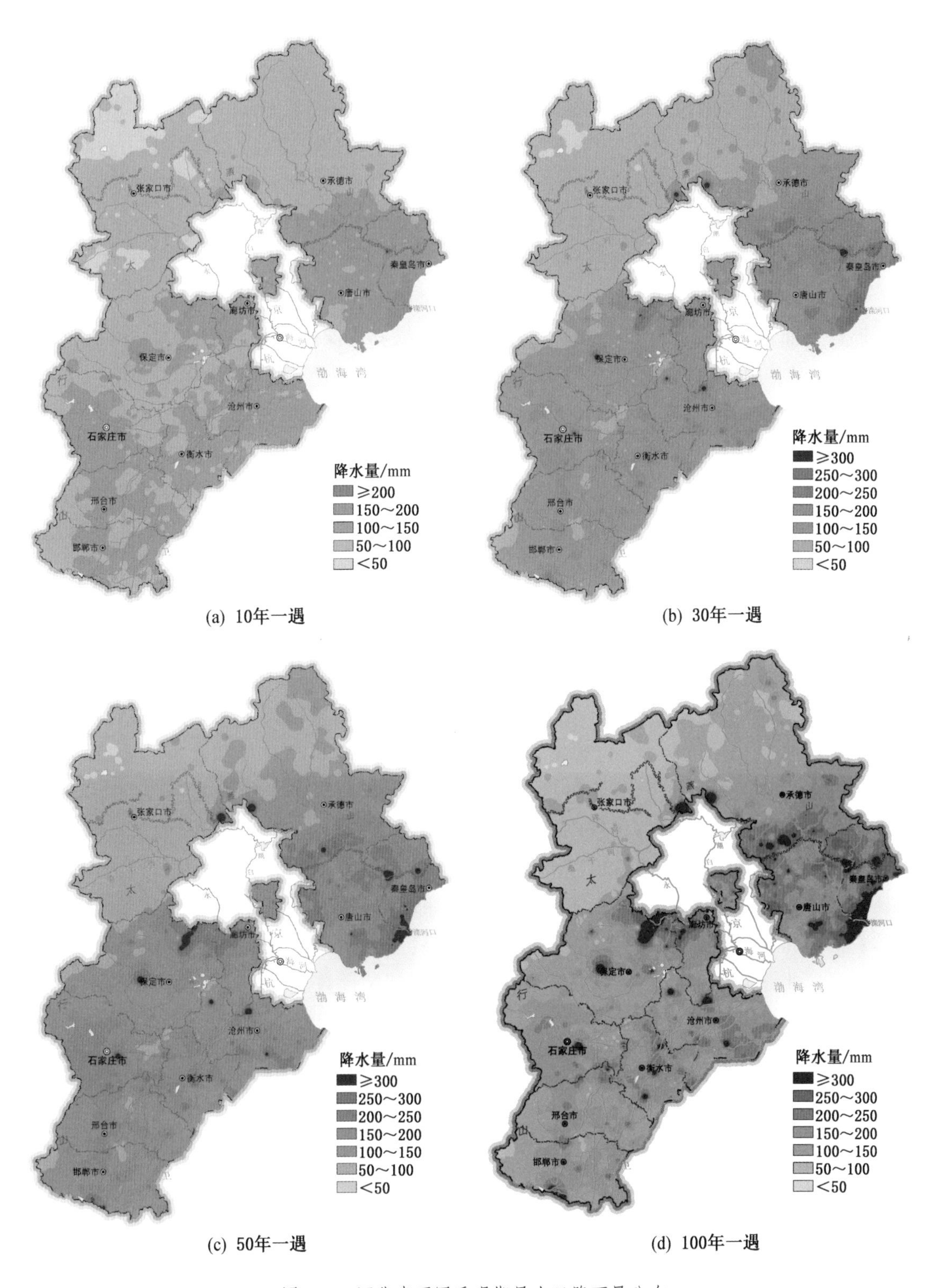

图 6-2　河北省不同重现期最大日降雨量分布

遇、50 年一遇、100 年一遇。由图可以看到，整个河北省的日最大降雨量分布呈东西格局，东部秦皇岛市沿海地区最高，西部张家口地区最低，全省最大日降雨量可达 300 mm 以上，最小值在 50 mm 以下。重现期越长，降雨量越大，例如 10 年一遇重现期的情景下，全省大部分地区仅为 50 mm 以下，张家口市的坝上高原区降雨值都在 50~100 mm 之间，秦皇岛、唐山、南部平原的部分区域为 100 mm 以上；但在 100 年一遇重现期的情景下，全省东部大部分地区降雨值达 150 mm 以上，承德市降雨值大部分地区也达到 100 mm 以上，只有张家口部分地区降雨值为 50~100 mm。

日最大降雨的高值中心区有三个，分别为承德南部兴隆—保定北部涞水涿州、石家庄—邢台—邯郸、秦皇岛沿海，以及沧州市北的大城县、保定市中西部区等。降雨区域在 50 年一遇、100 年一遇最大日降雨量分布图上更为突出。降雨高值中心与历史上的暴雨洪涝灾害重灾区高度重合，充分说明高强度致灾因子是高灾害风险的重要影响因素之一。

如前所述，河北省国家级地面气象观测站 142 个，在山区分布较少，降雨自动监测站的站点虽然多，但时间序列不长，因此对山区的暴雨致灾强度分析有所低估。

6.3.2 人口分布及受灾人口脆弱性模型

承灾体的暴露度与脆弱性是影响暴雨洪涝灾害风险高低的两大因素。同等暴雨强度下人口分布越密集，受灾人口会越多，暴雨洪涝灾害人口风险就越大。

图 6-3 为 2015 年河北省人口密度分布图，分辨率为 1 km×1 km。图中可以看出，河北省的人口分布受地形因素影响，地形高的北部坝上地区、燕山山地丘陵地区人口少，人口密度基本低于 150 人/km^2，仅张家口市辖区与承德市辖区位于山间盆地，人口略多，密度为 500~1000 人/km^2。河北省西部太行山山地丘陵区，人口密度多为 150~300 人/km^2。中南部平原有一条自保定东部向南延伸涉及石家庄中东部、邯郸中部至中东部的人口密集分布带，即京广线和京九线之间的山前平原地区，再加上京山线沿线的唐山地区，人口密度为 600~800 人/km^2。滨海平原区，即沧州、衡水地区人口增加速度也较快。总体看，河北省各个地级市的市辖区人口密度最高，各县市的市辖区人口分布也较密集。

根据河北省 1984—2015 年历史暴雨洪涝灾害灾情统计数据，获得历次暴雨洪涝灾害的致灾强度指数（经归一化处理的最大日降雨量）和人口受灾人数数据。同时通过《河北经济年鉴》获得对应暴雨洪涝灾害发生时间和地点的区域年末总人口数据，再计算暴雨洪涝灾害人口受灾率。在此基础上，结合样本的分布趋势，通过线性、二次多项式、指数、Logistic 曲线等回归方法，对人口暴雨洪涝灾害的致灾强度指数和人口受灾率之间的关系进行拟合，得到拟合脆弱性函数，如图 6-4 所示。

河北省的暴雨洪涝灾害人口受灾率与致灾强度的变化规律，与其他文献研究结果（方伟华，2013）类似，当致灾强度指数为 0~0.5 之间，随着致灾强度的增加，受灾率增加远超线性增加的幅度；但致灾强度指数大于 0.5 时，受灾率增加幅度开始变缓。因此，二次多项式、logistic 函数拟合效果更好。

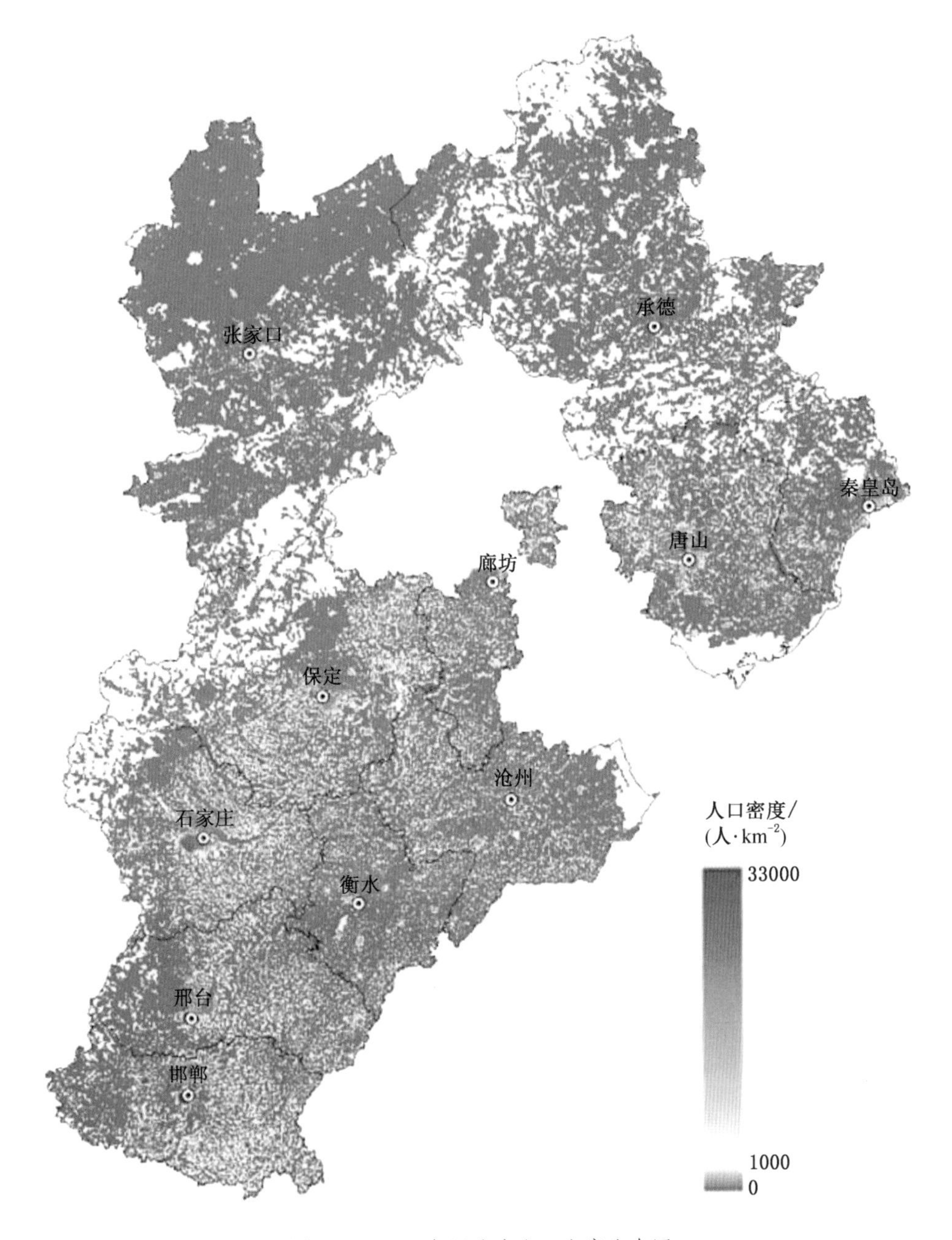

图 6-3　2015 年河北省人口密度分布图

统计 4 个拟合函数的拟合优度，结果见表 6-1。采用残差平方和（SSE）、剩余标准差（RMSE）、回归系数（R^2）来综合判断拟合最优函数。R^2 越大，SSE 和 RMSE 越小，表明拟合优度越好。由此可以看到二次多项式函数拟合效果最好，$R^2 = 0.7365$，SSE = 0.1602，RMSE = 0.0614；其次是 logistic 函数，$R^2 = 0.7213$，SSE = 0.1948，RMSE = 0.0681。因此，采用二次多项式函数为河北省受灾人口脆弱性函数，该函数只在致灾强度为 0~1 之间适用。

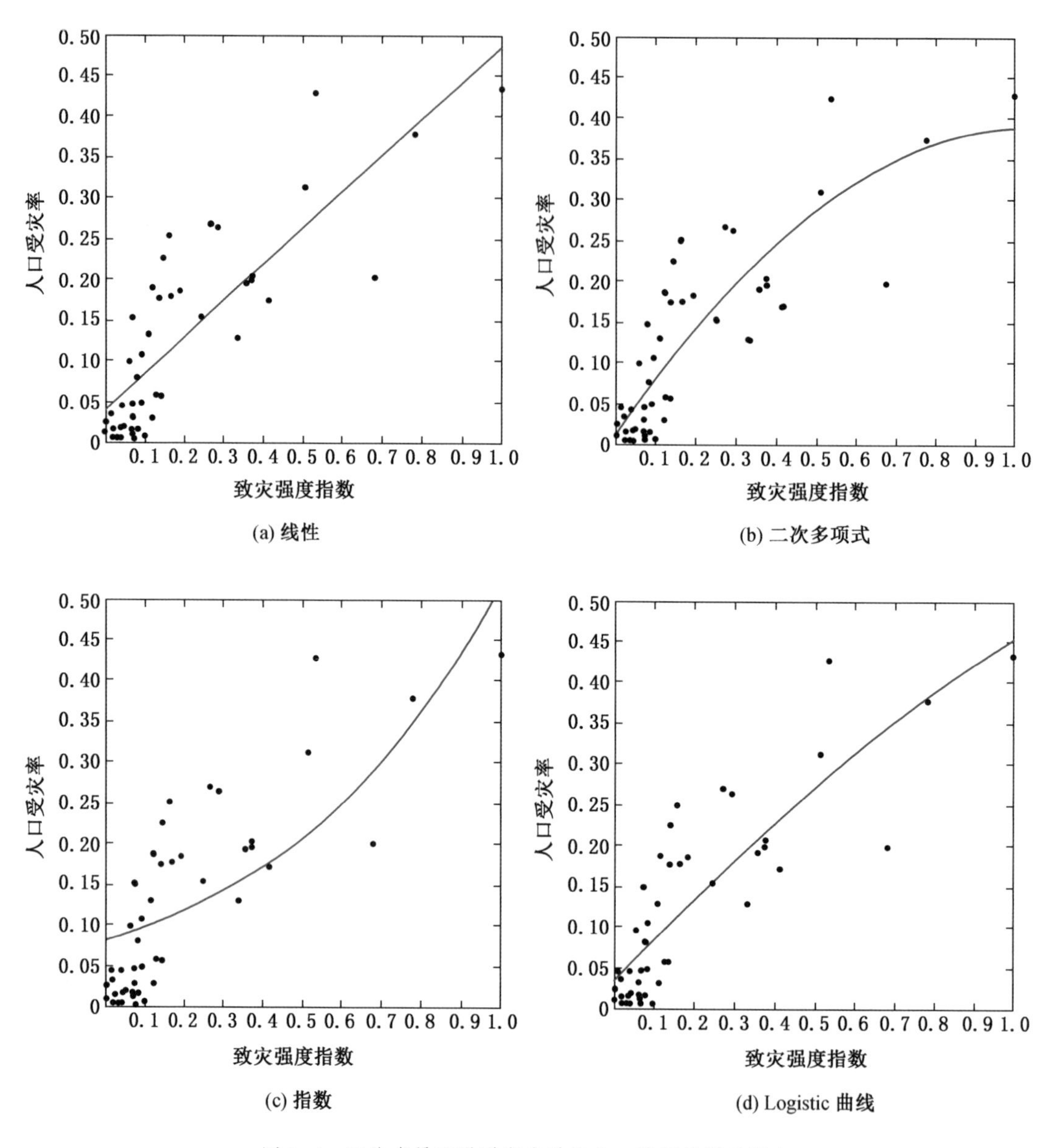

图 6-4　河北省暴雨洪涝灾害受灾人口脆弱性模型拟合

表 6-1　河北省暴雨洪涝灾害受灾人口脆弱性曲线拟合优度

类型	函数形式	SSE	RMSE	R^2
线性	$y = 0.4474x - 0.03761$	0. 1836	0. 0646	0. 7013
二次多项式	$\mathbf{y = -0.3445x^2 + 0.7217x + 0.01386}$	**0. 1620**	**0. 0614**	**0. 7365**
指数	$y = 0.08112 \times EXP(1.855x)$	0. 2670	0. 0779	0. 5657
Logistic	$y=7.937/[1+0.136\times EXP(-0.6503x)]-6.958$	0. 1948	0. 0681	0. 7213

6.3.3　经济分布及经济损失脆弱性模型

经济的暴露度对暴雨洪涝灾害经济损失风险有重要影响。本章选取地均 GDP 水平作为经济暴露度指标。同等暴雨强度下，地均 GDP 水平越高，其暴雨洪涝灾害经济损失风险越大。

图 6-5 为 2015 年河北省地均 GDP 分布图，整体可以看出，河北省 GDP 分布格局与人口分布格局基本一致，呈东南高西北低。东部唐山市、秦皇岛市、中南部平原区的地均 GDP 水平较高，都在 500 万元/km^{2}以上；而西北部的张家口市和承德市地均 GDP 水平偏低，大范围地区在 300 万元/km^{2}以下。按地级市地均 GDP 水平统计，唐山市、石家庄市、邯郸市、廊坊市为第一梯队；衡水市、沧州市、邢台市为第二梯队，其余城市为第三梯队。各地市都以市行政所在地为 GDP 高值中心，随着距离向外延伸，GDP 逐渐降低。各个县市的市辖区也是高值所在地。

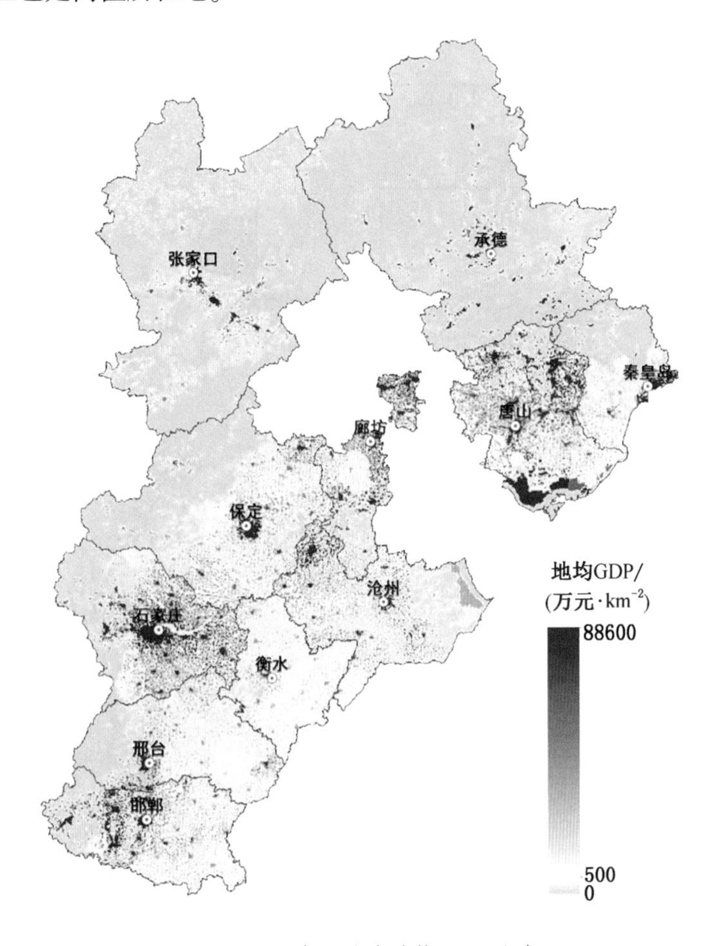

图 6-5　2015 年河北省地均 GDP 分布图

根据河北省 1984—2015 年历史暴雨洪涝灾害灾情统计数据，获得历次暴雨洪涝灾害的致灾强度指数（经归一化处理的最大日降雨量）和直接经济损失数据。同时通过《河北经济年鉴》获得对应暴雨洪涝灾害发生时间和地点的区域生产总值数据，计算暴雨洪涝灾害直接经济损失率。在此基础上，结合样本的分布趋势，通过线性、二次多项式、指数、Logistic 曲线等回归方法，对经济暴雨洪涝灾害的致灾强度指数和直接经济损失率之间的关系进行拟合，得到拟合脆弱性函数，如图 6-6 所示。

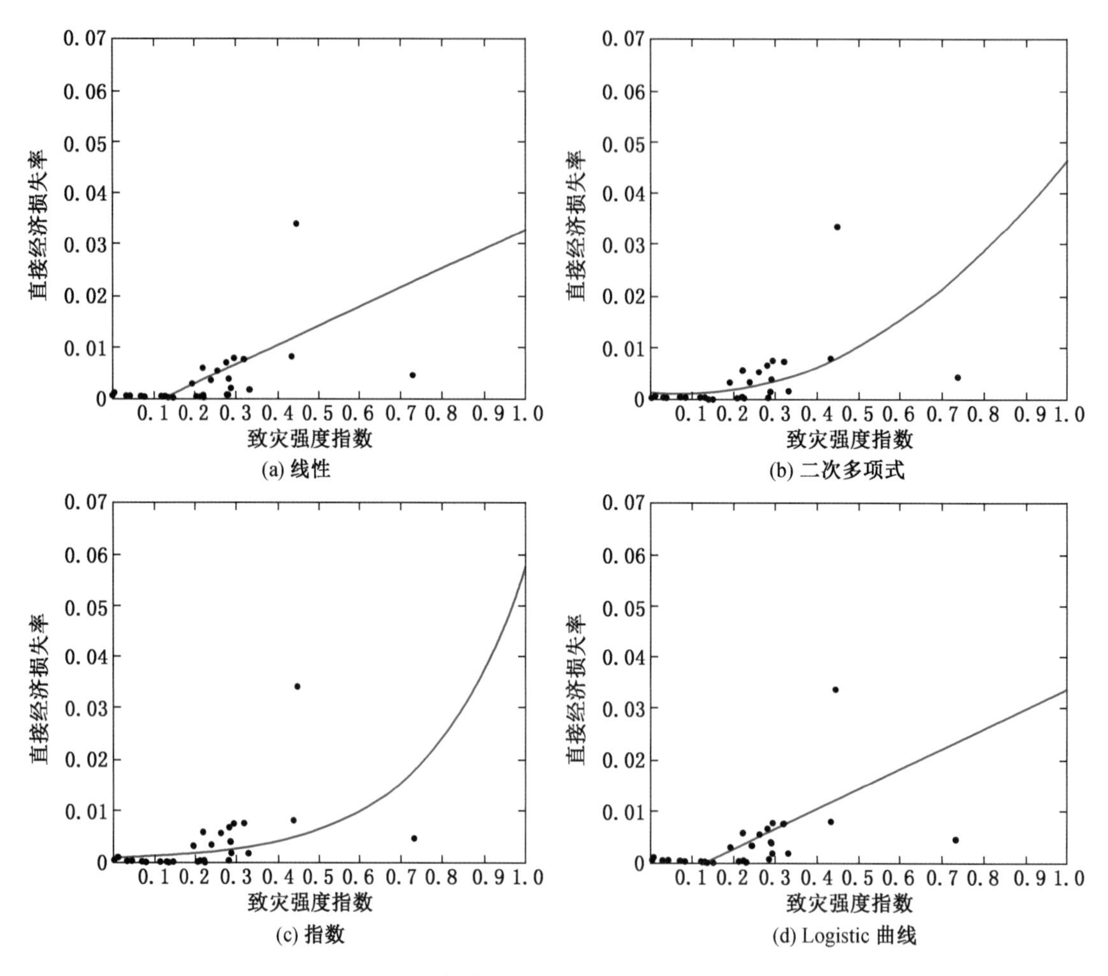

图 6-6 河北省暴雨洪涝灾害经济脆弱性曲线拟合

统计各拟合函数的拟合优度，结果见表 6-2。指数函数的拟合优度最佳，$R^2=0.7028$，SSE = 0.0013，RMSE = 0.0062；其次是二次多项式，$R^2=0.6185$，SSE = 0.0017，RMSE = 0.0070。因此，优先使用指数函数为河北省经济损失脆弱性函数，该函数只在致灾强度为 0~1 之间适用。

表 6-2 河北省暴雨洪涝灾害经济损失脆弱性曲线拟合优度

类型	函数形式	SSE	RMSE	R^2
线性	$y = 0.03735x - 0.004522$	0.0023	0.0079	0.4982
二次多项式	$y = 0.05545x^2 - 0.009998x + 0.001506$	0.0017	0.0070	0.6185

表 6-2（续）

类型	函数形式	SSE	RMSE	R^2
指数	$\mathbf{y = 0.0007283 \times EXP(4.362x)}$	**0.0013**	**0.0062**	**0.7028**
Logistic	$y = -2.012/[1 + 0.3908 \times EXP(0.09368x)] + 1.442$	0.0024	0.0083	0.5008

6.3.4 农作物分布及受灾面积脆弱性模型

河北省是我国粮食大省之一，暴雨洪涝灾害经常造成农作物受灾减产。本节以农作物种植分布、农作物单产水平作为暴露度指标，分析河北省暴雨洪涝灾害对农作物受灾的风险。

图 6-7a 为河北省的农作物分布图，由图可知东南部平原区，以及唐山市、秦皇岛市的农作物分布都较广，西北部张家口也有分布。图 6-7b 为河北省县级农作物单产量图，由图可知农作物单产高值区主要分布在唐山市乐亭县、承德市兴隆县、张家口市崇礼县、保定市顺平县、石家庄市藁城市，邯郸市永年县。这些区域的水分条件相对较好，也一直是河北省农作物高产区。

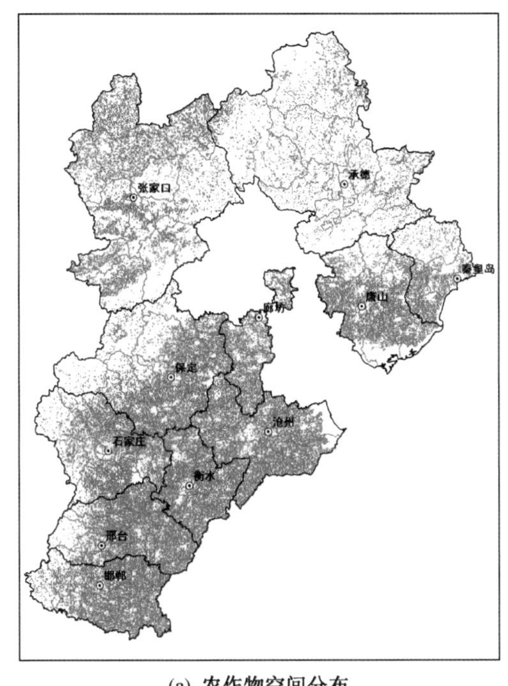

(a) 农作物空间分布

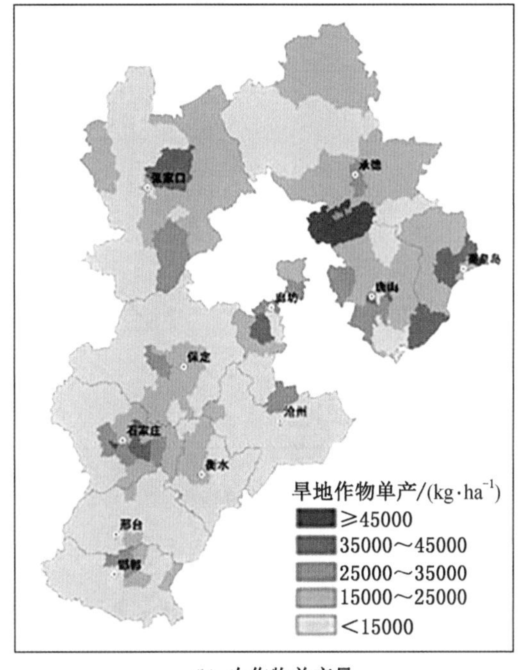

(b) 农作物单产量

图 6-7　河北省主要农作物分布与单产量图（2015 年）

根据河北省 1984—2015 年历史暴雨洪涝灾害灾情统计数据，获得历次暴雨洪涝灾害的致灾强度指数（经归一化处理的最大日降水量）和农作物受灾面积数据。同时通过《河北经济年鉴》获得对应暴雨洪涝灾害发生时间和地点的农作物的播种面积数据，进而计算暴雨洪涝灾害农作物受灾率。在此基础上，结合样本的分布趋势，通过线性、二次多项式、指数、Logistic 曲线等回归方法，对农作物暴雨洪涝灾害的致灾强度指数和农作物受灾率之间的关系进行拟合，得到拟合脆弱性曲线，如图 6-8 所示。

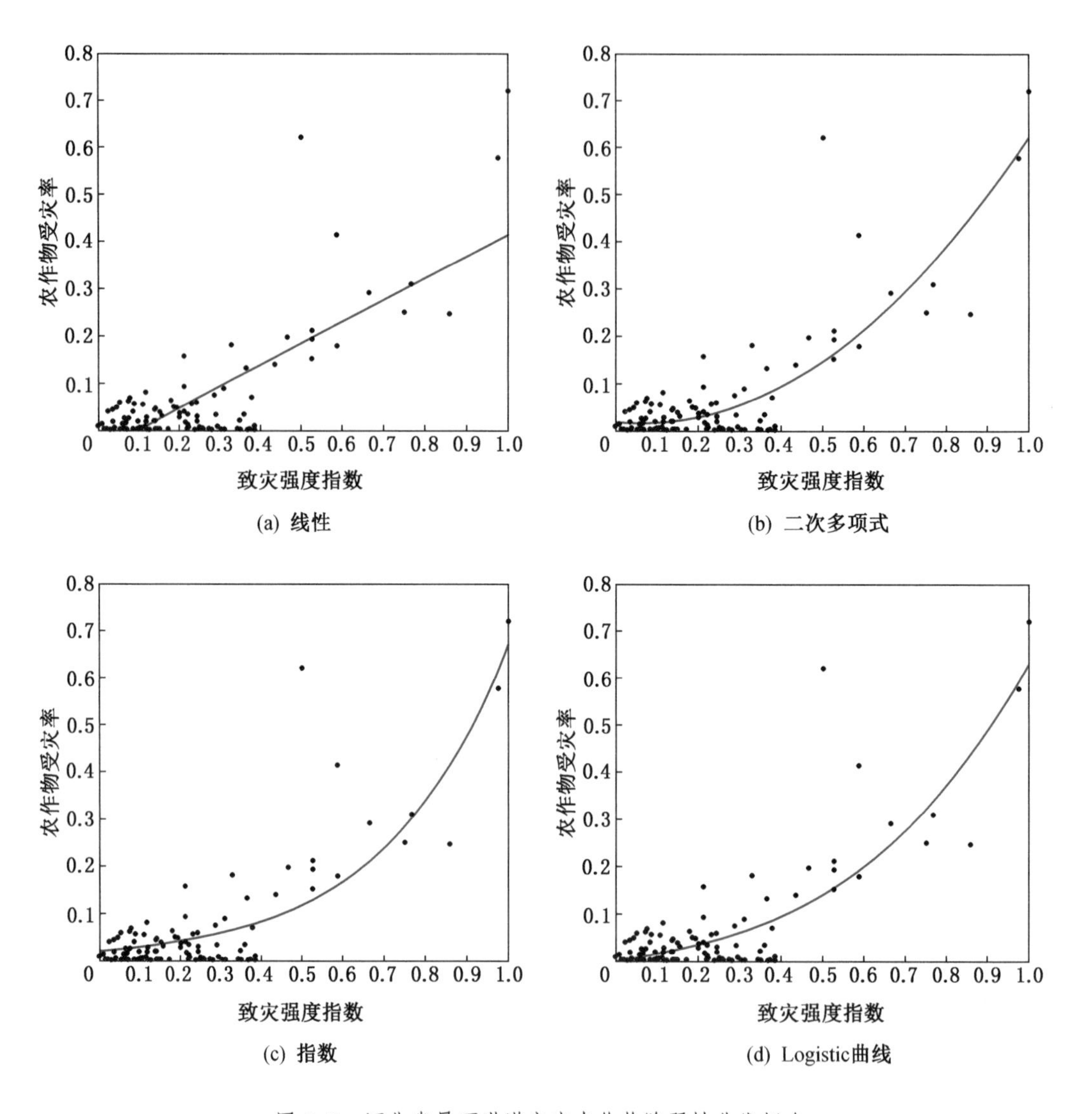

图 6-8　河北省暴雨洪涝灾害农作物脆弱性曲线拟合

对上述拟合结果进行拟合优度统计，结果见表 6-3。可以看出：二次多项式最优，$R^2=0.7058$，SSE = 0.4805，RMSE = 0.0673；其次为 logistic 函数，$R^2=0.6963$，SSE = 0.4960，RMSE = 0.0687。因此，选择二次多项式函数来表达暴雨洪涝灾害农作物的脆弱性。

对比上述人口、经济、农作物的脆弱性模型，人口、农作物脆弱性均为二次多项式函数，而经济脆弱性为指数函数，这说明经济损失对暴雨洪涝灾害强度的响应较为剧烈，即

表 6-3　河北省暴雨洪涝灾害农作物受灾脆弱性曲线拟合优度检验

类型	函数形式	SSE	RMSE	R^2
线性	$y = 0.4612x - 0.04501$	0.6875	0.0802	0.5791
二次多项式	$\mathbf{y = 0.6949x^2 - 0.09496x + 0.01937}$	**0.4805**	**0.0673**	**0.7058**
指数	$y = 0.02134 \times EXP(3.45x)$	0.5196	0.0697	0.6819
Logistic	$y = 2.237/[1 + 55.52 \times EXP(-3.157x)] - 0.03825$	0.4960	0.0687	0.6963

灾害强度略有上升，经济损失的增加幅度就会较大。人口、农作物损失对暴雨洪涝灾害强度的响应相对弱一些，尤其是暴雨洪涝灾害强度在中低范围（0~0.3）时，人口、农作物损失随灾害强度的变化不太明显，但当灾害强度超过一定级别时，二者的损失就会急剧增加。

6.3.5　暴雨洪涝灾害风险评估结果

根据暴雨洪涝灾害风险评估流程，将不同重现期的暴雨洪涝致灾因子强度与人口、经济、农作物脆弱性进行相应的计算，得到不同重现期的暴雨洪涝灾害受影响人口风险分布（图 6-9）、经济损失风险分布（图 6-10）、农作物受影响产量风险分布（图 6-11）。采用完全相同的分级值，对不同年遇型风险评估结果进行分级，分为高、中高、中、中低、低 5 个等级，分别统计河北省各市人口、经济、农作物高、中高等级风险的面积及其占本市总面积的比例，对比分析河北省各地市的风险高低。

6.3.5.1　人口高风险区分布

图 6-9 与河北省各地市暴雨洪涝灾害不同年遇型下的影响人口风险等级面积（表 6-4）表明，随着人口风险重现期的不断增加，中及中以上等级风险区域占比增加。全省中风险区域的面积占比增加最显著，从 3.5%（10 年一遇）增加到 8%（100 年一遇）。

以百年一遇情形下各地市人口高风险等级面积占本地市总面积比例进行排序，比例最高的是邯郸市，其次是石家庄、秦皇岛、廊坊等市。人口高风险等级区分布在它们的城区，且面积较大，均占本市总面积的比例都在 1.3% 以上。从面积看，保定市的高风险等级面积为 512 km^2、廊坊市为 501 km^2，邯郸市为 362 km^2，三市的高风险区域面积占全省高风险区域的 52% 左右。

暴雨洪涝影响人口高风险区的分布格局原因：邯郸市、石家庄市、廊坊市、保定市等地位于河北省日最大降雨的高值中心区，且重现期越长，这些地区的日最大降雨高值在空间上越突出，百年一遇重现期的情形下，最大日降雨量在300 mm以上。人口密度分布图显示河北省中南部平原有一条自保定东部向南延伸涉及石家庄中东部、邯郸中部至邯郸中东部的人口密集分布带，人口暴露度很高。如前几章所述，邯郸、保定、石家庄市区地势低洼，加上城市建设带来的问题以及下垫面导致的水文特征变化，经常遭受内涝灾害；这些地市的西部山区地势起伏大，山洪灾害频发，容易造成人员伤亡。

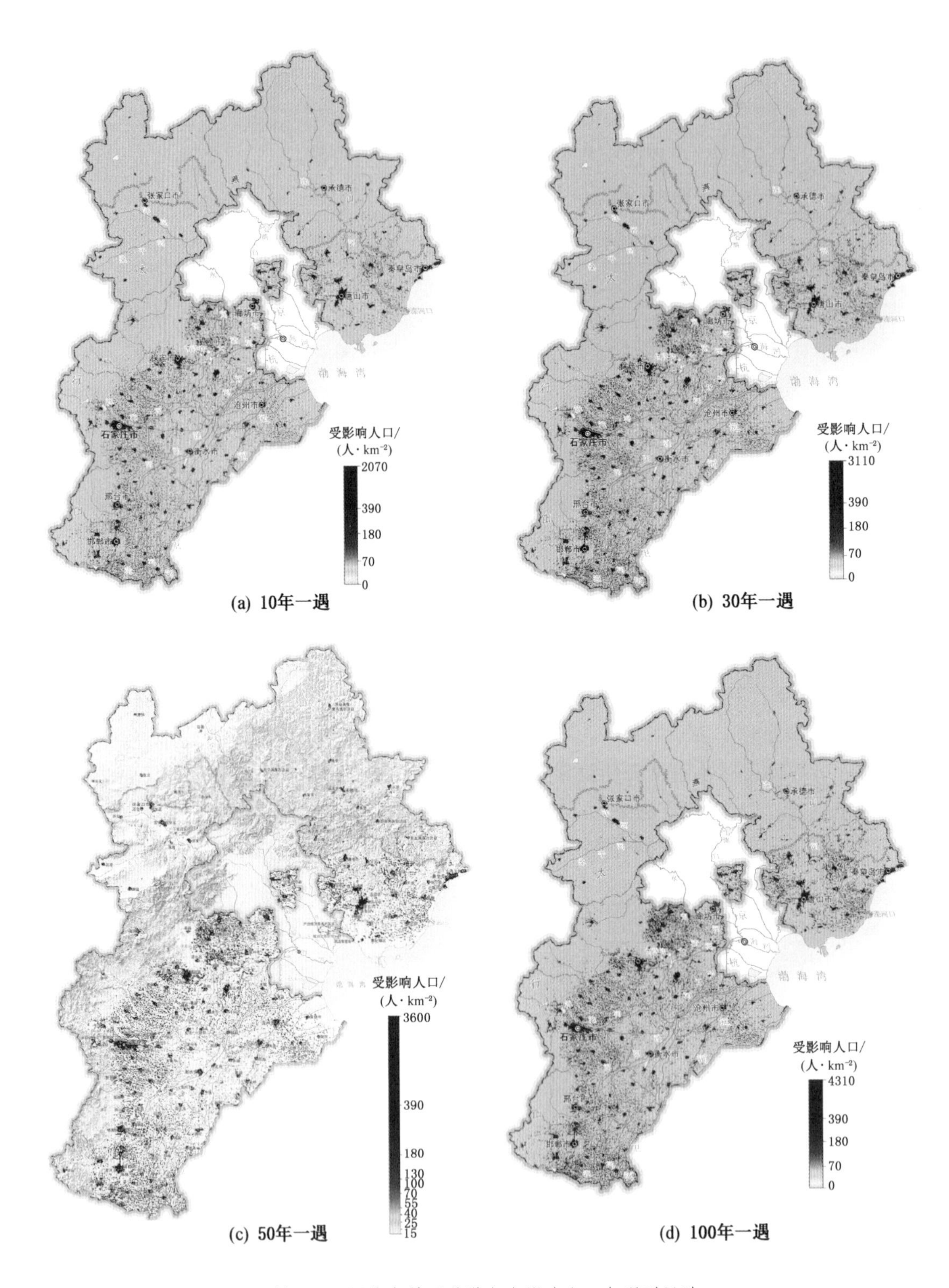

图 6-9　河北省暴雨洪涝灾害影响人口年遇型风险

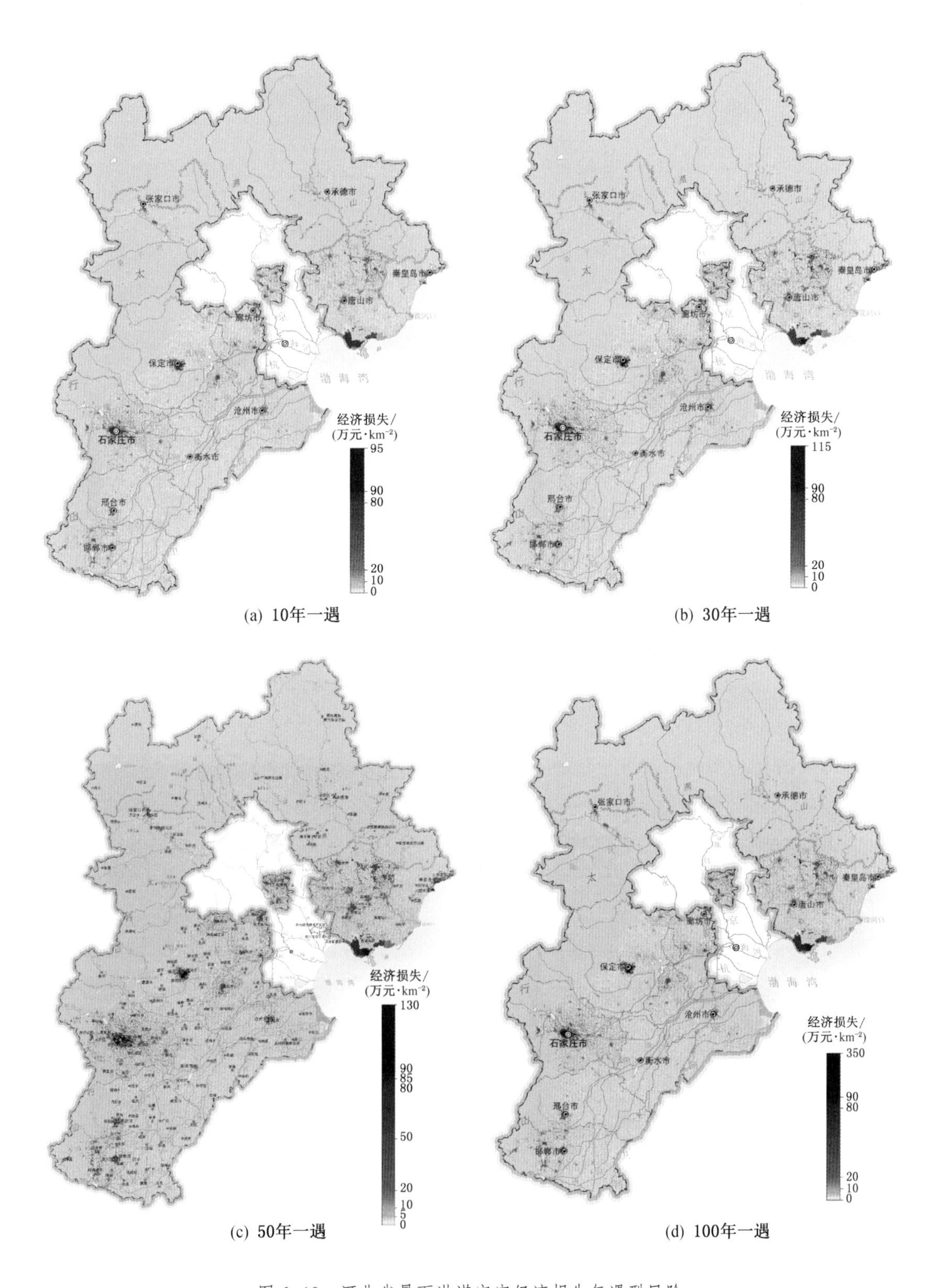

(a) 10年一遇

(b) 30年一遇

(c) 50年一遇

(d) 100年一遇

图6-10 河北省暴雨洪涝灾害经济损失年遇型风险

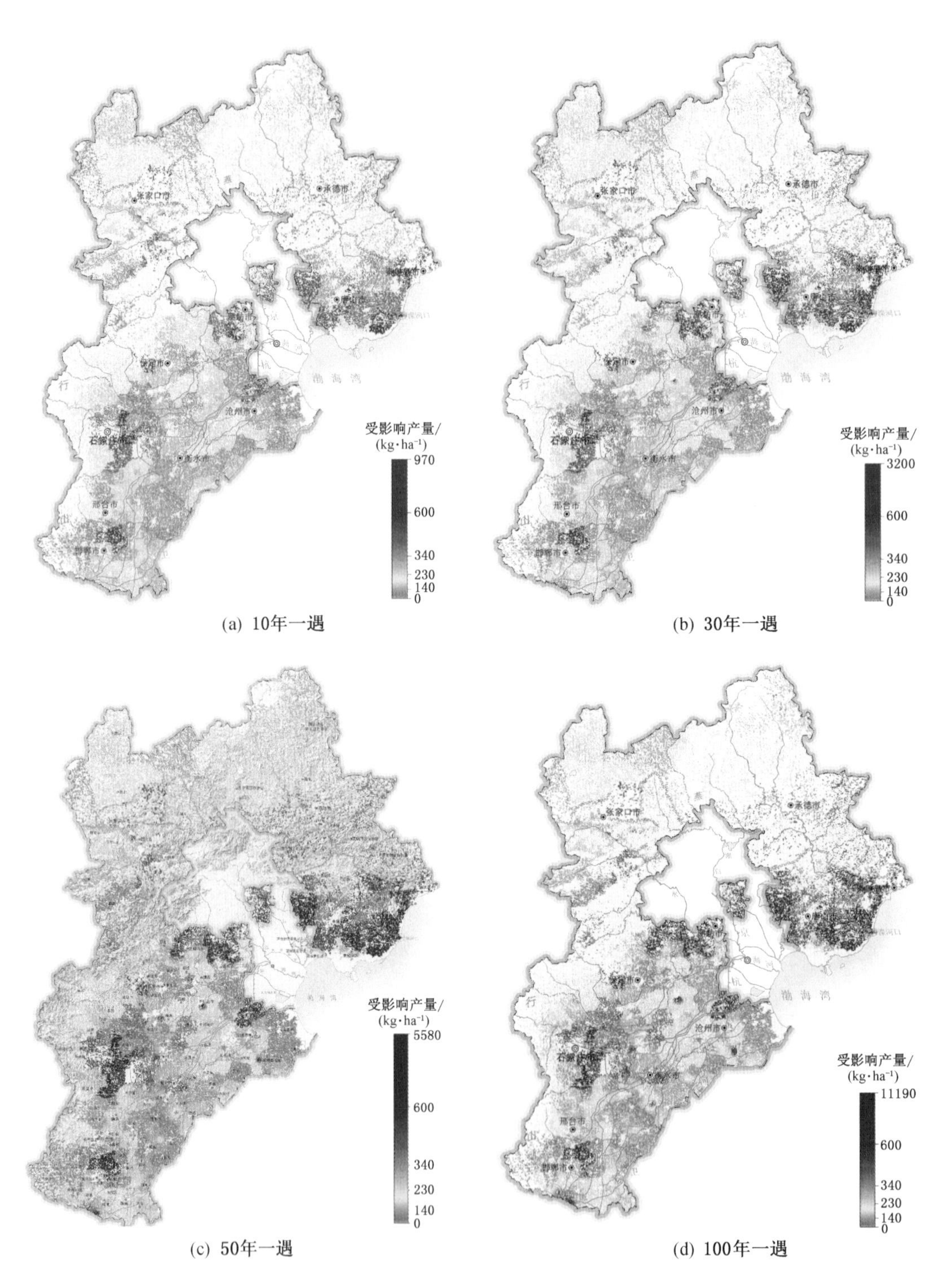

图 6-11　河北省暴雨洪涝灾害影响农作物产量年遇型风险

表 6-4　河北省各地市暴雨洪涝灾害影响人口风险等级面积占比

地级市	年遇型	影响人口风险等级面积占比 /%				
		低	中低	中	中高	高
石家庄	10a	73. 53	22. 48	1. 71	2. 04	0. 24
	30a	69. 42	25. 46	2. 34	1. 68	1. 09
	50a	67. 99	26. 15	2. 94	1. 56	1. 36
	100a	66. 61	26. 40	3. 82	1. 43	**1. 74**
承德	10a	98. 61	1. 13	0. 11	0. 08	0. 07
	30a	98. 19	1. 50	0. 13	0. 09	0. 10
	50a	98. 00	1. 62	0. 18	0. 08	0. 11
	100a	97. 76	1. 81	0. 22	0. 07	0. 13
张家口	10a	98. 87	0. 81	0. 31	0. 00	0. 00
	30a	98. 52	1. 10	0. 37	0. 01	0. 00
	50a	98. 34	1. 24	0. 39	0. 03	0. 00
	100a	98. 12	1. 41	0. 40	0. 08	0. 00
秦皇岛	10a	84. 32	12. 97	1. 41	1. 24	0. 05
	30a	80. 04	16. 30	1. 59	1. 60	0. 47
	50a	78. 75	16. 97	2. 03	1. 45	0. 80
	100a	76. 94	17. 81	2. 77	1. 10	**1. 38**
唐山	10a	73. 73	23. 14	1. 71	1. 31	0. 12
	30a	67. 12	28. 72	2. 14	1. 71	0. 31
	50a	64. 82	30. 47	2. 53	1. 74	0. 44
	100a	62. 53	31. 58	3. 47	1. 55	0. 86
廊坊	10a	68. 18	27. 59	2. 59	1. 53	0. 11
	30a	59. 98	34. 68	3. 00	1. 83	0. 51
	50a	57. 08	36. 99	3. 41	1. 61	0. 91
	100a	53. 86	38. 90	4. 31	1. 61	**1. 31**
保定	10a	78. 85	18. 41	1. 77	0. 81	0. 16
	30a	74. 91	21. 00	2. 63	1. 01	0. 44
	50a	73. 73	21. 38	3. 27	1. 06	0. 56
	100a	72. 09	21. 77	4. 24	1. 19	0. 71
沧州	10a	74. 77	23. 12	0. 94	0. 89	0. 28
	30a	69. 03	28. 35	1. 15	0. 82	0. 65
	50a	67. 32	29. 64	1. 49	0. 73	0. 81
	100a	65. 19	31. 12	2. 03	0. 67	0. 99

表 6-4（续）

地级市	年遇型	影响人口风险等级面积占比 /%				
		低	中低	中	中高	高
衡水	10a	77.80	20.16	1.40	0.64	0.00
	30a	68.89	28.76	1.08	1.16	0.11
	50a	65.79	31.66	1.17	1.17	0.20
	100a	61.77	35.49	1.20	1.16	0.37
邢台	10a	72.88	24.61	1.40	0.85	0.26
	30a	67.54	29.12	1.94	0.68	0.72
	50a	65.82	30.35	2.35	0.67	0.81
	100a	63.85	31.40	3.11	0.77	0.87
邯郸	10a	65.03	31.35	1.69	0.92	1.01
	30a	59.91	34.81	2.98	0.84	1.45
	50a	58.27	35.48	3.83	0.83	1.59
	100a	56.40	35.99	5.00	0.83	**1.78**

6.3.5.2　经济高风险区分布

图 6-10 与河北省各地市暴雨洪涝灾害不同经济损失风险等级面积占比统计结果（表 6-5）表明，暴雨洪涝灾害经济损失高风险区域主要分布在石家庄市、唐山市、秦皇岛市、廊坊市；低风险等级区的面积占比约 70%，多分布在经济不发达的山区。高风险区域的单位面积经济损失远高于低风险区域，高达几百倍以上。

以百年一遇情形下各地市的经济高风险等级面积占本地市总面积比例进行排序，比例最高的是唐山市，占比达到 3.94%，并且与其他地级市差距明显；其次是石家庄、秦皇岛、廊坊等城市。全省 64% 的暴雨洪涝灾害经济高风险区域集中于唐山、石家庄、秦皇岛、廊坊等城市。

具体分析上述城市高风险的原因。一方面，唐山市、秦皇岛市位于东部沿海区，降水丰富，地势低平容易发生洪涝；石家庄市、廊坊市位于日最大降雨高值中心区。另一方面，相同致灾强度下，经济暴露度越高，灾害造成的经济损失越大。唐山市和石家庄市的经济发展水平都处于河北省第一梯队。唐山市是河北省的中心城市之一，也是环渤海地区新型工业化基地和港口城市，工业、建筑、贸易等发展迅速。石家庄市经济发展多年来稳步增长，制药、纺织、钢铁、电子信息等产业蓬勃发展。秦皇岛市是河北省对外开放的窗口之一，旅游业发达。廊坊市地处京津雄“黄金三角”核心区域，区位优势明显，交通便利。廊坊市大力发展临空经济、新一代信息技术、高端装备制造、生物医药健康、现代商贸物流和都市现代农业等特色产业，经济持续发展。暴雨洪涝灾害一旦发生，上述城市系统受到冲击，将极大影响社会生活生产，从而造成严重的经济损失。

表6-5 河北省各地市暴雨洪涝灾害经济损失风险等级面积占比

地级市	年遇型	经济损失风险等级面积占比 /%				
		低	中低	中	中高	高
石家庄	10a	64. 95	24. 05	8. 12	1. 66	1. 22
	30a	63. 19	23. 79	9. 41	2. 17	1. 43
	50a	62. 49	23. 46	10. 05	2. 42	1. 58
	100a	61. 72	22. 85	10. 90	2. 73	**1. 81**
承德	10a	97. 33	1. 93	0. 52	0. 17	0. 04
	30a	97. 14	2. 05	0. 55	0. 20	0. 06
	50a	97. 08	2. 06	0. 56	0. 22	0. 08
	100a	96. 96	2. 09	0. 60	0. 26	0. 09
张家口	10a	97. 31	2. 19	0. 30	0. 17	0. 02
	30a	97. 14	2. 31	0. 33	0. 19	0. 03
	50a	97. 08	2. 35	0. 33	0. 20	0. 03
	100a	96. 94	2. 48	0. 34	0. 21	0. 03
秦皇岛	10a	82. 53	13. 70	2. 13	1. 53	0. 12
	30a	79. 16	16. 23	2. 38	1. 78	0. 44
	50a	77. 74	16. 87	2. 91	1. 78	0. 70
	100a	75. 65	17. 78	3. 57	1. 78	**1. 22**
唐山	10a	58. 40	30. 10	8. 94	2. 56	0. 00
	30a	48. 97	31. 51	13. 35	3. 13	3. 04
	50a	47. 35	31. 56	14. 45	3. 08	3. 56
	100a	45. 49	31. 24	15. 37	3. 95	**3. 94**
廊坊	10a	52. 10	31. 66	11. 00	2. 85	2. 39
	30a	54. 95	30. 84	11. 00	3. 21	0. 00
	50a	52. 56	31. 99	11. 70	3. 52	0. 24
	100a	48. 63	33. 72	13. 13	3. 71	**0. 81**
保定	10a	81. 88	16. 24	1. 08	0. 38	0. 41
	30a	79. 42	18. 12	1. 52	0. 50	0. 45
	50a	78. 34	18. 80	1. 83	0. 56	0. 47
	100a	76. 83	19. 60	2. 39	0. 63	0. 54
沧州	10a	72. 02	24. 15	3. 06	0. 61	0. 17
	30a	69. 68	25. 45	3. 73	0. 88	0. 27
	50a	67. 77	26. 91	3. 95	1. 07	0. 31
	100a	66. 26	27. 64	4. 46	1. 16	0. 48
衡水	10a	85. 82	13. 60	0. 58	0. 00	0. 00
	30a	82. 54	16. 71	0. 75	0. 00	0. 00
	50a	80. 82	18. 36	0. 82	0. 00	0. 00
	100a	78. 31	20. 58	1. 10	0. 00	0. 00

表 6-5（续）

地级市	年遇型	经济损失风险等级面积占比 /%				
		低	中低	中	中高	高
邢台	10a	82. 18	15. 80	1. 39	0. 48	0. 15
	30a	80. 12	17. 37	1. 77	0. 55	0. 19
	50a	79. 13	18. 16	1. 96	0. 54	0. 21
	100a	77. 67	19. 30	2. 26	0. 53	0. 24
邯郸	10a	69. 52	24. 51	4. 54	1. 10	0. 33
	30a	66. 27	26. 76	5. 25	1. 22	0. 51
	50a	65. 01	27. 66	5. 51	1. 26	0. 56
	100a	63. 27	28. 62	5. 99	1. 49	0. 63

6. 3. 5. 3　农作物高风险区分布

图 6-11 与河北省各地市暴雨洪涝灾害影响农作物产量风险等级面积占比统计结果（表 6-6）表明，随着农作物风险重现期的不断增加，全省高风险区域占比逐渐增加，从 2. 3%（10 年一遇）增加到近 10%（100 年一遇），低风险区域面积占比下降，从 22. 1%（10 年一遇）减少到 14. 2%（100 年一遇）。

表 6-6　河北省各地市暴雨洪涝灾害影响农作物产量风险等级面积占比

地级市	年遇型	影响农作物产量风险等级面积占比 /%				
		低	中低	中	中高	高
石家庄	10a	0. 12	40. 21	25. 80	25. 16	8. 71
	30a	0. 12	39. 73	24. 05	26. 17	9. 92
	50a	0. 04	37. 89	23. 23	25. 76	13. 08
	100a	0. 09	23. 72	33. 77	21. 27	21. 15
承德	10a	0. 00	40. 37	46. 56	10. 22	2. 85
	30a	0. 00	38. 82	46. 78	11. 13	3. 27
	50a	0. 00	37. 49	38. 04	21. 08	3. 39
	100a	0. 00	36. 84	34. 30	24. 08	4. 79
张家口	10a	16. 02	39. 32	37. 60	4. 63	2. 42
	30a	19. 47	41. 17	32. 40	4. 43	2. 53
	50a	19. 57	41. 67	31. 70	4. 37	2. 68
	100a	19. 47	41. 82	31. 61	4. 29	2. 81
秦皇岛	10a	0. 00	1. 76	42. 44	30. 16	25. 64
	30a	0. 00	0. 00	29. 02	22. 93	48. 05
	50a	0. 00	0. 00	17. 03	28. 07	54. 90
	100a	0. 00	0. 00	4. 04	28. 02	**67. 94**

表 6-6（续）

地级市	年遇型	影响农作物产量风险等级面积占比 /%				
		低	中低	中	中高	高
唐山	10a	0. 00	9. 79	36. 26	40. 95	13. 00
	30a	0. 00	8. 77	25. 16	36. 66	29. 41
	50a	0. 00	6. 10	21. 13	37. 36	35. 41
	100a	0. 00	3. 61	11. 04	37. 96	**47. 39**
廊坊	10a	38. 11	9. 22	13. 27	28. 16	11. 26
	30a	37. 60	9. 63	13. 36	17. 03	22. 39
	50a	36. 66	9. 71	13. 84	12. 60	27. 18
	100a	35. 49	8. 58	14. 76	3. 83	**37. 34**
保定	10a	12. 46	61. 98	22. 68	2. 88	0. 00
	30a	12. 44	50. 35	31. 51	4. 78	0. 91
	50a	12. 23	43. 55	31. 15	9. 68	3. 39
	100a	11. 11	34. 00	31. 94	14. 84	8. 11
沧州	10a	48. 96	39. 97	3. 82	7. 25	0. 00
	30a	44. 23	43. 00	5. 28	5. 94	1. 55
	50a	40. 22	45. 79	6. 04	5. 17	2. 77
	100a	33. 72	49. 99	6. 46	4. 25	5. 58
衡水	10a	46. 42	40. 32	13. 11	0. 15	0. 00
	30a	42. 09	39. 71	17. 38	0. 82	0. 00
	50a	37. 26	36. 36	21. 66	4. 61	0. 10
	100a	26. 92	35. 67	28. 08	8. 55	0. 78
邢台	10a	58. 52	36. 32	4. 89	0. 25	0. 03
	30a	57. 03	37. 56	5. 13	0. 23	0. 04
	50a	54. 96	36. 36	8. 03	0. 55	0. 10
	100a	51. 99	35. 01	10. 66	1. 89	0. 45
邯郸	10a	35. 67	45. 96	9. 29	0. 00	9. 09
	30a	28. 25	45. 00	17. 20	0. 46	9. 09
	50a	22. 49	47. 42	18. 97	1. 69	9. 43
	100a	21. 42	43. 51	21. 74	2. 50	10. 84

以百年一遇情形下各地市农作物高风险等级面积占本地市总面积比例的多少进行排序，秦皇岛市占比最高，近 68% 面积的农作物为暴雨洪涝灾害的高风险之中，农作物受到暴雨洪涝灾害的严重威胁；其次是唐山、廊坊等城市。全省所有农作物高风险区域中，秦皇岛和唐山两市的面积最大，河北省超过一半的暴雨洪涝灾害农作物高风险区域分布在这里。

农作物高风险区的分布格局原因：秦皇岛市和唐山市邻近海洋，降水充沛，全省的日最大降雨高值分布在这里，达到 300 mm 以上。唐山市、秦皇岛市的农作物种植分布较广，以县为单元统计农作物单产水平，唐山市东部乐亭县是全省农作物单产高值区之一。暴雨洪涝灾害容易造成排水不畅，导致农作物减产，甚至发生腐烂，对农作物生长产生不利影响。

综上，河北省暴雨洪涝灾害人口高风险区主要分布在邯郸市、保定市、石家庄市；经济高风险区集中在唐山市、廊坊市、石家庄市；农作物高风险区则集中于秦皇岛市、唐山市。因此，石家庄市、唐山市的暴雨洪涝灾害风险总体最高，其次是邯郸市、保定市、廊坊市；秦皇岛市暴雨洪涝风险也较高。

6.4 提升河北省气象监测预报业务水平

6.4.1 国际气象监测预报水平

国际上主要气象机构覆盖全球的气象预报水平见表 6-7，预报系统性能领先的欧洲中期天气预报中心（European Centre for Medium-Range Weather Forecasts，ECMWF），其模式预报水平分辨率达 9 km，预报时效在 0~10 d。未来 5~10 年，随着气象部门业务主模式的更新换代以及高性能计算机的发展，全球数值天气预报（Numerical Weather Prediction，NWP）业务模式空间分辨率将达到千米尺度，ECMWF 计划在 2025 年达到以 5 km 的分辨率进行全球集合预报的水平（李婧华等，2019；Buizza R et al.，2015）。美国、日本等气象部门预报水平也相对较高。

表 6-7 全球主要气象机构预报水平

机构	模式	水平分辨率	预报范围/d	预报时间（UTC）
欧洲中期天气预报中心（ECMWF，2018）	IFS-HRES	9 km	0~10	00、12
	IFS-ENS	18 km	0~15	
美国国家环境预报中心（NCEP，2017）	GFS	13 km		
	GEFS	55 km	0~8	
英国气象局（UK Met Office，2017）	UM	10 km	0~6	00、06、12、18
	MOGREPS-G	20 km	0~7	00、06、12、18
日本气象厅（JMA，2018；Ushiyama T et al，2017）	GSM	20 km	3.5/11	00、06、12、18
	GEPS	40 km	0~11	00、12
德国气象局（DWD，2018）	ICON	13 km	0~7.5	00、12

6.4.2　河北省气象监测预报现状

目前，河北省气象部门已在全省范围内建成了新一代天气雷达、风廓线雷达、地面观测、高空探测等各类观测设备 4121 套，站网监测预报空间分辨率达到 4.5 km；构建了无缝隙精细化网格预报业务系统，开展了“0~30 天”高时空分辨率智能网格气象预报预测业务，12 小时内预报产品分辨率达到 1 km×1 h，24 小时晴雨预报准确率超过 90%，暴雨预警信号准确率达到 85%。充分利用了综合观测资料和精细化预报产品，结合防灾减灾、生态文明和人民群众生产生活等各方面服务需求，制发普惠性服务产品 60 多种①（2022，人民网）。“十三五”期间，河北省气象部门成功应对 100 余次灾害性天气过程，减轻了灾害损失，气象监测预报发展不断在进步，但是仍应提升气象监测预报的时空精度，特别是对暴雨洪涝的监测预警，从而更加有效地应对暴雨洪涝灾害的冲击。

6.4.3　河北省气象监测预报发展

根据《河北省人民政府关于加快推进气象高质量发展的意见》要求，未来河北省提升气象监测预报水平主要从以下几个方面着手：

（1）建设精密监测系统。科学加密建设天气、气候和专业气象观测设施，强化地基垂直探测，形成陆海空天一体化、协同高效的精密气象监测系统，提升大气仿真模拟和分析能力。加强气象、通信管理、住房和城乡建设等部门合作，依托通信铁塔、高层建（构）筑物等开展气象观测。扩大省级气象法定计量检定机构授权范围，完善气象探测装备计量检定和试验验证体系。加强气象卫星遥感和雷达应用，做好无线电频率使用协调。健全气象观测质量管理体系。鼓励和规范社会气象观测活动。加强气象、住房和城乡建设、自然资源、公安等部门协作，依法保护气象设施和探测环境。

（2）发展精准预报技术。建立逐 1 h 更新的数值预报系统、逐 10 min 更新的降水预报系统。发展地球系统数值预报模式和台风、海洋等专业气象预报模式产品的应用技术，建成全面支撑智能数字预报业务的客观预报预测算法库。建立气象资料客观分析、预报产品自动生成、预报结果快捷订正的气象预报预测综合业务平台。

（3）加强精细气象服务。针对不同行业、不同领域，发展基于场景、基于影响的精细气象服务技术，研发、优化气象服务算法，建设面向公众、行业的智能化决策、气象服务平台。发展需求自动感知、产品自动生成、信息精准推送的智慧化气象服务，有机融入决策指挥、调度管理平台和智能生活终端。建立气象部门与各类服务主体互动机制，探索打造普惠共享的气象服务众创平台，促进气象信息全领域高效应用。

（4）促进数据融合应用。建设“数算一体”气象大数据云平台河北中心，实现大数据资源、计算资源、算法资源集约发展。利用省政府信息资源交换共享开放平台，推进信息开放和共建共享。加强跨部门、跨地区气象数据获取、存储、汇交和使用，提高气象数据应用服务能力。适度超前升级迭代气象超级计算机系统，优化气象通信网络，提升数据

---

① 监测精密 预测精准 河北大力推进气象灾害防御能力建设. 人民网，2022 年 5 月 12 日。

处理和信息传输能力。强化气象数据资源、信息网络和应用系统安全保障。

上述四个方面的建设和发展是河北省气象监测预报提升的关键点，其中监测系统、预报技术是工作的核心和基础，加强数据融合和完善气象服务是将气象监测预报效能充分发挥的有力手段和平台。但在积极学习和快速引进新方法新技术的同时，要结合区域特定的气象背景及灾害防范需求，代入现实问题，在把握区域性的基础上勇于创新，灵活设计，不可照搬硬套。气象监测预报业务水平的提升，不能仅简单地考虑技术更新和精度提高，要围绕需求，注意与防灾减灾工作的对接与融合，才能将监测预报水平提升在灾害风险防范中的关键性作用有效地发挥出来。

6.5 加强区域综合防灾减灾能力建设

6.5.1 城市暴雨洪涝防灾减灾能力建设

6.5.1.1 重视暴雨洪涝灾害风险评估，纳入城市发展规划体系

2021 年 7 月，德国及周围的卢森堡、比利时、荷兰遭遇“千年一遇”的洪灾，暴雨使得杜塞尔多夫的莱茵河畔水位猛涨，有不少街道积水，地下室被倒灌，气候变化是造成洪水的主因。此次洪灾中欧洲的死亡人数达数百人，其中受灾最严重的德国科隆南部阿维勒（Ahrweiler）地区，约有 110 人死亡。2021 年 7 月 20 日，河南省郑州市发生了严重的暴雨洪涝灾害，最大日降雨量达 624.1 mm，为建站以来最大值的 3.4 倍。尽管郑州市区 2030 年规划预计达到 50 年一遇的国家排涝标准，即 24 小时降水量 199 mm，但该标准远远不能满足当天排涝需求，当日郑州城区 24 小时面平均雨量是规划设防标准的 1.6~2.5 倍。在极端天气事件频发的背景下，如此罕见的特大暴雨洪涝灾害再次出现的可能性越来越高。因此，在城市总体规划、旅游资源开发、城市生命线等重大工程建设项目规划环节，必须开展暴雨洪涝灾害风险评估和气候可行性论证，统筹考虑气候可行性和暴雨洪涝灾害的风险性，评估城市大型工程建设对城市气候可能产生的影响，论证城市发展对气候、生态环境带来的影响。根据暴雨洪涝灾害风险情况，确定防洪排涝标准，编写重大气象灾害应急预案，规划避灾路线和避灾场所等，这些措施能够有效地从源头上降低风险、减轻损失。

6.5.1.2 完善“海绵城市”建设，提升城市应对气候变化能力

河北省从 2017 年开始推动海绵城市建设部分示范区先行先试工作。2021 年 6 月，唐山市成功入选全国首批系统化全域推进海绵城市建设示范城市，成为河北省第一个海绵城市建设示范地级市。2022 年 5 月召开全省 2022 年城市排水防涝暨海绵城市建设工作会议，部署了城市排水防涝和海绵城市建设工作，要求各地加强排水防涝隐患排查整改，强化重点薄弱环节管控和项目建设管理，推动海绵城市建设深入开展，全力保障城市安全度汛。受气候变化和城市化叠加影响，河北省暴雨洪涝风险增加，灾害特征复杂化，传统防灾中对灾害风险静态化、孤立化和单向化的认识已经不再适应当前城市发展需求，海绵城市的建设是城市动态防洪的重要手段。因此，应以唐山市等示范城市为学习榜样，认真落

实海绵城市建设要求和工作方案，系统化全域建设海绵城市。积极采取“渗、滞、蓄、净、用、排”等措施，大力实施雨水源头减排工程，有效应对城市内涝防治标准内的降雨，尽快提升城市建成区达到海绵城市建设要求的面积比例。

6.5.1.3　加强社区灾害风险治理，完善风险管理模式与机制

截至2015年，河北省共建成综合减灾示范社区356个（《河北省气象灾害风险地图集》编辑委员会，2018），其中石家庄市和张家口市建成数量最多（图6-12），分别为65个和47个。

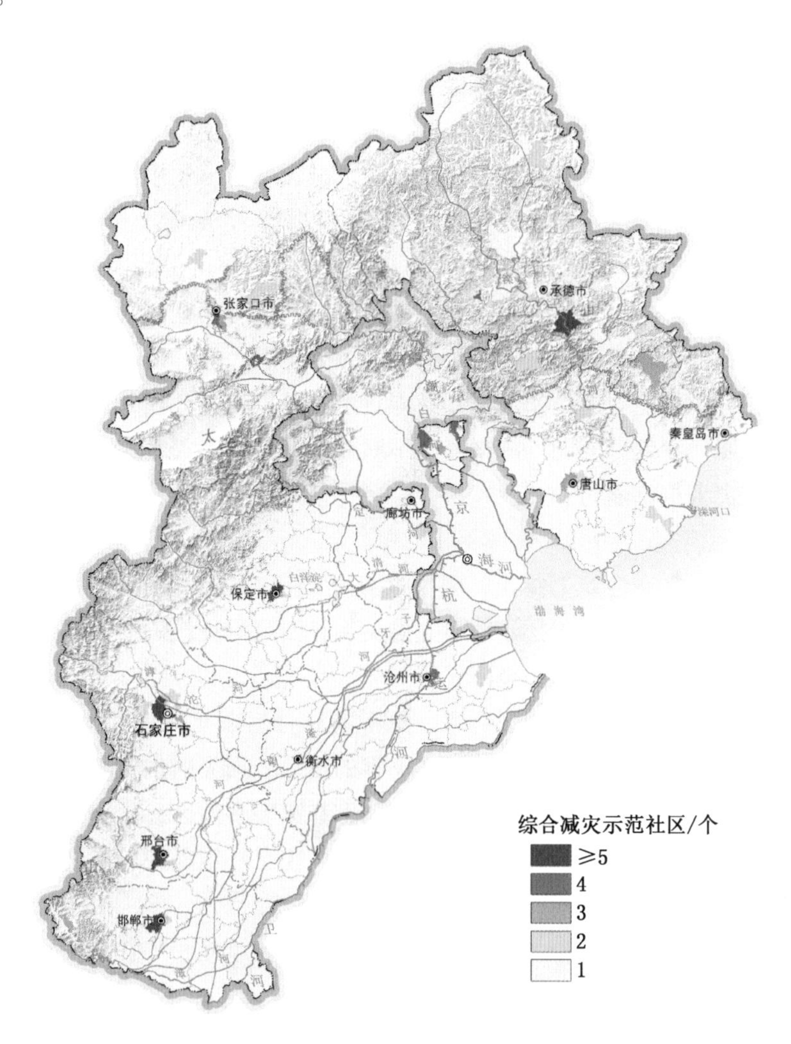

图6-12　河北省各区县综合减灾示范社区分布图

结合历史暴雨洪涝灾害与暴雨洪涝灾害风险评估结果，河北省秦皇岛市和唐山市也容易受暴雨洪涝灾害的影响，但两市已有的示范社区建成数量偏少，平均约6~7个，无法满足区域防灾减灾的需求。与此同时，现有示范社区的规范管理和效用发挥仍需加强和完善。例如现有应急管理模式能组织统一行动，集中力量办大事，但社区范围内的非政府组

织（Non-Governmental Organizations，NGOs）、非营利组织（Non-Profit Organizations，NPOs）、志愿者组织、社区组织与团体、居民等公众参与程度低，积极性不高，从而导致风险管理效率较低。应急管理机制主要集中在政府层面，特别是县级以上政府层面，社区等基层单位层面应急管理机制十分薄弱，政府与社会之间合作互助关系不畅通，尚未形成有效的应急管理联动机制。由政府、NGOs、NPOs、社区组织、社区企事业单位和居民等代表共同组成的居民委员会缺乏应急管理事务综合协调机构。因此，应积极将基于社区的灾害风险管理理论引入灾害风险管理，建立政府推动、社会参与、部门联动的防灾减灾治理模式，注重研究如何提高公众的防灾减灾认知、意识、程度和能力。将网络治理等全新的治理形态和治理机制引入社区灾害风险管理，加快由传统的以政府为中心的、自上而下垂直的灾害风险管理模式向公众参与的、社会联动的、网络治理模式的改革。改善风险治理结构，建立形成多层次联动社会网络，共享防灾减灾资源，利用高新技术作出决策，实现政府推动、公众参与，部门联动的基于社区的灾害风险社会网络化治理。

6.5.1.4 创新保险金融工具，提升城市灾害风险管理能力

气象灾害风险转移是气象灾害风险管理中最有效的管理途径，气象指数保险、气象灾害再保险等金融工具是转移自然灾害风险损失的重要金融手段。创新城市灾害保险业务是增强暴雨洪涝灾害抗御能力的重要组成。我国自然灾害保险业务还处在培育期，存在险种少、投保率低、赔付率低等问题。未来需要不断创新城市自然灾害保险及再保险业务，增强城市暴雨洪涝灾害抗御能力。

6.5.2 山洪灾害风险防范协同优化策略

习近平总书记多次在会议上指出，要协同推动经济高质量发展和生态环境高水平保护。生态环境保护和经济发展不是矛盾对立的关系，而是辩证统一的关系。生态环境保护的成败归根到底取决于经济结构和经济发展方式，要坚持在发展中保护、在保护中发展，不能把生态环境保护和经济发展割裂开来，更不能对立起来（新华社，2018）。生态环境的破坏，直接导致的严重后果之一就是自然灾害的增多、损失的加剧。生态环境保护的目的就包括减少灾害的发生、降低灾害风险。因此，在灾害多发区，生态环境的高水平保护也可以视为灾害风险的有效防治。由此，经济发展与生态环境保护的协同推进就可以视为是经济发展与灾害风险防治之间的协同推进。

河北省北靠燕山山脉，西倚太行山，依托优美的河谷风光和峡谷地貌，山区中拥有大面积的生态自然风光、地质景观和历史遗迹，旅游资源丰富。经调查统计，河北省 70 余个区县（图 6-13）拥有进行山区旅游开发的条件和潜力。但较大的地形起伏为山洪提供了孕灾条件，加之全年降雨集中于 7 月、8 月（约占全年的 84%），且一般集中在几次暴雨或连阴雨过程中，使其成为我国山洪灾害多发区，山洪暴发将造成巨大的经济损失和人员伤亡。因此，京津冀山区旅游发展与山洪风险防范之间矛盾十分突出。

自然灾害风险研究通常认为旅游开发与灾害风险防控是难以调和的两个对立面，尤其在经济发展面前，灾害风险防控往往被忽略。例如 King 等（2016）分别研究了澳大利亚、

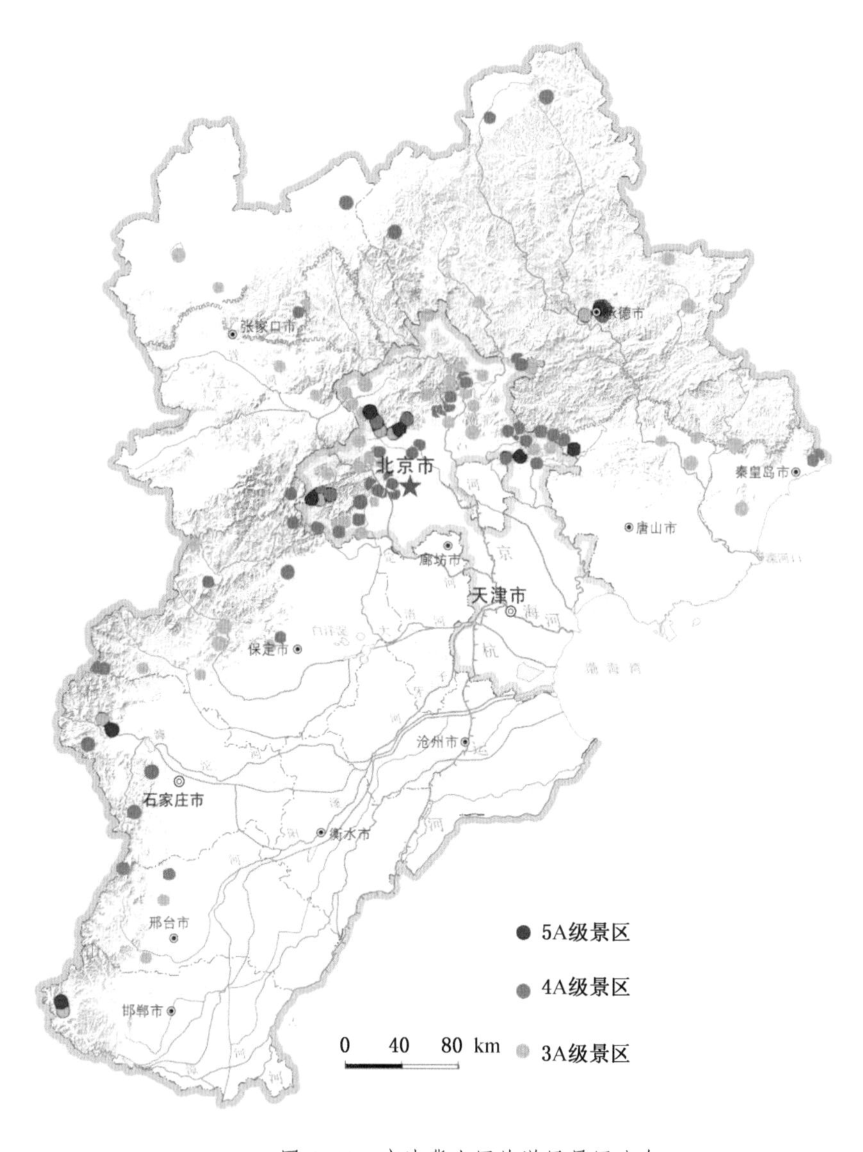

图 6-13　京津冀山区旅游风景区分布

泰国和印度尼西亚的 3 个社区在重大自然灾害灾后恢复过程中的土地利用规划策略，发现其灾后恢复的土地利用规划只考虑社会经济发展，很少考虑灾害风险的防控。习近平总书记在中央财经委第三次会议上指出我国的自然灾害防治要从减少灾害损失向减轻灾害风险转变。减轻灾害风险并不应该以牺牲经济发展为代价，而是在划定红线的前提下，让经济与生态环境协同发展，最终实现绿水青山就是金山银山的区域可持续发展。

事实上，旅游体验具有强烈的时空二维性，空间维度在旅游体验中同样重要。旅游资源除在水平空间上占据一定范围外，在垂直方向上也应该为游客提供渐进的审美体验（范春等，2010）。在中国传统观念中，十分偏好山居环境，所谓“仁者乐山”“山居为上，村居次之”都是这种择居偏好的典型体现，因此有着养生价值与文化底蕴的山居旅游产品正在成为各地旅游规划的新宠（安家，2011），例如民宿、艺术、特色小镇相结合的松阳过云山居、明明山居等。所以，改变单一山区涉水旅游产品，将涉水旅游与山居旅游相结合，从时间维上和空间维上充分发掘山区旅游资源将成为山区旅游开发的新增长点。

多目标规划是为解决多目标决策问题而发展起来的一种科学管理方法，在选址、规划中有着广泛的应用，但与灾害风险防控相结合的做法有待探索。以旅游投资值、收益值、山洪风险降低值为多目标，采用多目标规划方法求最优解，为旅游发展与山洪灾害风险防控寻找协同优化策略是加强河北省山区旅游业可持续发展的新尝试。

参 考 文 献

Abushandi E H, Merkel B J, 2013. Modelling Rainfall Runoff Relations Using HEC-HMS and IHACRES for a Single Rain Event in an Arid Region of Jordan[J]. Water Resources Management, 27(7): 2391-2409.

ADRC (Asian Disaster Reduction Center), 2005. Total disaster risk management: good practice[J]. Kobe, Japan.

Akbas S O, Blahut J, Sterlacchini S, 2009. Critical assessment of existing physical vulnerability estimation approaches for debris flows[M]. Malet J P, Remaître A, Bogaard T A. Landslide processes: from geomorphological mapping to dynamic modeling. Strasbourg, France: CERG.

Alipour A, Ahmadalipour A, Moradkhani H, 2020. Assessing flash flood hazard and damages in the southeast United States[J]. Journal of Flood Risk Management, 13(2): e12605.

Arbab N N, Hartman J M, Quispe J, et al, 2019. Implications of Different DEMs on Watershed Runoffs Estimations[J]. Journal of Water Resource and Protection, 11(4).

Aroca-jiménez E, Bodoque J M, García J A, et al, 2018. A quantitative methodology for the assessment of the regional economic vulnerability to flash floods[J]. Journal of hydrology, 565: 386-399.

Arrighi C, Mazzanti B, Pistone F, et al, 2020. Empirical flash flood vulnerability functions for residential buildings [J]. SN Applied Sciences, 2(5): 904.

Ashouri H, Nguyen P, Thorstensen A, et al, 2016. Assessing the Efficacy of High-Resolution Satellite-Based PERSIANN-CDR Precipitation Product in Simulating Streamflow[J]. Journal of hydrology, 17(7): 2061-2076.

Atik M, Altan T, Artar M, 2010. Land use changes in relation to coastal tourism developments in Turkish Mediterranean[J]. Polish Journal of Environmental Studies, 19(1): 21-33.

Bakuła K, StĘpnik M, Kurczyński Z, 2016. Influence of Elevation Data Source on 2D Hydraulic Modelling[J]. Acta Geophysica, 64(4): 1176-1192.

Barredo J I, 2007. Major flood disasters in Europe: 1950-2005[J]. Natural Hazards, 42(1): 125-148.

Bates P D, De Roo A P J, 2000. A simple raster-based model for flood inundation simulation[J]. Journal of Hydrology, 236(1-2): 54-77.

Beckers A, Dewals B, Erpicum S, et al, 2013. Contribution of land use changes to future flood damage along the river Meuse in the Walloon region[J]. Natural Hazards & Earth System Sciences, 13(9): 2301-2318.

Birkmann J, Cardona O D, Carreño M L, et al, 2013. Framing vulnerability, risk and societal responses: the MOVE framework[J]. Natural hazards, 67(2): 193-211.

Borga M, Anagnostou E N, Blöschl G, et al. Flash flood forecasting, warning and risk management: the HYDRATE project[J]. Environmental Science & Policy, 2011, 14(7): 834-844.

Borga M, Stoffel M, Marchi L, et al, 2014. Hydrogeomorphic response to extreme rainfall in headwater systems: flash floods and debris flows[J]. Journal of Hydrology, 518:194-205.

Boyd E, 2005. Toward an empirical measure of disaster vulnerability: storm surges, New Orleans, and Hurricane Betsy[Z]// the 4th UCLA conference on public health and disasters, Los Angeles.

Brazdova M, Riha J, 2004. A simple model for the estimation of the number of fatalities due to floods in central Europe[J]. Natural Hazards and Earth System Sciences, 14(7): 1663-1676.

Buizza R, Leutbecher M, 2015. The forecast skill horizon[J]. Quarterly Journal of the Royal Meteorological

Society, 141(693): 3366-3382.

Camarasa-belmonte A M, Soriano-garcía J, 2012. Flood risk assessment and mapping in peri-urban Mediterranean environments using hydrogeomorphology. Application to ephemeral streams in the Valencia region (eastern Spain)[J]. Landscape Urban Plann, 104: 189-200.

Cammerer H, Thieken A H, Verburg P H, 2013. Spatio-temporal dynamics in the flood exposure due to land use changes in the Alpine Lech Valley in Tyrol (Austria)[J]. Natural Hazards, 68(3): 1243-1270.

Chow V T, 1959. Open-channel Hydraulics[M]. New York: McGraw-Hill.

Ciurean R L, Hussin H, Westen C V, et al, 2017. Multi-scale debris flow vulnerability assessment and direct loss estimation of buildings in the Eastern Italian Alps[J]. Natural Hazards, 85(2): 929-957.

Coles S, Bawa J, Trenner L, et al, 2001. An introduction to statistical modeling of extreme values [M]. London: Springer.

White G F, 1964. Choice of adjustment to floods[M]. Chicago: Department of Geography, University of Chicago.

Cutter S L, Boruff B J, Shirley W L, 2003. Social vulnerability to environmental hazards[J]. Social Science Quarterly, 84(2): 242-261.

Dw Almeida G A M, Bates P, Ozdemir H, 2018. Modelling urban floods at submetre resolution: challenges or opportunities for flood risk management? [J]. Journal of Flood Risk Management, 11(2): 855-865.

De Lotto P, Teata G, 2000. Risk assessment: a simplified approach of flood damage evaluation with the use of GIS [C]//The international research association Interpraevent. Interpraevent 2000. Villach, Austria: The international research association Interpraevent.

Duiser J A, 1989. Een verkennend onderzoek naar methoden ter bepaling van inundatieschade bij doorbraak, TNO report ref. 82-0644[R]. Delft, Netherlands: TNO.

DWD, 2018. The actual operational numerical weather prediction and emergency response system[EB/OL]. Available via DIALOG. https://www. dwd. de/EN/research/weatherforecasting/num _ modelling/06 _ nwp _ emergency _ response_system/num_weather_prediction_emergency_system.html? nn=480860.

ECMWF, 2018. Operational configurations of the ECMWF Integrated Forecasting System(IFS)[EB/OL]. Available via DIALOG. https://www.ecmwf.int/en/ forecasts/documentation-and-support.

Elfert S, Bormann H, 2010. Simulated impact of past and possible future land use changes on the hydrological response of the Northern German lowland Hunte catchment[J]. Journal of Hydrology, 383(3-4): 245-255.

Falter D, Schröter K, Dung N V, et al, 2015. Spatially coherent flood risk assessment based on long-term continuous simulation with a coupled model chain[J]. Journal of Hydrology, 524: 182-193.

Fuchs S, Heiss K, Hübl J, 2007. Towards an empirical vulnerability function for use in debris flow risk assessment [J]. Natural Hazards and Earth System Sciences, 7(5): 495-506.

Fuchs S, Keiler M, Zischg A, 2015. A spatiotemporal multi-hazard exposure assessment based on property data [J]. Natural Hazards & Earth System Sciences, 15(9): 2127-2142.

Gao H, Sabo J L, Chen X, et al, 2018. Landscape heterogeneity and hydrological processes: a review of landscape-based hydrological models[J]. Landscape Ecology, 33(9): 1461-1480.

Gao Y, Yuan Y, Wang H, et al, 2017. Examining the effects of urban agglomeration polders on flood events in Qinhuai River basin, China with HEC-HMS model[J]. Water science and technology, 75(9): 2130-2138.

Gesch D, Palaseanu-lovejoy M, Danielson J, et al, 2020. Inundation Exposure Assessment for Majuro Atoll, Republic of the Marshall Islands Using A High-Accuracy Digital Elevation Model[J]. Remote Sensing, 12(1): 154.

Godfrey A, Ciurean R L, Van Weaten C J, et al, 2015. Assessing vulnerability of buildings to hydro-meteorological hazards using an expert based approach-An application in Nehoiu Valley, Romania[J]. International Journal of Disaster Risk Reduction, 13: 229-241.

Heilig G K, 2012. World urbanization prospects: the 2011 revision[J]. United Nations, Department of Economic and Social Affairs (DESA), Population Division, Population Estimates and Projections Section, New York, 14: 555.

Hoang T T H, Van Rompaey A, Meyfroidt P, et al, 2018. Impact of tourism development on the local livelihoods and land cover change in the Northern Vietnamese highlands[J]. Environment, Development and Sustainability, 22: 1371-1395.

Hohl R, Schiesser H H, Aller D, 2002. Hailfall: the relationship between radar-derived hail kinetic energy and hail damage to buildings[J]. Atmospheric Research, 63(3-4): 177-207.

Hsu Y C, Prinsen G, Bouaziz L, et al, 2016. An investigation of DEM resolution influence on flood inundation simulation[J]. Procedia Engineering, 154: 826-834.

Huff F A, 1967. Time distribution of rainfall in heavy storms[J]. Water Resources Research, 3(4): 1007-1019.

He B, Huang X, Ma M, et al, 2018. Analysis of flash flood disaster characteristics in China from 2011 to 2015[J]. Natural Hazards, 90: 407-420.

Hyla B, Rlf A, Hjw A, et al, 2020. Physics of building vulnerability to debris flows, floods and earth flows[J]. Engineering Geology, 271(12): 1-13.

IPCC, 2021: Climate Change 2021: The Physical Science Basis. Contribution of Working Group I to the Sixth Assessment Report of the Intergovernmental Panel on Climate Change [R]. [Masson-Delmotte, V., P. Zhai, A. Pirani, S.L. Connors, C. Péan, S. Berger, N. Caud, Y. Chen, L. Goldfarb, M.I. Gomis, M. Huang, K. Leitzell, E. Lonnoy, J.B.R. Matthews, T.K. Maycock, T. Waterfield, O. Yelekçi, R. Yu, and B. Zhou (eds.)]. Cambridge University Press, Cambridge, United Kingdom and New York, NY, USA, In press, doi:10.1017/9781009157896.

IPCC, 2022: Climate Change 2022: Impacts, Adaptation, and Vulnerability. Contribution of Working Group II to the Sixth Assessment Report of the Intergovernmental Panel on Climate Change [R]. [H.-O. Pörtner, D.C. Roberts, M. Tignor, E.S. Poloczanska, K. Mintenbeck, A. Alegría, M. Craig, S. Langsdorf, S. Löschke, V. Möller, A. Okem, B. Rama (eds.)]. Cambridge University Press. Cambridge University Press, Cambridge, UK and New York, NY, USA, 3056 pp., doi:10.1017/9781009325844.

Jain A K, Murty M N, Flynn P J, 1999. Data clustering: a review[J]. ACM Computing Surveys, 31(3): 264-323.

Jalayer F, Aronica G T, Recupero A, et al, 2018. Debris flow damage incurred to buildings: an in situ back analysis [J]. Journal of Flood Risk Management, 11(2): 646-662.

JMA, 2018. Numerical Weather Prediction models and related application[EB/OL]. Available via DIALOG. http://www.jma.go.jp/jma/en/Activities/nwp.html.

Jodar-Abellan A, Valdes-Abellan J, Pla C, et al, 2019. Impact of land use changes on flash flood prediction using a sub-daily SWAT model in five Mediterranean ungauged watersheds (SE Spain)[J]. Science of the Total

Environment, 657: 1578-1591.

Jonkman S N, 2001. Flood risk: An analysis of the applicability of risk measures (in Dutch)[D]. Delft, CN, Netherlands: Delft University of Technology.

Jonkman S N, 2005. Global perspectives on loss of human life caused by floods[J]. Natural Hazards, 34(2):151-175.

Jonkman S N, 2007. Loss of life estimation in flood risk assessment: theory and applications[D]. Delft, CN, Netherlands: Delft University of Technology.

Kang H, Kim Y, 2016. The physical vulnerability of different types of building structure to debris flow events[J]. Natural Hazards, 80(3): 1475-1493.

Karagiorgos K, Heiser M, Thaler T, et al, 2016. Micro-sized enterprises: vulnerability to flash floods[J]. Natural Hazards, 84(2): 1091-1107.

Karagiorgos K, Thaler T, Hübl J, et al, 2016. Multi-vulnerability analysis for flash flood risk management[J]. Natural Hazards, 82(1): 1-25.

Kayhko N, Fagerholm N, Asseid B S, 2011. Dynamic land use and land cover changes and their effect on forest resources in a coastal village of Matemwe, Zanzibar, Tanzania[J]. Land Use Policy, 28(1): 26-37.

Kiktev D, Sexton D M H, Alexander L, et al, 2003. Comparison of modeled and observed trends in indices of daily climate extremes[J]. Journal of Climate, 16(22):3560-3571.

Koks E E, Jongman B, Husby T G, et al, 2015. Combining hazard, exposure and social vulnerability to provide lessons for flood risk management[J]. Environmental Science & Policy, 47: 42-52.

Kron W, 2015. Flood disasters-a global perspective[J]. Water Policy, 17(S1): 6-24.

King D, Gurtner Y, Firdaus A, et al, 2016. Land use planning for disaster risk reduction and climate change adaptation: Operationalizing policy and legislation at local levels[J]. International journal of disaster resilience in the built environment.

Keifer G J, Chu H H, 1957, 1957. Synthetic storm pattern for drainage design[J]. Journal of the Hydraulics Division, 83(4): 1-25.

Kuo C C, Gan T Y, Gizaw M, 2015. Potential impact of climate change on intensity duration frequency curves of central Alberta[J]. Climatic Change, 130(2): 115-129.

Kwak Y, Shrestha B B, Yorozuya A, et al, 2015. Rapid damage assessment of rice crop after large-scale flood in the Cambodian floodplain using temporal spatial data[J]. IEEE Journal of Selected Topics in Applied Earth Observations & Remote Sensing, 8(7): 3700-3709.

Lin Q, Wang Y, Glade T, et al, 2020. Assessing the spatiotemporal impact of climate change on event rainfall characteristics influencing landslide occurrences based on multiple GCM projections in China[J]. Climatic Change, 162(2): 761-779.

Liu J, Shi Z, Wang D, 2016. Measuring and mapping the flood vulnerability based on land-use patterns: a Case study of Beijing, China[J]. Natural Hazards, 83(3): 1545-1565.

Liu Q, Qin Y, Zhang Y, et al, 2015. A coupled 1D-2D hydrodynamic model for flood simulation in flood detention basin[J]. Natural Hazards, 75(2): 1303-1325.

Liu Y, Yang Z, Huang Y, et al, 2018. Spatiotemporal evolution and driving factors of China's flash flood disasters since 1949[J]. Science China Earth Sciences, 61(12): 1804-1817.

Lo W C, Tsao T C, Hsu C H, 2012. Building vulnerability to debris flows in Taiwan: a preliminary study[J]. Natural hazards, 64(3): 2107-2128.

Marko K, Elfeki A, Alamri N, et al, 2018. Two dimensional flood inundation modelling in urban areas using WMS, HEC-RAS and GIS (Case Study in Jeddah City, Saudi Arabia)[C]//Advances in Remote Sensing and Geo Informatics Applications. Sousse, Tunisia: Springer: 265-267.

Mayer-Schonberger V, Cukier K, 2013. Big Data: A Revolution That Will Transform How We Live, Work, and Think[M]. Northern Kentucky: John Murray.

Mazzorana B, Levaggi L, Keiler M, et al, 2012. Towards dynamics in flood risk assessment[J]. Natural Hazards and Earth System Sciences, 12(11): 3571-3587.

Melillo M, Brunetti M T, Peruccacci S, et al, 2015. An algorithm for the objective reconstruction of rainfall events responsible for landslides[J]. Landslides, 12(2): 311-320.

Meyer V, Becker N, Markantonis V, et al, 2013. Assessing the costs of natural hazards-state of the art and knowledge gaps[J]. Natural Hazards and Earth System Sciences, 13(5): 1351-1373.

Milanesi L, Pilotti M, Ranzi R, 2015. A conceptual model of people's vulnerability to floods[J]. Water Resources Research, 51(1): 182-197.

Moel H D, Aerts J C J H, 2011. Effect of uncertainty in land use, damage models and inundation depth on flood damage estimates[J]. Natural Hazards, 58(1): 407-425.

NCEP(2018). Global Forecast System(GFS) [EB/OL]. Available via DIALOG. https://www.ncdc.noaa.gov/data-access/model-data/model-datasets/global-forcastsystem-gfs.

O'brien J S, Julien P Y, Fullerton W T, 1993. Two-dimensional water flood and mudflow simulation[J]. Journal of hydraulic engineering, 119(2): 244-261.

O'Brien J S, 2006. FLO-2D User's Manual Version 2006.01[M]. FLO-2D Software Inc.

Paprotny D, Terefenko P, 2017. New estimates of potential impacts of sea level rise and coastal floods in Poland [J]. Natural Hazards, 85(2): 1249-1277.

Papathoma-Köhle M, 2016. Vulnerability curves vs. vulnerability indicators: application of an indicator-based methodology for debris-flow hazards[J]. Natural Hazards and Earth System Sciences, 16(8): 1771-1790.

Parathoma-Köhle M, Totschnig R, Keiler M, et al, 2012. A new vulnerability function for debris flow-The importance of physical vulnerability assessment in alpine areas[C]//12th Congress Interpraevent 2012, Grenoble France: 1033-1043.

Parathoma-Köhle M, Zischg A, Fuchs S, et al, 2015. Loss estimation for landslides in mountain areas: An integrated toolbox for vulnerability assessment and damage documentation[J]. Environmental Modelling & Software, 63(1): 156-169.

Park K Y, Won J H, 2019. Analysis on distribution characteristics of building use with risk zone classification based on urban flood risk assessment[J]. International Journal of Disaster Risk Reduction, 38: 101192.

Patel D P, Ramirez J A, Srivastava P K, et al, 2017. Assessment of flood inundation mapping of Surat city by coupled 1D/2D hydrodynamic modeling: a case application of the new HEC-RAS 5[J]. Natural Hazards, 89: 93-130.

Pilgrim D H, Cordery I, 1975. Rainfall temporal patterns for design floods[J]. Journal of the Hydraulics Division, 101(1): 81-95.

Prieto J A, Joueneay M, Acevedo A B, et al, 2018. Development of structural debris flow fragility curves(debris flow buildings resistance)using momentum flux rate as a hazard parameter[J]. Engineering Geology, 239(1): 144-157.

Quan Luna B, Blahut J, Van Weaten C J, et al, 2011. The application of numerical debris flow modeling for the generation of physical vulnerability curves[J]. Natural Hazards and Earth System Sciences, 11(7): 2047-2060.

Quiroga V M, Kure S, Udo K, et al, 2016. Application of 2D numerical simulation for the analysis of the February 2014 Bolivian Amazonia flood: Application of the new HEC-RAS version 5[J]. RIBAGUA-Revista Iberoamericana del Agua, 3(1): 25-33.

Ramachandran K M, Tsokos C P, 2020. Mathematical statistics with applications in R[M]. San Diego, CA, USA: Academic Press.

Rhee D S, Woo H, Kwon B A, et al, 2008. Hydraulic resistance of some selected vegetation in open channel flows [J]. River research and applications, 24(5): 673-687.

Röthlisberger V, Zischg A P, Keiler M, 2018. A comparison of building value models for flood risk analysis[J]. Natural Hazards & Earth System Sciences, 18(9): 2431-2453.

Saksena S, 2015. Investigating the role of DEM resolution and accuracy on flood inundation mapping[C]//World Environmental and Water Resources Congress 2015: Floods, Droughts, and Ecosystems. Austin, Texas, USA: American Society of Civil Engineers: 2236-2243.

Saksena S, Merwade V, 2015. Incorporating the effect of DEM resolution and accuracy for improved flood inundation mapping[J]. Journal of Hydrology, 530: 180-194.

Savage J, Bates P, Freer J, Neal J, Aronica G, 2014. The Impact of Scale on Probabilistic Flood Inundation Maps Using a 2D Hydraulic Model with Uncertain Boundary Conditions[C]// Vulnerability, Uncertainty, and Risk: Quantification, Mitigation, and Management. Liverpool, UK: American Society of Civil Engineers, 279-289.

Savage J T S, Bates P, Freer J, Neal J, Aronica G, 2016. When does spatial resolution become spurious in probabilistic flood inundation predictions? [J]. Hydrological Processes, 30(13): 2014-2032.

Segura-Beltrán F, Sanchis-Ibor C, Morales-Hernández M, et al, 2016. Using post-flood surveys and geomorphologic mapping to evaluate hydrological and hydraulic models: The flash flood of the Girona River (Spain) in 2007[J]. Journal of Hydrology, 541: 310-329.

Serra Landsat, Khoshgoftaar T M, Richter A N, et al, 2015. A survey of open source tools for machine learning with big data in the Hadoop ecosystem[J]. Journal of Big Data, 2(1): 1-36.

Serrà J, Arcos J L, 2014. An empirical evaluation of similarity measures for time series classification[J]. Knowledge-Based Systems, 67: 305-314.

Shi P, Wang J, Xu W, et al, 2015. World atlas of natural disaster risk[M]. Berlin, Germany: Springer.

Stevens M R, Song Y, Berke P R, 2010. New Urbanist developments in flood-prone areas: safe development, or safe development paradox? [J]. Nat Hazards, 53:605-629.

Su Y, Zhao F, Tan L Z, 2015. Whether a large disaster could change public concern and risk perception: a case study of the 7/21 extraordinary rainstorm disaster in Beijing in 2012[J]. Natural Hazards, 78(1): 555-567.

Suriya S, Mudgal B V, 2012. Impact of urbanization on flooding: The Thirusoolam sub watershed——A case study[J]. Journal of Hydrology, 412: 210-219.

Terti G, Ruin I, Anquetin S, et al, 2015. Dynamic vulnerability factors for impact-based flash flood prediction[J]. Natural Hazards, 79(3): 1481-1497.

Theodore B T, Budi S, Michael B R, 2005,. Learning networks in rainfall estimation[J]. Computational Management Science 2(3): 229-251.

Totschnig R, Fuchs S, 2013. Mountain torrents: quantifying vulnerability and assessing uncertainties[J]. Engineering Geology, 155(2): 31-44.

Totschnig R, Sedlacek W, Fuchs S, 2011. A quantitative vulnerability function for fluvial sediment transport[J]. Natural Hazards, 58(2): 681-703.

Tsao T C, Hsu W K, Cheng C T, et al, 2010. A preliminary study of debris flow risk estimation and management in Taiwan[C]//International symposium interpraevent in the Pacific Rim-Taipei: 930-939.

UK Met Office, 2017. Met Office Numerical Weather Preidction models[EB/OL]. Available via DIALOG. https://www.metoffice.gov.uk/research/modelling-systems/unified-model/weather-forecasting.

United Nations Development Programme(UNDP), 2004. Bureau for Crisis Prevention. Reducing disaster risk: a challenge for development-a global report[M]. New York : UNDP.

Ushiyama T, Sayama T, Iwami Y, 2017. The present state of flash flood forecasting utilizing numerical weather prediction in Europe[J]. Journal of Japan Society of Hydrology and Water Resources, 30(2): 112-125.

Viero D P, Peruzzo P, Carniello L, et al, 2015. Integrated mathematical modeling of hydrological and hydrodynamic response to rainfall events in rural lowland catchments[J]. Water Resources Research, 50(7): 5941-5957.

Vozinaki A E K, Morianoua G G, Alexakis, D D, Tsanisa I K, 2017. Comparing 1D and combined 1D/2D hydraulic simulations using high-resolution topographic data: a case study of the Koiliaris basin, Greece[J]. Hydrological Sciences Journal, 62(4): 642-656.

Vrouwenvelder A, Steenhuis C M, 1997. Tweede waterkeringen Hoeksche Waard, berekening van het aantal slachtoffers bij verschillende inundatiescenario's[J]. Report TNO.

Waarts P H, 1992. Methoden voor de bepaling van het aantal doden als gevolg van inundatie[J]. TNO rapport B-91-1099 voor TAW TAW EE 92.11.

Wu J, Ye M, Wang X, et al, 2019. Building Asset Value Mapping in Support of Flood Risk Assessments: A Case Study of Shanghai, China[J]. Sustainability, 11: 971-989.

Xevi E, Christiaens K, Espino A, et al, 1997. Calibration, validation and sensitivity analysis of the MIKE-SHE model using the Neuenkirchen catchment as case study[J]. Water Resources Management, 11(3): 219-242.

Yalcin E, 2020. Assessing the impact of topography and land cover data resolutions on two-dimensional HEC-RAS hydrodynamic model simulations for urban flood hazard analysis[J]. Natural Hazards, 101(3): 995-1017.

Yang F, Yang X, Wang Z, et al, 2019. Object-based classification of cloudy coastal areas using medium-resolution optical and SAR images for vulnerability assessment of marine disaster[J]. Journal of Oceanology and Limnology, 37(6): 167-182.

Yang X, Chen H, Wang Y, et al, 2016. Evaluation of the effect of land use/cover change on flood characteristics using an integrated approach coupling land and flood analysis[J]. Hydrology Research, 47(6): 1161-1171.

Younis, S.M.Z., Ammar, A., 2018. Quantification of impact of changes in land use-land cover on hydrology in the upper Indus Basin, Pakistan[J]. Egyptian Journal of Remote Sensing and Space Sciences, 21: 255-263.

Zeleňáková M, Gaňová L, Purcz P, et al, 2015. Methodology of flood risk assessment from flash floods based on hazard and vulnerability of the river basin[J]. Natural Hazards, 79: 2055-2071.

Zhang G, Cui P, Yin Y, et al, 2019. Real-time monitoring and estimation of the discharge of flash floods in a steep mountain catchment[J]. Hydrological processes, 33(25): 3195-3212.

Zhang J, Guo Z, Wang D, et al, 2016. The quantitative estimation of the vulnerability of brick and concrete wall impacted by an experimental boulder[J]. Natural Hazards and Earth System Sciences, 16(2): 299-309.

Zhang S, Zhang L, Li X, et al, 2018. Physical vulnerability models for assessing building damage by debris flows [J]. Engineering Geology, 247: 145-158.

Zhang Y, Wang Y, Chen Y, et al, 2019. Assessment of future flash flood inundations in coastal regions under climate change scenarios-A case study of Hadahe River basin in northeastern China[J]. Science of the Total Environment, 693: 133550.

Zhao R, 1992. Xin'anjiang model applied in China[J]. Journal of Hydrology, 135(1-4): 371-381.

Zhou J, Li S, Nie G, et al, 2020. Research on seismic vulnerability of buildings and seismic disaster risk: A case study in Yancheng, China[J]. International Journal of Disaster Risk Reduction, 45(3): 1-14.

中国山居文化传媒峰会，2011. 开启旅游度假地产之山居时代大幕［J］. 安家，(1)：39.

艾婉秀，肖潺，曾红玲，等，2019. 气候变化对雄安新区城市建设的影响及应对策略［J］. 科技导报，37(20)：12–18.

保定市人民政府，2013. 保定市经济统计年鉴（2012 年）［M］. 北京：中国统计出版社.

北京市水文总站，1996. 大清河水系“96. 8”暴雨洪水调查简介［J］. 北京水利（6)：59.

岑国平，沈晋，范荣生，等，1998. 城市设计暴雨雨型研究［J］. 水科学进展，9(1)：41–46.

陈百明，周小萍，2007.《土地利用现状分类》国家标准的解读［J］. 自然资源学报，22(6)：994–1003.

陈锐，张志军，2020. 邯郸市主城区排水防涝现状与提质增效措施［J］. 城乡建设，(13)：70–71.

陈婷，夏军，邹磊，等，2021. 白洋淀流域 NDVI 时空演变及其对气候变化的响应 . 43(6)：1248–1259.

董姝娜，姜鎏鹏，张继权，等，2012. 基于“3S”技术的村镇住宅洪灾脆弱性曲线研究［J］. 灾害学，27(2)：34–38+42.

丁一汇，司东，柳艳菊，等，2018. 论东亚夏季风的特征、驱动力与年代际变化［J］. 大气科学，42(3)：533–558.

丁峥臻，马鸿青，高万泉，2013. 2012 年 7 月 21 日保定特大暴雨过程分析［C]//第 30 届中国气象学会年会论文集 .

范春，赵小鲁，2010. 时空思维与山地型景区旅游项目策划——以重庆金佛山景区为例［J］. 经济地理，30(3)：524–528.

方伟华，2011. 综合风险防范——数据库、风险地图与网络平台［M］. 北京：科学出版社 .

高文德，王昱，李宗省，等，2021. 高寒内流区极端降水的气候变化特征分析 . 冰川冻土，43(6)：1693–1703.

郭华，王军林，刘俊良，2014. 基于园林城市理念的保定市城区排水蓄水系统改造方案［J］. 水电能源科学，32(6)：80，109–111.

郭静，2021. 保定市满城区暴雨分布特征及风险区划研究［J］. 河北农机（18）：107–108.

耿俊华，薛冰，2013. 廊坊市“2012. 7. 21”暴雨洪水分析及建议［J］. 中国水利（S2）：91–94.

“63. 8 暴雨在近期重演后果研究”课题组，1995. 大清河流域“63. 8”暴雨近期重演研究［J］. 河北水利科技（2）：2–4.

国家气候中心，2017. GB/T 33680—2017 暴雨灾害等级［S］. 北京：中国标准出版社 .

国务院灾害调查组，2022 年 . 河南郑州“7·20”特大暴雨灾害调查报告［EB/OL］. https：//www. mem. gov. cn/gk/sgcc/tbzdsgbcbg/202201/P020220121639049697767. pdf.

《河北省气象灾害风险地图集》编辑委员会，2018. 河北省气象灾害风险地图集［M］. 北京：科学出版社 .

河北省水利厅，1993. 河北水利大事记［M］. 天津：天津大学出版社 .

河北省统计局，2017. 河北经济年鉴（2016 年）［M］. 北京：中国统计出版社 .

何清，李宁，罗文娟，等，2014. 大数据下的机器学习算法综述［J］. 模式识别与人工智能，27（4）：327–336.

胡国华，陈肖，于泽兴，等，2017. 基于 HEC–HMS 的郴江流域山洪预报研究［J］. 自然灾害学报，26（3）：147–155.

胡宇橙，杨盼星，2018. 京津冀山区型县域全域旅游发展研究——以天津市蓟州区为例［J］. 城市（12）：18–25.

胡春歧，刘惠霞，2012. 河北省“2012. 7. 21”暴雨洪水分析［J］. 河北水利（7）：7+21.

吉中会，吴先华，2018. 山洪灾害风险评估的研究进展［J］. 灾害学，33（1）：162–167，174.

贾丽红，马诺，孙鸣婧，等，2019. ECMWF 极端天气指数在新疆强降水预报中的检验评估［J］. 沙漠与绿洲气象，13（3）：25–32.

贾志明，王东峰，程智，2020. 数据挖掘技术在气象预报研究中的应用［J］. 黑龙江科学，11（8）：34–35.

戢英，2021. 天津市滨海新区内涝原因及应对措施分析［J］. 山西建筑，47（20）：137–139.

李立，2019. 基于 HEC–HMS 的洪水预报模型研究［J］. 水利规划与设计，（4）：76–77.

李婧华，田晓阳，贾朋群，2019. 国外气象业务中心核心预报能力的比较和发展［J］. 气象科技进展，9（1）：8–15.

李婷，魏军，俞海洋，等，2016. 河北省城市内涝仿真模拟预警系统研制——以石家庄市为例［J］. 中国水利，（10）：11–14.

李彦，2013. 石家庄市城市内涝成因及防治对策［J］. 地下水，35（1）：101，111.

李正欣，郭建胜，王瑛，等，2018. DTW 距离的过滤搜索方法［J］. 控制与决策，33（7）：1277–1281.

刘凡，陈波，史培军，2016. DEM 水平分辨率越高提取的河长越准确？［J］. 北京师范大学学报（自然科学版），52（5）：610–615.

刘宏，2007. 海河流域六百年来水灾频发的警示［J］. 中国减灾，（12）：42–43.

刘惠霞，韩晓彤，2014. 大清河北支“7·21”暴雨洪涝回顾［J］. 河北水利，（8）：13+15.

刘少宇，2021. 城市道路积水点改造实施方案分析——以廊坊市和平路为例［J］. 新材料·新装饰，3（22）：6–7.

吕志茹，李永强，2015. 灾害与应对：1963 年海河流域大水灾与“根治海河”运动［J］. 河北学刊，

35(3):180-184.
马梦阳，韩宇平，王庆明，等，2019. 海河流域极端降水时空变化规律及其与大气环流的关系 [J]. 水电能源科学，37(6):1-4+74.
莫洛科夫，1959. 雨水道与合流水道 [M]. 谢锡爵，张中和，译. 北京：建筑工程出版社.
倪丽丽，2019. 城市雨涝灾害的精细化与快速化风险评估方法研究——以石家庄长安区为例 [J]. 建筑与文化 (10):90-92.
全春林，王强，韦明杰，等，2021. 积水高风险下凹式立交桥防涝规划策略分析 [C]//面向高质量发展的空间治理——2020 中国城市规划年会论文集 (01 城市安全与防灾规划). 北京：中国建筑工业出版社.
任福玲，2006. 城市积涝的灾害与防御对策分析 [C]//中国气象学会 2006 年年会“灾害性天气系统的活动及其预报技术”分会场论文集. 中国气象学会.
任宪韶，户作亮，曹寅白，2008. 海河流域水利手册 [M]. 北京：中国水利水电出版社.
石家庄市水利局，1996. 河北省石家庄市水文水资源手册 [R].
史培军，2002. 三论灾害研究的理论与实践 [J]. 自然灾害学报，11(3):1-9.
史培军，1996. 再论灾害研究的理论与实践 [J]. 自然灾害学报，5(4).
史培军，袁艺，陈晋，2001. 深圳市土地利用变化对流域径流的影响 [J]. 生态学报 (7):1041-1049，1217.
水利电力部，1989. 中国历史大洪水 [M]. 北京：中国书店出版社.
宋善允，2016. 河北气候特征及气候资源 [M]. 石家庄：河北科学技术出版社.
孙惠惠，章新平，黎祖贤，等，2019. 长江流域不同类型降水量的非均匀性分布特征 [J]. 长江流域资源与环境，28(6):1422-1433.
孙敬之，1987. 中国人口 (河北分册) [M]. 北京：中国财政经济出版社.
孙玉龙，张素云，赵铁松，等，2018. 河北省“7·19”特大暴雨灾害评估和分析 [J]. 中国水利，(3):44-45.
谭晋秀，何跃，2016. 基于 K-means 文本聚类的新浪微博个性化博文推荐研究 [J]. 情报科学，34(4):74-79.
王彬雁，赵琳娜，巩远发，等，2015. 北京降雨过程分型特征及短历时降雨重现期研究 [J]. 暴雨灾害，34(4):302-308.
王明远，1987. 中国人口 (河北分册) [M]. 北京：中国财政经济出版社.
王清川，寿绍文，张绍恢，2013. 廊坊市城区暴雨积涝灾害成因及防御措施 [J]. 防灾科技学院学报，15(3):35-40.
王艳艳，李娜，王杉，等，2019. 洪灾损失评估系统的研究开发及应用 [J]. 水力学报，50(9):1103-1110.
魏军，陈笑娟，胡会芳，等，2021. 基于道路交通的石家庄市强降水内涝风险评估 [J]. 湖北农业科学，60(2):66-71，81.
魏军，魏铁鑫，陈莎，等，2018. 基于 GIS 的石家庄市暴雨内涝数学模型与应用 [J]. 干旱气象，36(4):701-708.
魏军，俞海洋，胡会芳，等，2019. 石家庄市城市内涝气象风险监测预警系统研制及应用 [J]. 中国农村水利水电（2）:34-38，43.
温克刚，臧建升，2008. 中国气象灾害大典（河北卷）[M]. 北京：气象出版社.
吴焕丽，崔可旺，张馨，等，2019. 基于改进 K-means 图像分割算法的细叶作物覆盖度提取 [J]. 农业机械学报，(1):42-50.
吴婕，高学杰，徐影，2018. RegCM4 模式对雄安及周边区域气候变化的集合预估 [J]. 大气科学，42(3):10.
吴桐，王洋，刘烨，等，2017. 海绵城市建设思路的探索与构想——以保定市为例 [J]. 绿色科技，(15):10-12.
吴先华，周蕾，吉中会，等，2017. 城市暴雨内涝灾害经济损失评估系统开发研究——以深圳市龙华新区为例 [J]. 自然灾害学报，26(5):71-82.
吴新玲，2012. 大清河系“2012.7.21”暴雨洪涝成因及特点 [J]. 河北水利，(11):34.
徐燕锋，刘媛媛，张晓明，2013. 基于河北省保定市市区的排水系统现状研究与分析 [J]. 商情（48):283.
姚莉，李小泉，张立梅，2009. 我国 1 小时雨强的时空分布特征 [J]. 气象，35(2):80-87.
殷水清，王杨，谢云，等，2014. 中国降雨过程时程分型特征 [J]. 水科学进展，25(5):617-624.
银磊，陈晓宏，陈志和，等，2013. 广州市典型雨量站暴雨雨型研究 [J]. 水资源研究，2(6):409-414.
苑希民，秦旭东，张晓鹏，等，2017. 石家庄市暴雨内涝精细化水动力模型应用 [J]. 水利水运工程学报，(3):41-50.
于洋，王妍，刘玉晶，2012. 拒马河“12·7”暴雨洪水分析 [J]. 海河水利，(5):22-24.
张安凝知，解文娟，2017. 河北省 4 次重大暴雨洪涝天气特征及影响分析 [J]. 科技资讯，15(23):96+98.
张慧，2014. 河北省人口分布地域格局时空演变分析 [J]. 地域研究与开发，33(1).
张鹏，2017. 河北省“2016.7.19”暴雨洪水特性分析 [J]. 水利规划与设计（11):95-97，117.
张家铭，2016. 关于邯郸城市雨天积水问题的探讨 [J]. 科技创新与应用（1):132-133.
张兰生，方修琦，2017. 全球变化：第二版 [M]. 北京：高等教育出版社.
张娟，2008. 旅游用地分类的探讨 [J]. 资源与产业，(1):67-72.
张玉虎，王琛茜，刘凯利，等，2015. 不同概率分布函数降雨极值的适用性分析 [J]. 地理科学，2015，35(11):1460-1467.
邹磊，夏军，张印，2021. 长江中下游极端降水时空演变特征研究 [J]. 长江流域资源与环境，30(5):1264-1274.
张炜，李思敏，时真男，2012. 我国城市暴雨内涝的成因及其应对策略 [J]. 自然灾害学报，21(5):180-184.
张伟，王家卓，2016. 北方平原地区城市排水（雨水）防涝规划经验探索——以石家庄市为例 [J]. 给水排水，52(10):41-46.
张兴奇，徐鹏程，顾璟冉，2017. SCS 模型在贵州省毕节市石桥小流域坡面产流模拟中的应用 [J]. 水土保持通报，37(3):321-328，333.
赵建芬，郭建平，何书会，等，2017. 井陉县 2016 年“7·19”暴雨洪水分析 [J]. 水科学与工程技术(6):75-77.

赵玉芬，1996. 沙河“1988. 8”暴雨洪涝分析［J］. 河北水利，(3)：25-26.

中国水旱灾害防御公报编写组，2021.《中国水旱灾害防御公报 2020》概要［J］. 中国防汛抗旱，31(11)：26-32.

中华人民共和国水利部，2017. 中国水旱灾害公报［M］. 北京：中国地图出版社.

中华人民共和国水文年鉴，2013. 2012 年海河流域水文资料（第 3 卷）［M］. 北京：水利部水文局.

邹杨，胡国华，于泽兴，等，2018. HEC-HMS 模型在武水流域山洪预报中的应用［J］. 中国水土保持科学，(2)：95-102.

山西省水利厅，2011. 山西省水文计算手册［M］. 北京：人民出版社.